周期表

子量などは日本化学会原子量専門委員会公表の「元素の周期
よび「4桁の原子量表(2021)」から引用した。原子番号104番以
チノイドの周期表内での位置は暫定的なものである。また、原子
以降の元素の性質は不明である。

しない元素

p-ブロック元素

Heはs-ブロック元素に含まれる。

10	11	12	13	14	15	16	17	18
								$_{2}$He ヘリウム 4.003
			$_{5}$B ホウ素 10.81	$_{6}$C 炭素 12.01	$_{7}$N 窒素 14.01	$_{8}$O 酸素 16.00	$_{9}$F フッ素 19.00	$_{10}$Ne ネオン 20.18
			$_{13}$Al アルミニウム 26.98	$_{14}$Si ケイ素 28.09	$_{15}$P リン 30.97	$_{16}$S 硫黄 32.07	$_{17}$Cl 塩素 35.45	$_{18}$Ar アルゴン 39.95
$_{28}$Ni ニッケル 58.69	$_{29}$Cu 銅 63.55	$_{30}$Zn 亜鉛 65.38	$_{31}$Ga ガリウム 69.72	$_{32}$Ge ゲルマニウム 72.63	$_{33}$As ヒ素 74.92	$_{34}$Se セレン 78.97	$_{35}$Br 臭素 79.90	$_{36}$Kr クリプトン 83.80
$_{46}$Pd パラジウム 106.4	$_{47}$Ag 銀 107.9	$_{48}$Cd カドミウム 112.4	$_{49}$In インジウム 114.8	$_{50}$Sn スズ 118.7	$_{51}$Sb アンチモン 121.8	$_{52}$Te テルル 127.6	$_{53}$I ヨウ素 126.9	$_{54}$Xe キセノン 131.3
$_{78}$Pt 白金 195.1	$_{79}$Au 金 197.0	$_{80}$Hg 水銀 200.6	$_{81}$Tl タリウム 204.4	$_{82}$Pb 鉛 207.2	$_{83}$Bi ビスマス 209.0	$_{84}$Po ポロニウム (210)	$_{85}$At アスタチン (210)	$_{86}$Rn ラドン (222)
$_{110}$Ds ダームスタチウム (281)	$_{111}$Rg レントゲニウム (280)	$_{112}$Cn コペルニシウム (285)	$_{113}$Nh ニホニウム (278)	$_{114}$Fl フレロビウム (289)	$_{115}$Mc モスコビウム (289)	$_{116}$Lv リバモリウム (293)	$_{117}$Ts テネシン (293)	$_{118}$Og

ロック元素

$_{64}$Gd ガドリニウム 157.3	$_{65}$Tb テルビウム 158.9	$_{66}$Dy ジスプロシウム 162.5	$_{67}$Ho ホルミウム 164.9	$_{68}$Er エルビウム 167.3	$_{69}$Tm ツリウム 168.9	$_{70}$Yb イッテルビウム 173.0	71
$_{96}$Cm キュリウム (247)	$_{97}$Bk バークリウム (247)	$_{98}$Cf カリホルニウム (252)	$_{99}$Es アインスタイニウム (252)	$_{100}$Fm フェルミウム (257)	$_{101}$Md メンデレビウム (258)	$_{102}$No ノーベリウム (259)	$_{103}$ ローレンシウム (262)

大学生のための 例題で学ぶ

化学入門

大野 公一・村田 滋・錦織 紳一 著

第2版

共立出版

まえがき

私たちの周りには，いろいろな物質がある。その中には，水や酸素のように人類が誕生する以前から地球上に存在していたものもあれば，プラスチックやセラミックスのように，人類が天然の物質に手を加えることによって生み出されたものもある。物質をうまく使いこなすことによって，これまでにはできなかったことが可能になり私たちの生活が豊かになる一方，環境や資源について解決しなければならない問題も生じている。

化学は，物質の成り立ちとその構造，性質および変化について原子や分子に着目して調べるとともに，物質を私たちの暮しに安全かつ有意義に役立てることを目指す学問である。したがって，物質のことを詳しく学べば学ぶほど，私たちの生活をよりよいものにできるようになる。また，生活に密着する物質の素材に関連する材料科学のみならず，生物学・医学・薬学・農学などの生命科学，地学・天文学などの宇宙地球科学，環境科学など，化学を応用するさまざまな分野について理解するための基礎知識も自ずと身に着けることができる。

本書は，化学を学ぶ機会をほとんど得ずに大学に入学した新入生（あるいは就職した社会人）を念頭におき，化学のエッセンスを効率的に学ぶことができるよう，簡潔にまとめたものである。物理化学，無機化学，有機化学の各分野を専門とする 3 名の著者が協力し，議論を重ねて内容を精選するとともに例題をバランスよく導入することによって，化学の基本が着実に身に着くように努めた。本書が，化学を学んでみようとされる多くの方々に役立つことを願っている。

なお，本書の執筆は共立出版の寿日出男氏の数年に及ぶ熱意あふれるお誘いによって始まり，原稿の段階では東北大学名誉教授の浅尾豊信先生に丁寧に査読していただき数々の有意義なご指摘を頂戴した。また，多数の図や例題を含む原稿がきれいに仕上がるまでには，共立出版教科書課の大越隆道氏の並々ならぬご尽力があった。本書の完成は，以上の方々に支えられたものである。ここに厚く感謝の意を表したい。

2005 年 10 月　著者一同

改訂版まえがき

本書を出版してから 15 年あまりが経過した。この間に，化学はさらに発展し，ますます重要な分野となっている。最新の化学について本書の範囲内では一部の記述を変更することしかできなかったが，化学の新しい発展事項へのつながりができるだけ向上するよう記述の改善につとめた。

物質量の定義が変更されたこと，また，これまで典型元素とされていた Zn などの 12 族の元素が遷移元素として扱われることになるなど，化学で使われる用語の定義や表記などについて，IUPAC や日本化学会から種々の勧告がなされたことを踏まえ，本書を利用する方々の今後の活動がより円滑に行われるよう，多数の修正を加えた。たとえば，化学反応にともなうエネルギー変化をエンタルピー変化 ΔH で扱うことが推奨されるようになったので，化学反応式に ΔH を付記することにした。また，体積の単位として，長く用いられてきた ℓ の代わりに大文字の L が国際的に用いられるようになったので，ℓ を L に変更した。このほか，用語の追加や削除がいくつかあるので，注意してご利用いただきたい。

本書には，化学のエッセンスを学ぶ例題がバランスよく導入されており，化学の基本を着実に身に着けるための教材としての特色は，初版以来いささかも損なわれてはおらず，その価値は今後も継続されると確信している。本書が，化学を効率的に学んでみようとする多くの方々に，引き続き役立てていただければ幸いである。

2021 年 7 月　著者一同

目　次

第1章　物質の構造

第2章　物質の状態

第3章 物質の変化

第4章　単体と無機化合物

第5章　有機化合物

第6章　高分子化合物

第1章

物 質 の 構 造

▶第1節　物質の構成要素◀

1.1　元素・単体・化合物

私たちの周りには，いろいろな物質がある。物質はいったい何からできているのであろうか。このような素朴な疑問に答えることは，人類にとって基本的な課題であった。古くギリシャ時代に，すべての物質は単純な構成要素である**元素**からなるとする考えが生まれた。「水」を唯一の元素とする考えや，「空気や火」を元素とする考え，すべては「土」から生じて土に還るとする考えなどがあった。その後，万物は「水・空気・火・土」の四元素から成るとする考えに基づいて，いろいろな物質の性質や変化を説明しようとする思想が生まれたが，実験的根拠に乏しく普遍的な意味をもつには至らなかった。

物質をその成分にわけ純粋な物質として取り出したものを**純物質**という。純物質として分離する工夫により，古くから，炭素，硫黄，金，銀，銅，鉄，スズ，鉛，水銀などが知られ，中世には亜鉛やヒ素なども分離され，近世になると，リンやアンチモンなど，次第にいろいろな元素が発見されていった（付録：元素の発見史の表参照）。さらに，物質の質量や電気的性質を調べたり，物質が吸収・放出する光を波長成分にわけてスペクトルとして調べたりすることによって，多数の元素が発見された。現在では，天然に存在する 92 種類の元素のほか，人工的に作られた元素も加え，表見返しに示した 118 種類の元素が知られている。

それぞれの元素は，ラテン語の元素名などからとったアルファベット 1 文字または 2 文字からなる元素記号を用いて表される。たとえば，水素は H，炭素は C，酸素は O，ナトリウムは Na，塩素は Cl など，それぞれ，元素記号が割り当てられている。

1種類の元素だけからなる純物質を**単体**という。これに対し，2種類以上の元素からなる純物質を**化合物**という。水を電気分解して得られる水素と酸素はともに単体であり，窒素，金，水銀なども1種類の元素からなる単体である。水は，水素と酸素が一定の割合で結合してできた化合物である。

1つの化合物を構成する成分元素の質量比は，作り方によらず常に一定である。 これを**定比例の法則**という。たとえば，水を構成する水素と酸素の質量比は，常に，水素：酸素＝1.008：8.000である。

純物質は，1種類の単体や化合物だけからなる物質である。これに対して，2種類以上の単体や化合物が混じった物質を**混合物**という。たとえば，空気は単体である酸素や窒素などを含む混合物であり，海水は化合物である水や塩化ナトリウムなどを含む混合物である。純物質はその物質ごとに融点や沸点が決まっているが，混合物ではそれに含まれる純物質の種類と割合によって性質が変化する。

水素と酸素を反応させると水ができる。このように，純物質から別の純物質が生じる変化を**化学変化**または**化学反応**という。1種類の物質から2種類以上の物質が生じる化学変化を**分解**といい，逆に，2種類以上の物質から別な物質が生じる化学変化を**化合**という。

1つの元素に，性質の異なる2種類以上の単体が存在するとき，これらを互いに**同素体**という。たとえば，黒鉛（グラファイト）とダイヤモンドはともに炭素Cの同素体であり，酸素とオゾンは酸素Oの同素体である。このほか，硫黄やリンにも同素体が存在する（表1.1）。

表1.1　同素体の例

元素	同素体	色	そのほかの性質*)
炭素 C	黒鉛 ダイヤモンド	灰黒色 無色	密度 1.9–2.3，電気を通す 密度 3.5，電気を通さない
酸素 O	酸素 オゾン	無色 淡青色	沸点 −183，融点 −218 沸点 −111，融点 −193
リン P	黄リン 赤リン	淡黄色 赤褐色	密度 1.8，有毒，自然発火する 密度 2.2，無毒，自然発火しない
硫黄 S	斜方硫黄 単斜硫黄	黄色 淡黄色	密度 2.07，融点 113 密度 1.96，融点 119

*)単位は，密度は g/cm^3，沸点・融点は℃

◆ 例題 1.1 ◆◆◆◆◆◆◆◆◆◆◆◆◆◆◆◆◆◆◆◆◆◆◆◆◆◆◆

次の各物質を，単体，化合物，混合物に分類せよ。

石油，空気，海水，黒鉛，氷，鉄，水銀，黄銅，黄リン，

水素，ドライアイス，アルミニウム，アンモニア

◆◆◆◆◆◆◆◆◆◆◆◆◆◆◆◆◆◆◆◆◆◆◆◆◆◆◆◆◆◆◆◆◆◆

解

単体　黒鉛（C，炭素の同素体の一つでグラファイトともよばれる）

鉄（Fe）

水銀（Hg）

黄リン（P，赤リンとともにリンの同素体）

水素（元素記号は H であるが，物質としての水素は H_2）

アルミニウム（Al）

化合物　氷（水 H_2O の固体）

ドライアイス（二酸化炭素 CO_2 の固体で，炭素と酸素の化合物）

アンモニア（NH_3，窒素と水素の化合物）

混合物　石油（炭化水素を主成分とし，硫黄や窒素などとの化合物も含む）

空気（水蒸気を除いた空気は，窒素約 78％と酸素約 21％を主成分とし，微量にアルゴン Ar 0.9％や二酸化炭素 CO_2 0.04％を含む）

海水（水を主成分とするが，水を蒸発させると，塩化ナトリウム NaCl 77.8％，塩化マグネシウム $MgCl_2$ 10.9％などが含まれる）

黄銅（しんちゅうとも呼ばれ，銅 Cu 60～95％と亜鉛 Zn との合金）◆

1.2　原子と分子

同じ元素にいくつかの同素体があるのはなぜであろうか。また，化合物が定比例の法則に従うのはどうしてであろうか。これには，各元素に固有な基本粒子として**原子**が存在することが関係している。原子の区別には，元素記号がそのまま用いられ，名称も元素と同じである。たとえば，「水素」は単体の名称であるとともに，原子の名称でもあり，どちらも元素記号 H で表される。

18 世紀末から 19 世紀初頭にかけて明らかにされた**質量保存の法則**，定比例の法則，**倍数比例の法則**など（表 1.2）を統一的に説明するために，ドルトン

表 1.2　原子説に関係する法則

法則名（発見年）・発見者	法則の内容
質量保存の法則（1774 年） ラボアジエ（フランス）	化学変化の前と後で，物質の質量の総和は変わらない
定比例の法則（1799 年） プルースト（フランス）	一つの化合物を構成する成分元素の質量比は，作り方によらず常に一定である。
倍数比例の法則（1803 年） ドルトン（イギリス）	2 種類の元素から 2 種類以上の化合物ができるとき，一方の元素の一定質量と化合するもう一方の元素の質量比は，簡単な整数比になる。

は，次のような**原子説**を立てた（1803 年）。

(1)　物質は，それ以上分割不能な微粒子からなり，この微粒子を原子とよぶ。
(2)　各元素には，それぞれに固有な大きさ・質量・性質をもつ原子がある。
(3)　化合物は成分元素の原子が一定の割合で結合してできている。
(4)　化学変化では，原子同士の結合のしかたが変わるだけで，原子そのものは変化せず新たに生成したり消滅したりしない。

原子が物質を構成する基本粒子であるとする原子説の考えは，その後，多くの実験によって検証され，原子の実在が確認されるようになった。

ドルトンの原子説によって原子同士が結合する考えが生まれたが，それぞれの物質において原子が互いにどのように結ばれているかは，未知の問題であった。この問題に答える糸口は，気体の性質の研究によって与えられた。

気体同士の化学反応では，反応に関係する気体の体積比は，同温・同圧のもとで簡単な整数比になる。

これはゲイリュサックが 1808 年に発見した法則で，**気体反応の法則**という。たとえば，水素と酸素が反応して水が生じるとき，反応で消費される水素および酸素の体積と，反応で生じる水をすべて水蒸気にしたときの体積の比は，同温・同圧のもとで，常に，2：1：2 になる。

気体反応におけるこのような整数比を説明するために，アボガドロは，気体を構成する粒子として，単独の原子だけではなく，いくつかの原子が互いに一定の割合で結びついた粒子の存在も考える必要があることを示し，これを分子とよんで，次のような**分子説**を立てた（1811 年）。

同温・同圧のもとでは，気体の種類に無関係に，同体積の気体には同数の分子が含まれる。

分子説によれば，水素はH原子2個からなるH_2分子，酸素はO原子2個からなるO_2分子，水はH原子2個とO原子1個からなるH_2O分子であるとして，気体反応の法則が合理的に説明できる。しかしながら，分子説は当時としては大胆な仮説であったため，19世紀の半ば過ぎまで注目されなかった。その後，分子説は多くの研究で正しいことが実証され，現在は**アボガドロの法則**とよばれている。

H_2，O_2，H_2Oのように，分子を構成する元素の種類と数を元素記号と原子数を用いて表した式を，**分子式**という。原子数が1のときは，その数を示す添字の1を省略し，水H_2O，塩化水素HCl，メタンCH_4，アンモニアNH_3のように表す（表1.3）。また，酸素O_2の同素体であるオゾンの分子式はO_3で表される。

表1.3　分子式の例

分子の種類	分子式の例
単原子分子	He（ヘリウム），Ne（ネオン），Ar（アルゴン）
二原子分子	H_2（水素），O_2（酸素），CO（一酸化炭素），HCl（塩化水素）
多原子分子	O_3（オゾン），H_2O（水），NH_3（アンモニア），CH_4（メタン），CO_2（二酸化炭素），H_2O_2（過酸化水素），C_6H_6（ベンゼン）

◆ 例題1.2 ◆◆◆◆◆◆◆◆◆◆◆◆◆◆◆◆◆◆◆◆◆◆◆◆◆◆◆◆

一酸化炭素COに含まれる成分元素の質量の比は，炭素：酸素＝3.0：4.0である。二酸化炭素CO_2に含まれる炭素の質量が12 gであるとき，酸素の質量はいくらか。

◆◆◆◆◆◆◆◆◆◆◆◆◆◆◆◆◆◆◆◆◆◆◆◆◆◆◆◆◆◆◆◆◆◆◆◆◆◆

解　各原子はその元素に固有の質量をもつため，各成分元素の質量はその原子数に比例する。原子数の比は，COではC：O＝1：1，CO_2ではC：O＝1：2である。成分元素の質量比は，COではC：O＝3.0：4.0であるから，CO_2ではC：O＝3.0：(2×4.0)＝3.0：8.0。CO_2に含まれる炭素の質量は12 gであるから，CO_2に含まれる酸素の質量は，

$12 \div 3.0 \times 8.0 = 32$ g（答）　◆

別解　各原子はその元素に固有の質量をもつため，各成分元素の質量はその原子数に比例する。CO_2 と CO とで，分子式に含まれる C 原子数が共通なので，含まれる炭素の質量を共通に 12 g とすると，その場合の CO に含まれる酸素の質量は，$12 \div 3.0 \times 4.0 = 16$ g。CO_2 に含まれる O 原子数は CO の場合の 2 倍であるから，CO_2 に含まれる酸素の質量は，

$16 \times 2 = 32$ g（答）　◆

1.3　原子の構造

ドルトンの原子説では，原子は分割不可能と考えられたが，その後の多くの研究によって，現在では原子はさらに小さな微粒子からなることが知られている。原子の大きさは元素によって異なるが，およそ半径が1億分の1 cm（10^{-8} cm$=10^{-10}$ m$=1$ Å（オングストローム））程度である。原子の中心には，正の電気を帯びた**原子核**があり，そのまわりを負の電気を帯びた何個かの**電子**が，原子核の正電気に引かれながら運動している。原子核は，原子の大きさの十万分の1（10^{-15} m）の大きさの微粒子であるが，それはさらに何個かの**陽子**（プロトン）と**中性子**とからできている。原子核に含まれる陽子の数を**原子番号**といい，原子核に含まれる陽子と中性子の数の和を**質量数**という。

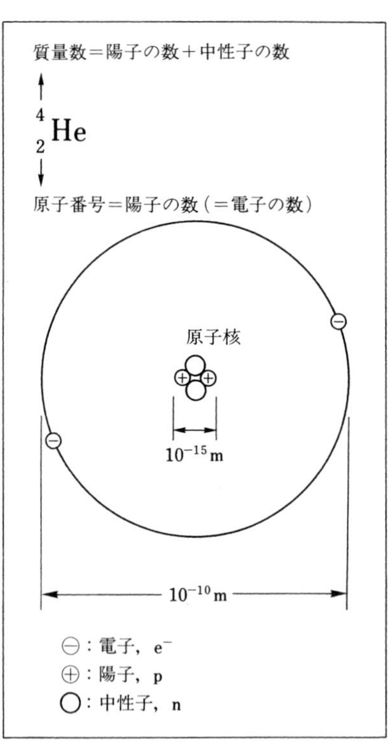

図 1.1　ヘリウム原子と元素記号

1個の陽子は決まった大きさの正の電荷をもち，その電気量の大きさ e を基本単位として，陽子の電荷を $+1$ で表す。電子がもつ電気量は $-e$ であり，電子の電荷は -1 で表す。1個の陽子や電子がもつ電気量の大きさ e は，物質

が帯びる電気の最小単位であり，**電気素量**または**素電荷**とよばれる。中性子は電気を帯びていない粒子であり，その電荷は0である。

それぞれの元素は，原子番号で区別される。各原子の原子核は，原子番号に等しい数の陽子を含み，原子番号がZの原子核は$+Z$の正の電荷を帯びている。

一つの原子において，原子核を取りまく電子の数は，原子番号（すなわち原子核に含まれる陽子の数）に等しいため，原子全体としての電荷は0になり，原子は電気的に中性である。たとえば，ヘリウムの原子番号は2であり，He原子の原子核は陽子2個を含み+2の電荷をもち，He原子核のまわりには2個の電子がある（図1.1）。

原子核と電子は，異符号の電荷をもつため互いに引かれあう。これに対して電子同士は同符号の電荷をもつため互いに斥力（反発力）を及ぼす。一般に，

電荷を帯びた2つの粒子は，両者の電荷の積に比例し距離の2乗に反比例する力を及ぼしあう。

これを**クーロンの法則**といい，この法則に従う力を**クーロン力**という。

陽子1個の質量は1.673×10^{-24} g，中性子1個の質量は1.675×10^{-24} g，電子1個の質量は9.109×10^{-28} gである。陽子と中性子の質量はほぼ等しく，電子の質量の約1840倍である。このため，原子の質量は，原子核だけの質量に等しいとみなしてよく，質量数にほぼ比例している。

同じ元素，すなわち原子番号が同じでも，質量数は必ずしも等しいとは限らない。たとえば，天然の塩素には，質量数が35の^{35}Clと質量数が37の^{37}Clがあり，それぞれの原子核に含まれる陽子の数は塩素の原子番号の17に等しいが，中性子の数は^{35}Clでは35−17＝18であり，^{37}Clでは37−17＝20である。このように同じ元素であって質量数の異なる（すなわち中性子の数が異なる）原子同士を，互いに**同位体（アイソトープ）**という。同位体を区別するときには，上の例のように元素記号の左肩に質量数を示す。

原子の化学的性質は，原子核の正電荷と原子核の周りにある電子の振る舞いで決まるため，原子核に含まれる中性子の数にはほとんど依存しない。このため，同位体の化学的性質は互いによく似ていて，化合や分解などの化学変化で，同位体の原子はほぼ同じように振舞う。その結果，天然に存在する元素の同位

体は，単体，化合物，あるいはそれらの混合物のいずれの場合でもほぼ一定の割合で存在する。この比率を存在比といい，原子数の百分率で表す。たとえば天然の炭素原子 C では，^{12}C の**存在比**は 98.90%，^{13}C の存在比は 1.10%である。

表 1.4　元素の同位体と存在比

元素	同位体	存在比［%］	元素	同位体	存在比［%］
水素	$^{1}_{1}$H	99.9885	酸素	$^{16}_{8}$O	99.757
	$^{2}_{1}$H	0.0115		$^{17}_{8}$O	0.038
	$^{3}_{1}$H	極微量		$^{18}_{8}$O	0.205
炭素	$^{12}_{6}$C	98.93	塩素	$^{35}_{17}$Cl	75.76
	$^{13}_{6}$C	1.07		$^{37}_{17}$Cl	24.24
	$^{14}_{6}$C	極微量			

◆ 例題 1.3 ◆

次の各原子に含まれる陽子，中性子，電子の数はそれぞれ何個か。

(1)　$^{12}_{6}$C　(2)　$^{20}_{10}$Ne　(3)　$^{23}_{11}$Na　(4)　$^{39}_{19}$K　(5)　$^{40}_{18}$Ar　(6)　$^{238}_{92}$U

解　質量数 n，原子番号 m の原子，$^{n}_{m}$X について，

(陽子の数)＝m，(中性子の数)＝$n-m$，(電子の数)＝m であるから，

(1)　(陽子の数)＝(電子の数)＝6，(中性子の数)＝12−6＝6

(2)　(陽子の数)＝(電子の数)＝10，(中性子の数)＝20−10＝10

(3)　(陽子の数)＝(電子の数)＝11，(中性子の数)＝23−11＝12

(4)　(陽子の数)＝(電子の数)＝19，(中性子の数)＝39−19＝20

(5)　(陽子の数)＝(電子の数)＝18，(中性子の数)＝40−18＝22

(6)　(陽子の数)＝(電子の数)＝92，(中性子の数)＝238−92＝146　◆

1.4　原子の電子配置

原子中の電子は，原子核からの引力を受けてそのまわりを運動し，**電子殻**とよばれるいくつかの層にわかれて存在する。電子殻は，原子核からの距離で分類され，内側から順に K 殻，L 殻，M 殻，N 殻などという（図 1.2）。各電子殻に収容可能な電子の最大数は K 殻から順に 2 個，8 個，18 個，32 個，…と決まっている。

原子中の電子は，より内側の電子殻にあるほどエネルギーが低く安定である。最もエネルギーが低く安定な状態（**基底状態**という）の原子では，内側のK殻から順に電子が収容されている。電子殻に収容された電子の配列のしかたを**電子配置**という。図1.3に原子番号18までの原子の基底状態の電子配置を示す。原子の基底状態の電子配置は，実験によって詳しく調べられている。その結果を表1.5に示す。

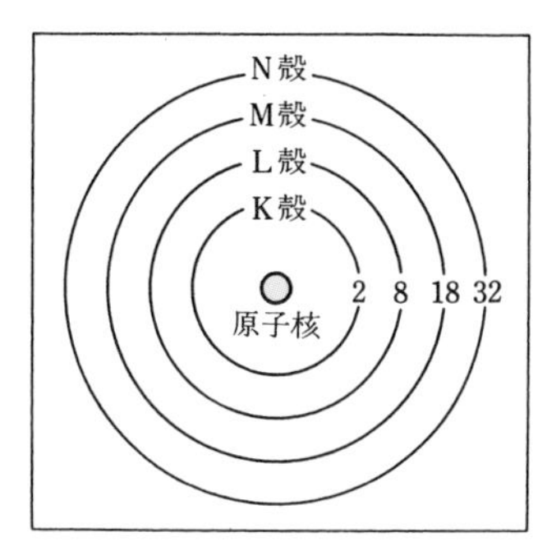

図1.2　電子殻と収容電子数

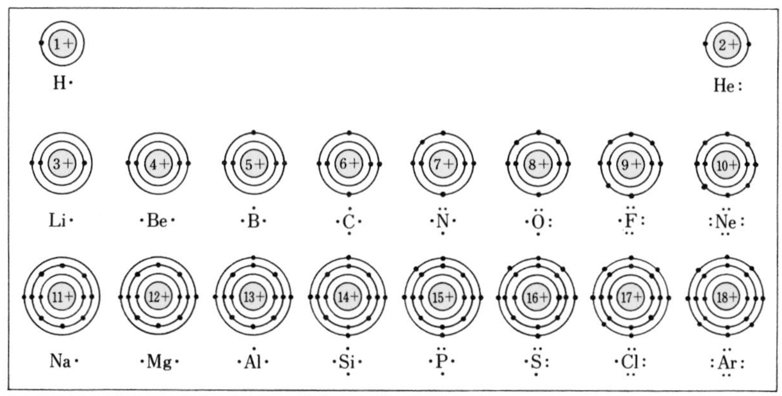

模式図の同心円は，内側から順に，K殻，L殻，M殻を示している．

図1.3　原子の電子配置の模式図と電子式

電子を収容している電子殻のうち最も外側のものを**最外殻**（または最外電子殻）といい，最外殻に収容された電子を**最外殻電子**という。二つの原子が互いに近づいて化学変化を起こすときには，最外殻同士が重なり合って反応が進む。このため原子の化学的性質には主として最外殻電子が関係する。最外殻電子を，元素記号のまわりに点で示し，図1.3のように表したものを**電子式**という。

図1.3の電子式を見てわかるように，原子の最外殻の電子は一定の規則に従った配置をとる。2個の電子が対になったものを**電子対**といい，対をなさず単独で存在する電子を**不対電子**という。図1.3において，最外殻の電子数が最大数の1/2（K殻で1，K殻以外では4）以下の原子では，電子式に現れる電子

表1.5　原子の電子配置

周期	原子番号	原子	電子配置						
			K	L	M	N	O	P	Q
1	1	H	1	·	·	·	·	·	·
	2	He	2	·	·	·	·	·	·
2	3	Li	2	1	·	·	·	·	·
	4	Be	2	2	·	·	·	·	·
	5	B	2	3	·	·	·	·	·
	6	C	2	4	·	·	·	·	·
	7	N	2	5	·	·	·	·	·
	8	O	2	6	·	·	·	·	·
	9	F	2	7	·	·	·	·	·
	10	Ne	2	8	·	·	·	·	·
3	11	Na	2	8	1	·	·	·	·
	12	Mg	2	8	2	·	·	·	·
	13	Al	2	8	3	·	·	·	·
	14	Si	2	8	4	·	·	·	·
	15	P	2	8	5	·	·	·	·
	16	S	2	8	6	·	·	·	·
	17	Cl	2	8	7	·	·	·	·
	18	Ar	2	8	8	·	·	·	·
4	19	K	2	8	8	1	·	·	·
	20	Ca	2	8	8	2	·	·	·
	21	Sc	2	8	9	2	·	·	·
	22	Ti	2	8	10	2	·	·	·
	23	V	2	8	11	2	·	·	·
	24	Cr	2	8	13	1	·	·	·
	25	Mn	2	8	13	2	·	·	·
	26	Fe	2	8	14	2	·	·	·
	27	Co	2	8	15	2	·	·	·
	28	Ni	2	8	16	2	·	·	·
	29	Cu	2	8	18	1	·	·	·
	30	Zn	2	8	18	2	·	·	·
	31	Ga	2	8	18	3	·	·	·
	32	Ge	2	8	18	4	·	·	·
	33	As	2	8	18	5	·	·	·
	34	Se	2	8	18	6	·	·	·
	35	Br	2	8	18	7	·	·	·
	36	Kr	2	8	18	8	·	·	·
5	37	Rb	2	8	18	8	1	·	·
	38	Sr	2	8	18	8	2	·	·
	39	Y	2	8	18	9	2	·	·
	40	Zr	2	8	18	10	2	·	·
	41	Nb	2	8	18	12	1	·	·
	42	Mo	2	8	18	13	1	·	·
	43	Tc	2	8	18	13	2	·	·
	44	Ru	2	8	18	15	1	·	·
	45	Rh	2	8	18	16	1	·	·
	46	Pd	2	8	18	18	·	·	·
	47	Ag	2	8	18	18	1	·	·
	48	Cd	2	8	18	18	2	·	·
	49	In	2	8	18	18	3	·	·
	50	Sn	2	8	18	18	4	·	·
	51	Sb	2	8	18	18	5	·	·
	52	Te	2	8	18	18	6	·	·
	53	I	2	8	18	18	7	·	·
	54	Xe	2	8	18	18	8	·	·
6	55	Cs	2	8	18	18	8	1	·
	56	Ba	2	8	18	18	8	2	·
	57	La	2	8	18	18	9	2	·
	58	Ce	2	8	18	19	9	2	·
	59	Pr	2	8	18	20	9	2	·
	60	Nd	2	8	18	22	8	2	·
	61	Pm	2	8	18	23	8	2	·
	62	Sm	2	8	18	24	8	2	·
	63	Eu	2	8	18	25	8	2	·
	64	Gd	2	8	18	25	9	2	·
	65	Tb	2	8	18	26	9	2	·
	66	Dy	2	8	18	28	8	2	·
	67	Ho	2	8	18	29	8	2	·
	68	Er	2	8	18	30	8	2	·
	69	Tm	2	8	18	31	8	2	·
	70	Yb	2	8	18	32	8	2	·
	71	Lu	2	8	18	32	9	2	·
	72	Hf	2	8	18	32	10	2	·
	73	Ta	2	8	18	32	11	2	·
	74	W	2	8	18	32	12	2	·
	75	Re	2	8	18	32	13	2	·
	76	Os	2	8	18	32	14	2	·
	77	Ir	2	8	18	32	15	2	·
	78	Pt	2	8	18	32	17	1	·
	79	Au	2	8	18	32	18	1	·
	80	Hg	2	8	18	32	18	2	·
	81	Tl	2	8	18	32	18	3	·
	82	Pb	2	8	18	32	18	4	·
	83	Bi	2	8	18	32	18	5	·
	84	Po	2	8	18	32	18	6	·
	85	At	2	8	18	32	18	7	·
	86	Rn	2	8	18	32	18	8	·
7	87	Fr	2	8	18	32	18	8	1
	88	Ra	2	8	18	32	18	8	2
	89	Ac	2	8	18	32	18	9	2
	90	Th	2	8	18	32	18	10	2
	91	Pa	2	8	18	32	20	9	2
	92	U	2	8	18	32	21	9	2
	93	Np	2	8	18	32	23	8	2
	94	Pu	2	8	18	32	24	8	2
	95	Am	2	8	18	32	25	8	2
	96	Cm	2	8	18	32	25	9	2
	97	Bk	2	8	18	32	26	9	2
	98	Cf	2	8	18	32	27	9	2
	99	Es	2	8	18	32	28	9	2
	100	Fm	2	8	18	32	29	9	2
	101	Md	2	8	18	32	30	9	2
	102	No	2	8	18	32	31	9	2
	103	Lr	2	8	18	32	32	9	2

はすべて不対電子である。電子式では，最外殻の電子数が最大数の1/2になるまで不対電子を1つずつ追加し，1/2以上では追加された電子が電子対をつくる。このように，電子式では電子対と不対電子を区別するが，それらを配置する位置は，元素記号の上下左右のどこでもかまわない。たとえば，酸素の電子式として $\cdot\overset{\cdot\cdot}{\underset{\cdot\cdot}{\mathrm{O}}}\cdot$ と $\cdot\overset{\cdot}{\underset{\cdot\cdot}{\mathrm{O}}}:$ のどちらを用いてもかまわない。

原子の基底状態では，原子番号の増加につれて最外殻の電子数が1つずつ増加する。最外殻がK殻のときは2個まで，L殻以降では8個まで電子が入ると，より外側の電子殻に電子が入り始める。外側の電子殻に電子が入り始める直前のHe, Ne, Arなどの原子は，**貴ガス原子**（または希ガス原子）とよばれ，他の多くの原子と違って不対電子をもたない。貴ガス原子は**単原子分子**（表1.3）の気体として存在し，化学変化をほとんど受けない。貴ガス原子の電子配置は特別に安定であり，他の原子との間に結合を形成したり電子を授受したりしないと考えてよい。

最外殻電子は，化学変化に関係するため，**価電子**とよばれ，他の電子とは区別される。ただし，貴ガス原子の最外殻の電子は，すべて電子対となっていて化学変化と関係しないため，価電子とはみなされず，貴ガス原子の価電子数は0である。価電子の数が同じ原子は，最外殻の電子配置が同じであり，化学的性質がよく似ている。

1.5　イオン

(1) イオンとイオン式

電気的に中性な原子や分子が電子を授受して電気を帯びたものを**イオン**という。電子を放出して正の電気を帯びたイオンを**陽イオン**，電子を受け取って負の電気を帯びたイオンを**陰イオン**という。イオンがもつ電荷の大きさをイオンの**価数**という。価数と電荷の符号を，イオンの元素組成を表す記号の右肩につけて，H^{+}，$NH_4{}^{+}$，Ca^{2+}，Al^{3+}，Cl^{-}，O^{2-}，OH^{-}，$SO_4{}^{2-}$ などのように表した式を，**イオン式**という（価数が1のときは数字を省略し，＋または－の符号だけを示す）。1個の原子だけからなるイオンを**単原子イオン**，複数の原子からなるイオンを**多原子イオン**という。

原子が，電子を失って陽イオンになりやすいとき，陽性が強いといい，逆に，電子を受け取って陰イオンになりやすいとき，陰性が強いという。

例題 1.4

図1.3にならって，次の原子またはイオンの電子配置の図を書け。

(1) O^{2-}　(2) Na^{+}　(3) Al^{3+}　(4) Ca

解

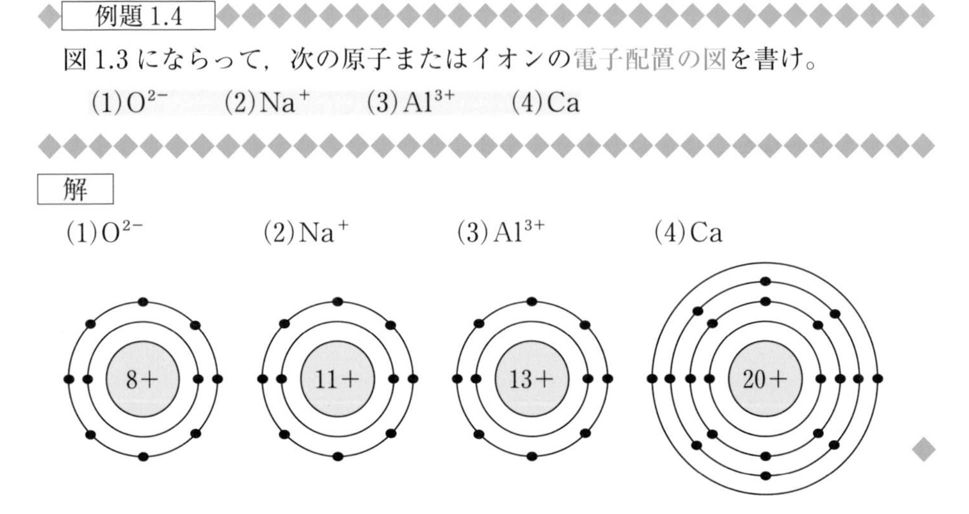

(2) イオン化エネルギー

原子から電子1個を取り去って1価の陽イオンにするのに必要なエネルギーを原子の**第一イオン化エネルギー**という。また，$(n-1)$ 価の陽イオンから n 価の陽イオンをつくるのに必要なエネルギーを第 n イオン化エネルギーという。通常，**イオン化エネルギー**といえば，第一イオン化エネルギーをさす。図1.4に示すように，原子のイオン化エネルギーは，最外殻の電子数に関係して周期的な変化を示す。

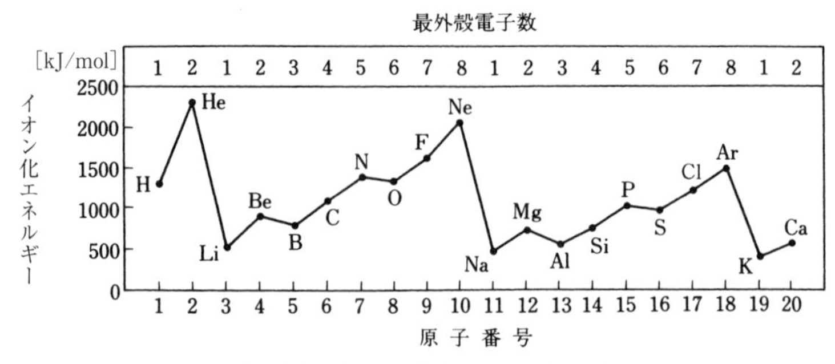

図1.4　最外殻電子の数とイオン化エネルギー

原子のイオン化エネルギーの大小は，最外殻の電子が原子核の正電荷に引きつけられる力の強さと関係している。この力が大きいほど，電子を取り去るのに必要なエネルギーは大きくなり，したがって，イオン化エネルギーは大きくなる。原子核が電子を引きつける力はクーロンの法則に従うため，原子核の正電荷が大きくなるほど強まり，原子核と電子の距離が遠くなるほど弱くなる。

原子番号が大きくなると，原子核の正電荷が大きくなるが，その一方，原子核のまわりにある電子の負電荷も増してくる。電子同士には，同符号の電荷のため，互いに斥力が働く。とくに，最外殻にある電子は，より内側の電子殻の電子から原子核の方向とは正反対の向きの斥力を受ける。この斥力は，原子核の正電荷による引力を電荷１つ分だけ弱める働きをする。このように，原子核から電子が受ける正味の引力が，他の電子の存在で弱められることを，**遮蔽効果**という。

同じ電子殻の電子同士に働く斥力による遮蔽効果は，より内側の電子殻の電子と比べて不完全になり弱くなる。このため，同じ電子殻に電子が引き続き入るとき，原子核からの引力は遮蔽効果を受けながら徐々に増加する。これに対して，原子核と電子の距離は，同じ電子殻の電子ではほぼ一定である。その結果，最外殻の電子が増えるにつれてイオン化エネルギーは増加する。

貴ガス原子からその次の原子番号の Li，Na，K などの**アルカリ金属**原子に進むところで，一つ外側の電子殻に電子が入るため，新しい最外殻の電子に対する内側のすべての電子の遮蔽効果がほぼ完全になり，原子核から受ける引力が急激に弱められて，イオン化エネルギーが大きく低下する。

(3) 電子親和力

原子が電子１個を受け入れて１価の陰イオンになるとき放出するエネルギーを，原子の**電子親和力**という。原子の電子親和力は，その１価陰イオンから電子を取り去るのに要するエネルギーに等しい。したがって，原子の電子親和力の大小も最外殻の電子が原子核から受ける引力の強さに支配され，原子番号に対して周期的な変化を示すが，イオン化エネルギーの場合と比べて最外殻の電子数が１個多いため，最大・最小を示す原子番号が１つ小さくなる。このため，電子親和力は，イオン化エネルギーが最大になる貴ガスより原子番号が一つだけ小さい F，Cl，Br などの**ハロゲン**原子のところで最大となり，その次の貴ガス原子のところで最小となる。

(4) 電気陰性度

原子のイオン化エネルギー I は中性の原子がどれだけ強く電子をつなぎとめるかをあらわし，原子の電子親和力 A は中性の原子が電子をどれほど強く受け入れようとするかをあらわしている。したがって，I と A の平均値は，それぞれの原子の電気的な陰性の程度をあらわす目安となる。マリケンは，I と A の算術平均 $(I+A)/2$ を**電気陰性度**として定義した。この定義とは別に，ポーリングは，原子間の結合に各原子が電子を引き付ける強さの違いによって電気的極性が現れることに着目して電気陰性度を定めた。その値はマリケンの定義に基づく値とよい比例関係がある。表 1.6 に電気陰性度の値を示す。電気陰性度は，各元素の電気的な性質の違いを論ずるときに便利である。電気陰性度が 2 以上違う原子間では，電子 1 個分の電荷が完全に移動して，イオン同士からなる結合（イオン結合）をつくると考えられる。

(5) 原子とイオンの大きさ

原子の大きさは，原子核から最も遠い位置にある最外殻の電子が収容されている軌道の大きさで決まる。その大きさは，電子殻が K 殻，L 殻，M 殻の順により外側に広がるにつれて大きくなる。一方，原子番号が大きくなるほど原子核が電子を引き付ける力が強くなるため，最外殻が同じ原子では，原子番号の大きいものほど原子の大きさが小さくなる。以上の二つの傾向によって，図 1.5 に示すように，原子の大きさは原子番号に対して周期的な変化を示す。

原子がイオンになるときは，最外殻が電子を失うと半径が小さくなり，最外殻に電子が追加されると半径が大きくなる（図 1.5）。このため，一般に，中性の原子と比べて，その陽イオンは小さく，陰イオンは大きい。また，電子数が等しいイオン同士を比べると，原子番号が小さいものほど半径が大きい（表 1.7）。

表 1.6　元素の電気陰性度(ポーリングの値, 第1～第3周期の下段はマリケンの値[eV])

族 周期	1	2	3	4	5	6	7	8	9	10	11	12	13	14	15	16	17	18
1	H 2.1 7.17																	He
2	Li 1.0 2.96	Be 1.5 2.86											B 2.0 3.83	C 2.5 5.61	N 3.0 7.34	O 3.5 9.99	F 4.0 12.32	Ne
3	Na 0.9 2.94	Mg 1.2 2.47											Al 1.5 2.97	Si 1.8 4.35	P 2.1 5.72	S 2.5 7.60	Cl 3.0 9.45	Ar
4	K 0.8	Ca 1.0	Sc 1.3	Ti 1.5	V 1.6	Cr 1.6	Mn 1.5	Fe 1.8	Co 1.8	Ni 1.8	Cu 1.9	Zn 1.6	Ga 1.6	Ge 1.8	As 2.0	Se 2.4	Br 2.8	Kr
5	Rb 0.8	Sr 1.0	Y 1.2	Zr 1.4	Nb 1.6	Mo 1.8	Tc 1.9	Ru 2.2	Rh 2.2	Pd 2.2	Ag 1.9	Cd 1.7	In 1.7	Sn 1.8	Sb 1.9	Te 2.1	I 2.5	Xe
6	Cs 0.7	Ba 0.9	ランタ ノイド	Hf 1.3	Ta 1.5	W 1.7	Re 1.9	Os 2.2	Ir 2.2	Pt 2.2	Au 2.4	Hg 1.9	Tl 1.8	Pb 1.8	Bi 1.9	Po 2.0	At 2.2	Rn
7	Fr 0.7	Ra 0.9	アクチ ノイド															

ランタノイド	La	Ce	Pr	Nd	Pm	Sm	Eu	Gd	Tb	Dy	Ho	Er	Tm	Yb	Lu
	← 1.1－1.2 →														
アクチノイド	Ac 1.1	Th 1.3	Pa 1.5	U 1.7	Np 1.3	Pu 1.3	Am 1.3	Cm 1.3	Bk 1.3	Cf 1.3	Es 1.3	Fm 1.3	Md 1.3	No 1.3	Lr

表 1.7　貴ガス型電子配置のイオンの大きさ

電子配置 (最外電子殻)	イオンの半径 [Å]									
He (K殻)			H^-	1.5	Li^+	0.76	Be^{2+}	0.45	B^{3+}	0.11
Ne (L殻)	O^{2-}	1.40	F^-	1.33	Na^+	1.02	Mg^{2+}	0.72	Al^{3+}	0.54
Ar (M殻)	S^{2-}	1.84	Cl^-	1.81	K^+	1.38	Ca^{2+}	1.00	Sc^{3+}	0.74

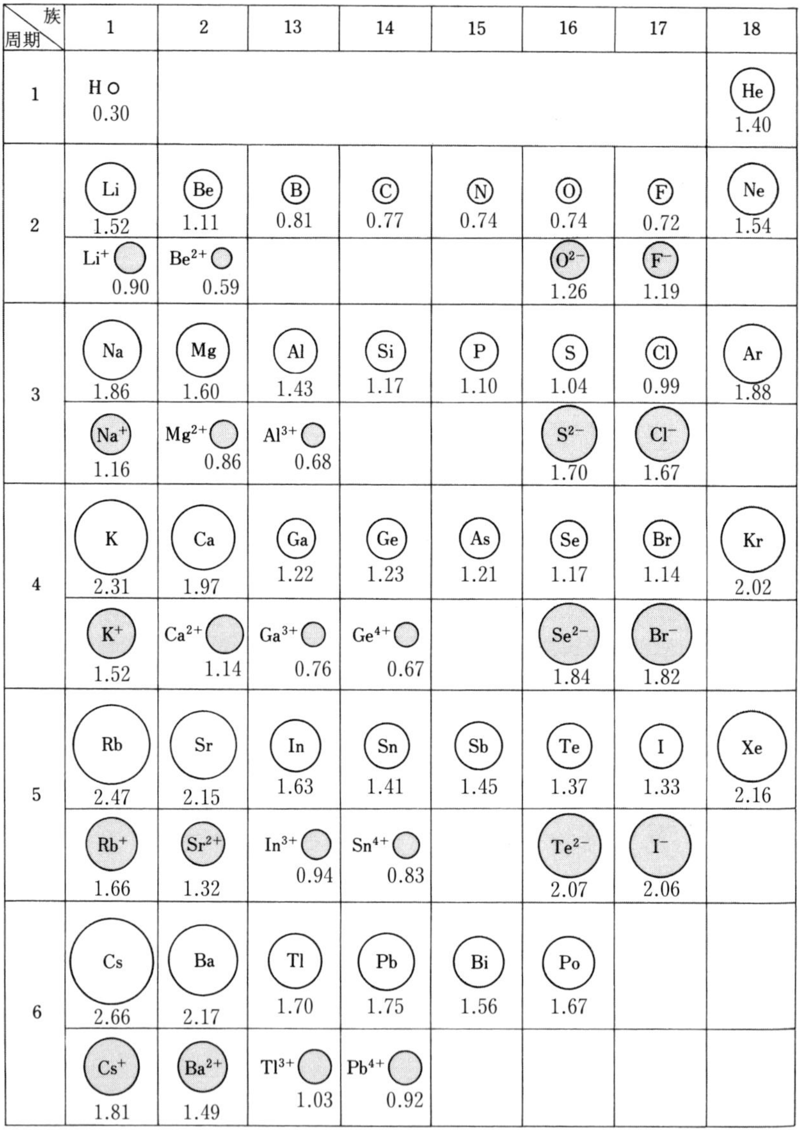

周期＼族	1	2	13	14	15	16	17	18
1	H 0.30							He 1.40
2	Li 1.52	Be 1.11	B 0.81	C 0.77	N 0.74	O 0.74	F 0.72	Ne 1.54
	Li^{+} 0.90	Be^{2+} 0.59				O^{2-} 1.26	F^{-} 1.19	
3	Na 1.86	Mg 1.60	Al 1.43	Si 1.17	P 1.10	S 1.04	Cl 0.99	Ar 1.88
	Na^{+} 1.16	Mg^{2+} 0.86	Al^{3+} 0.68			S^{2-} 1.70	Cl^{-} 1.67	
4	K 2.31	Ca 1.97	Ga 1.22	Ge 1.23	As 1.21	Se 1.17	Br 1.14	Kr 2.02
	K^{+} 1.52	Ca^{2+} 1.14	Ga^{3+} 0.76	Ge^{4+} 0.67		Se^{2-} 1.84	Br^{-} 1.82	
5	Rb 2.47	Sr 2.15	In 1.63	Sn 1.41	Sb 1.45	Te 1.37	I 1.33	Xe 2.16
	Rb^{+} 1.66	Sr^{2+} 1.32	In^{3+} 0.94	Sn^{4+} 0.83		Te^{2-} 2.07	I^{-} 2.06	
6	Cs 2.66	Ba 2.17	Tl 1.70	Pb 1.75	Bi 1.56	Po 1.67		
	Cs^{+} 1.81	Ba^{2+} 1.49	Tl^{3+} 1.03	Pb^{4+} 0.92				

原子 ◯ が共有結合（金属の場合は金属結合）するときの半径（18 族元素ではファンデルワールス半径）と，イオン ◯ がイオン結合するときの半径（単位は Å(10^{-10} m)）

図 1.5　原子とイオンの大きさ

◆ 例題 1.5 ◆◆◆

次のイオンを，半径の大きい順に並べよ。

Be^{2+}　O^{2-}　F^{-}　Na^{+}　Mg^{2+}　S^{2-}

◆◆

解　同族原子のイオンは，周期番号の大きいものほど，より外側の電子殻に電子が収容されているため，半径は大きいので，

Mg^{2+}　>　Be^{2+}

S^{2-}　>　O^{2-}

同じ貴ガス原子と同一の電子配置をもつイオンは，原子番号の大きいものほど中心の原子核の正電荷がより強く電子を引き付けるため半径は小さくなる。よって，

O^{2-}　>　F^{-}　>　Na^{+}　>　Mg^{2+}

以上により，イオン半径の大きい順にならべると，

S^{2-}　>　O^{2-}　>　F^{-}　>　Na^{+}　>　Mg^{2+}　>　Be^{2+}　（答）　◆

1.6　元素の性質と周期性

元素の性質が，原子番号の順に一定の周期で規則的に変化することを，**元素の周期律**という。たとえば，単体の融点や沸点，原子のイオン化エネルギーや電子親和力，イオンの価数や大きさ，生成する化合物の組成や溶解度などが，周期性を示す。周期律は，1869 年にメンデレーエフによって発見された。元素の周期律は，原子の電子配置に周期性があり，それに伴って価電子の数が規則的に変化することと関係している。

元素を原子番号の小さい順に左から右に並べ，また，性質に似た元素が原子番号の順に上から下へと縦の列にそろうように周期的に配列した表を，**元素の周期表**という。現在，よく用いられる周期表を，表見返しに示す。周期表の横に並んだ行を**周期**といい，上から順に第一周期，第二周期などとよばれ，第七周期までである。原子番号 92 のウラン U までの元素は天然に存在する。原子番号 93 以降の元素はすべて人工の元素である。

周期表の縦の列を**族**といい，1 族から 18 族までである。同じ族に属する元素を，**同族元素**という。同族元素のいくつかには，次に示すように特有の名称が

つけられている。

アルカリ金属　Hを除く1族の元素　Li Na K Rb Cs Fr
アルカリ土類金属　2族の元素　Be Mg Ca Sr Ba Ra
貴ガス　18族の元素　He Ne Ar Kr Xe Rn
ハロゲン　17族の元素　F Cl Br I At
希土類　3族のScとYおよび第六周期の15種類の元素（ランタノイド）

同族元素のうち，元素の周期律をとくによく示す1族，2族と13族から18族までの元素を**典型元素**という。これに対し，3族から12族までの元素を**遷移元素**という。遷移元素では，周期律があまりはっきりせず，原子番号の増加に伴う性質の変化はゆるやかである。典型元素の族番号の下1桁の数字は，貴ガスを除き，原子の価電子の数に等しい。遷移元素の価電子の数は2以下であり，原子番号の増加につれて追加される電子は最外殻よりも内側の電子殻に配置される（表1.5参照）。

単体が金属光沢を示し，熱や電気をよく導くなど，金属としての性質をよく示す元素を**金属元素**という。金属元素は陽性が強く陽イオンになりやすい。金属元素のイオン（金属イオン）の価数は，典型元素では1族が1価，2族が2価，13族が3価というように，価電子の数が価数になることが多い。一方，遷移元素では，族の番号とは無関係に，2価や3価になることが多い。

金属元素以外の元素を**非金属元素**という。非金属元素はすべて典型元素であり，貴ガスを除いて，周期表の右上のものほど陰性が強く，陰イオンになりやすい。非金属元素のイオンの価数は，普通，17族では1価，16族では2価，15族では3価である。

室温で単体が気体である元素は，18族の貴ガス元素とH，N，O，F，Clの11種類の非金属元素だけである。室温で単体が液体である元素は，BrとHgだけである。遷移元素はすべて金属元素であり，融点・沸点の高いものが多い。典型元素の単体の融点・沸点は，同じ周期の元素で比べると，周期表の両端の1族や18族で低く，金属元素と非金属元素の境界付近では高い。

◆ 例題 1.6 ◆◆◆◆◆◆◆◆◆◆◆◆◆◆◆◆◆◆◆◆◆◆◆◆◆◆◆◆◆◆

次の元素のうちから，(1) 典型元素，(2) 遷移元素，(3) 金属元素，(4) 非金属元素に該当するものを，それぞれ選べ。

H　He　Li　B　C　Mg　Al　Si　S　Ar　K　Fe　Zn　Ag　I　Ba　W　Hg

◆◆◆◆◆◆◆◆◆◆◆◆◆◆◆◆◆◆◆◆◆◆◆◆◆◆◆◆◆◆◆◆◆◆◆

解

(1) 典型元素　H　He　Li　B　C　Mg　Al　Si　S　Ar　K　I　Ba

(2) 遷移元素　Fe　Zn　Ag　W　Hg

(3) 金属元素　Li　Mg　Al　K　Fe　Zn　Ag　Ba　W　Hg

(4) 非金属元素　H　He　B　C　Si　S　Ar　I　◆

▶第 2 節　化学結合◀

2.1　イオン結合

(1)　イオン結合

単体であるナトリウムと塩素を反応させると，塩化ナトリウム NaCl ができる。このとき，Na 原子から Cl 原子へ電子が 1 個移動し，ナトリウムイオン Na^{+} と塩化物イオン Cl^{-} ができる。NaCl では，Na^{+} と Cl^{-} とが，互いにクーロン力で引き合って結合している。このように，陽イオンと陰イオンが電気的引力によって引き合ってできる結合を，**イオン結合**という。イオン結合ができるときは，図 1.6 の NaCl のように，それぞれの原子の電子配置が，原子番号の近い貴ガス原子の電子配置と同じになる。

イオン結合の結合力は，イオンの電荷間に働くクーロン力と関係しており，両イオンの電荷の絶対値の積が大きいほど強く，また，イオンの半径の和が小さいものほど強くなる。

一般に，陽性の強い元素（金属元素）と陰性の強い元素（非金属元素）との化合物は，イオン結合でできている。表 1.8 に示すように，イオン結合でできる物質には，塩化カルシウム $CaCl_2$ のような塩（p.81 参照），水酸化ナトリウム NaOH のような水酸化物，酸化カルシウム CaO のような金属元素の酸化物などがある。

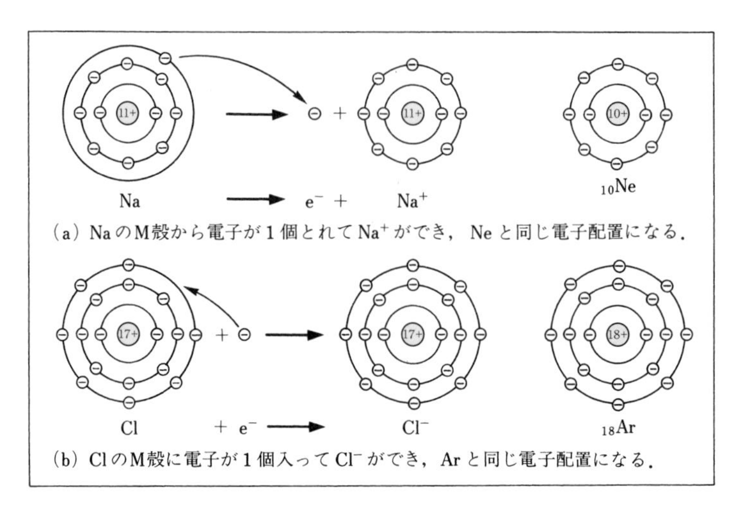

図1.6　NaClができるときの電子配置の変化

表1.8　イオン結合でできる化合物

塩	水酸化物	金属元素の酸化物
塩化アンモニウム　NH_4Cl 塩化カルシウム　$CaCl_2$ 硝酸ナトリウム　$NaNO_3$ 炭酸カリウム　K_2CO_3 硫酸亜鉛　$ZnSO_4$	水酸化ナトリウム　NaOH 水酸化カルシウム　$Ca(OH)_2$ 水酸化鉄(Ⅲ)　$Fe(OH)_3$	酸化ナトリウム　Na_2O 酸化カルシウム　CaO 酸化銅(Ⅱ)　CuO

イオンからなる物質の名称は，陰イオンを先に，陽イオンをあとにする。ただし，陰イオンの呼称が塩化物イオンなどのように「…化物イオン」の場合には，「物」を省略する。カリウムイオン K^+ と水酸化物イオン OH^- からなるKOHの名称は，水酸化カリウムとなる。

(2) イオン結晶

イオン結合でできる化合物の固体は，陽イオンと陰イオンが規則正しく配列してできている。このように，粒子（原子やイオン）が規則的に並んでできた固体を**結晶**という。結晶中では，構成粒子が格子状に規則的に配列している。このような格子状の粒子の配列を**結晶格子**という。結晶格子は，単位構造の繰り返しからできており，その単位構造を**単位格子**という。

NaCl や $CaCl_2$ のようにイオン結合でできた結晶を，**イオン結晶**という。イオン結晶では各イオンが周囲にある反対符号の電荷を帯びたイオンと結合して，結合の配列が結晶全体に広がっている。粒子は，単位格子の頂点，辺，面，中心など，それぞれ決まった位置に配置される（図 1.14 参照）。

イオン結晶は，イオン間のクーロン引力が強いため，融点や沸点の高いものが多い。イオン結晶は，硬いがもろく，力を加えると結晶の特定の面に沿って割れることが多い。衝撃によってイオン結晶が割れやすいのは，イオンの位置がずれると同符号の電荷を持つイオン同士が互いに強く反発するためである。

イオン結晶は透明なものが多く，フッ化カルシウム CaF_2 の結晶は，赤外線や紫外線を吸収しにくいため，プリズムやレンズ等の光学部品に使われる。イオン結晶は電気を通さないが，加熱して融解すると，イオンが自由に動き回るようになるため，電気をよく通す。イオン結晶は，それぞれのイオンに分かれて水によく溶ける。イオンが溶けた水溶液は，イオンが移動できるため，電気をよく通す。イオン結晶中には，分子は存在しないが，熱するとイオン結合した分子の気体が発生する。たとえば，NaCl の結晶を加熱すると，NaCl 分子の気体が生じる。

イオン結合からなる物質は，陽イオンと陰イオンが一定の割合で結ばれてできているので，その組成は成分元素の最も簡単な整数の比を用いて，NaCl，Na_2CO_3 のように表す。水酸化物イオンなどの原子団を複数含むときは，$Ca(OH)_2$，$Al(OH)_3$ などのように表す。このように元素記号を用いて物質の組成を表した式を，**組成式**という。組成式はイオンからなる物質だけではなく，炭素や金属元素などの単体を表すときにも用いられる。

分子式，イオン式，組成式は，元素記号を用いて物質の構成要素を表したものであり，これらをまとめて**化学式**という。

イオンからなる物質では，陽イオンと陰イオンの電気量が互いにつりあっていて，全体として電気的に中性になっている。このため，組成式に含まれる正負の電荷の総数は互いに等しく，組成式におけるイオンの価数とイオンの数について，次の関係が成り立つ。

(陽イオンの価数)×(陽イオンの数)＝(陰イオンの価数)×(陰イオンの数)

◆ 例題 1.7 ◆◆◆◆◆◆◆◆◆◆◆◆◆◆◆◆◆◆◆◆◆◆◆◆◆◆◆◆◆◆

次の各組のイオンからなる物質の化学式と名称をそれぞれ書け。

(1) Mg^{2+}, F^-　(2) Ag^+, S^{2-}　(3) Al^{3+}, $SO_4{}^{2-}$　(4) $NH_4{}^+$, $PO_4{}^{3-}$　(5) Na^+, $CO_3{}^{2-}$

◆◆◆◆◆◆◆◆◆◆◆◆◆◆◆◆◆◆◆◆◆◆◆◆◆◆◆◆◆◆◆◆◆◆◆◆◆◆

解

(1) MgF_2　フッ化マグネシウム

(2) Ag_2S　硫化銀

(3) $Al_2(SO_4)_3$　硫酸アルミニウム

(4) $(NH_4)_3PO_4$　リン酸アンモニウム

(5) Na_2CO_3　炭酸ナトリウム ◆

2.2　共有結合

(1) 共有結合

H 原子，F 原子，Cl 原子のように不対電子をもつ原子同士が近づくと，2 個の不対電子が組み合わされて電子対となり，その電子対が両方の原子に共有されて結合ができる。原子間に共有された電子対を**共有電子対**といい，共有電子対によってできる結合を**共有結合**という。共有電子対の負電荷は，それを共有している双方の原子の原子核を引きつけて結びあわせる働きをする。

水素分子 H_2，フッ素分子 F_2，塩素分子 Cl_2，塩化水素分子 HCl の結合のように，2 個の原子が 1 組の共有電子対で結ばれてできる結合を，**単結合**（一重結合）という。

酸素分子 O_2 は，それぞれの O 原子から 2 個の不対電子が提供され，2 組の共有電子対ができて結合している。このように 2 組の共有電子対でできる結合は**二重結合**とよばれる。窒素分子 N_2 は，それぞれの N 原子から 3 個の不対電子が提供され，3 組の共有電子対ができて結合している。このように 3 組の共有電子対でできる共有結合は**三重結合**とよばれる。

共有結合ができるときに，不対電子以外の価電子は最初から電子対となっていて原子間には共有されない。このような電子対を**非共有電子対**という。

共有結合の例として上に示した分子の電子式では，各原子の価電子の電子配置は共有電子対を含めて貴ガス原子と同じになっている。このように，価電子の電子配置が貴ガス原子と同じ電子配置をとるようになると，不対電子がないため，もはや共有結合をつくることができなくなり，化学的に安定になる。

1組の共有電子対を1本の線で表すと，原子間にできる共有結合の様子を知るのに便利である。このように共有結合を表す線を**価標**という。単結合の価標は1本，二重結合の価標は2本，三重結合の価標は3本である。価標を用いて分子内の結合状態を表した化学式を**構造式**という。図1.7にいろいろな分子の構造式と電子式とを比較して示す。

分子	電子式	構造式	構造
水素 H_2	H : H	H−H	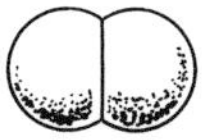
水 H_2O	‥ H : O : ‥ H	H−O ｜ H	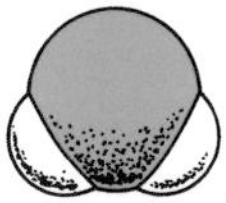
塩化水素 HCl	‥ H : Cl : ‥	H−Cl	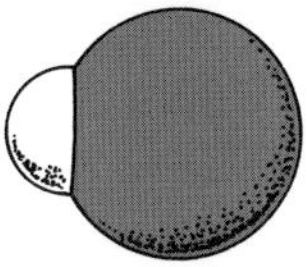
アンモニア NH_3	‥ H : N : H ‥ H	H−N−H ｜ H	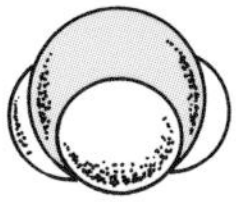
メタン CH_4	H ‥ H : C : H ‥ H	H ｜ H−C−H ｜ H	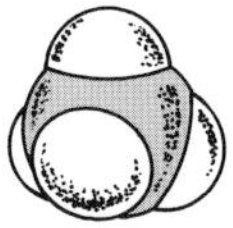
二酸化炭素 CO_2	‥　　　‥ : O :: C :: O :	O=C=O	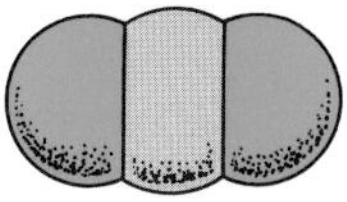
窒素 N_2	: N ⋮⋮ N :	N≡N	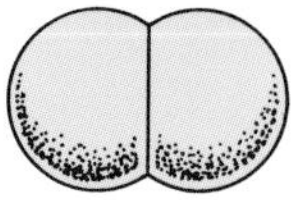

図1.7　いろいろな分子の構造と電子式，構造式

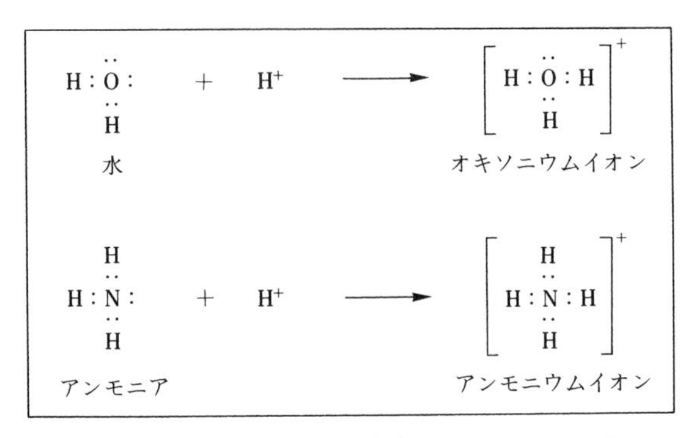

図1.8　オキソニウムイオン H_3O^+ とアンモニウムイオン NH_4^+

一つの原子がもつ価標の数を**原子価**という。元素によって原子価はほぼ決まっており，H原子，F原子，Cl原子は1，O原子は2，N原子は3，C原子は4である。図1.7に示した分子は，これらの原子価をもつ化合物の例である。

水素イオン H^+ は，電子対を1組受け入れるとHe原子と同じ電子配置となるため，図1.8のように非共有電子対をもつ H_2O 分子や NH_3 分子と水素イオン H^+ とが結合して，安定なオキソニウムイオン H_3O^+，アンモニウムイオン NH_4^+ ができる。こうして新たにできる結合の共有電子対と，NH_3 や H_2O に最初から存在した共有電子対とは，まったく同等の働きをしていて，区別することができない。このように，共有電子対が一方の原子から提供されてできる共有結合を，とくに**配位結合**という。

◆ 例題1.8 ◆◆◆◆◆◆◆◆◆◆◆◆◆◆◆◆◆◆◆◆◆◆◆◆◆◆◆◆◆◆◆◆

H原子を含む H_2O，NH_3，CH_4 などの分子からH原子1個を取り除くと，OH，NH_2，CH_3 などができる。これらは，みな不対電子を1個もち，安定な分子の共有結合が切れてできるため，**遊離基**または**ラジカル**と呼ばれている。これらのラジカルの不対電子を組み合わせて共有結合を形成することによって生じると考えられる分子の構造式と名称の組を，4つ以上書け。

◆◆◆◆◆◆◆◆◆◆◆◆◆◆◆◆◆◆◆◆◆◆◆◆◆◆◆◆◆◆◆◆◆◆◆◆◆◆

解

```
                        H                 H   H
                        |                 |   |
  H−O−O−H           H−C−O−H           H−C−C−H
                        |                 |   |
                        H                 H   H
  過酸化水素          メタノール           エタン

      H                                   
      |    H        H                 H       H
      |   /          \                 \     /
  H−C−N              N−O−H            N−N
      |   \          /                 /     \
      |    H        H                 H       H
      H
  メチルアミン      ヒドロキシルアミン      ヒドラジン
```

◆

(2)　共有結合の結晶

炭素の単体であるダイヤモンドは，C 原子の価電子 4 個により，各 C 原子が，隣接する 4 個の C 原子とそれぞれ C–C 結合をつくり，メタン分子 CH_4 の構造によく似た正四面体の原子配列が次々に共有結合してつながってできた結晶であり（図 1.9），全体が一つの巨大な分子になっている。ダイヤモンドは非常に硬く，電気を通さない。また，屈折率が大きく美しい輝きを示す。二酸化ケイ素 SiO_2 の結晶は，ダイヤモンドの C–C 結合を Si–O–Si 結合で置き換えた構造をもつ。SiO_2 の結晶は石英とよばれ，とくに透明なものは水晶とよばれる。

このほか，単体のケイ素，炭化ケイ素 SiC，窒化ホウ素 BN も共有結合がつながってできた結晶である。このように全体が共有結合で結ばれてできた結晶を，**共有結合の結晶**という。共有結合の結晶は，きわめて融点が高く，非常に硬いものが多い。また，水に溶けにくく，電気を通さないものが多い。共有結合の結晶の化学式は，ダイヤモンド C，ケイ素 Si，二酸化ケイ素 SiO_2 のように，組成式で表す。

炭素のもう一つの単体である黒鉛（グラファイト）は，黒色で軟らかく，電気を通す。図 1.9 に示すように，黒鉛は正六角形の網目状に炭素原子が配列し互いに共有結合で結ばれた巨大な分子が層状に多数積み重なった構造をしている。重なりあった層の間には共有結合より弱い分子間力しか存在しないため，黒鉛は層同士がずれてすべりやすく，はがれて薄片になりやすい。黒鉛の C 原子の価電子のうち 3 個は隣接する C 原子との共有結合に使われるが，残り 1

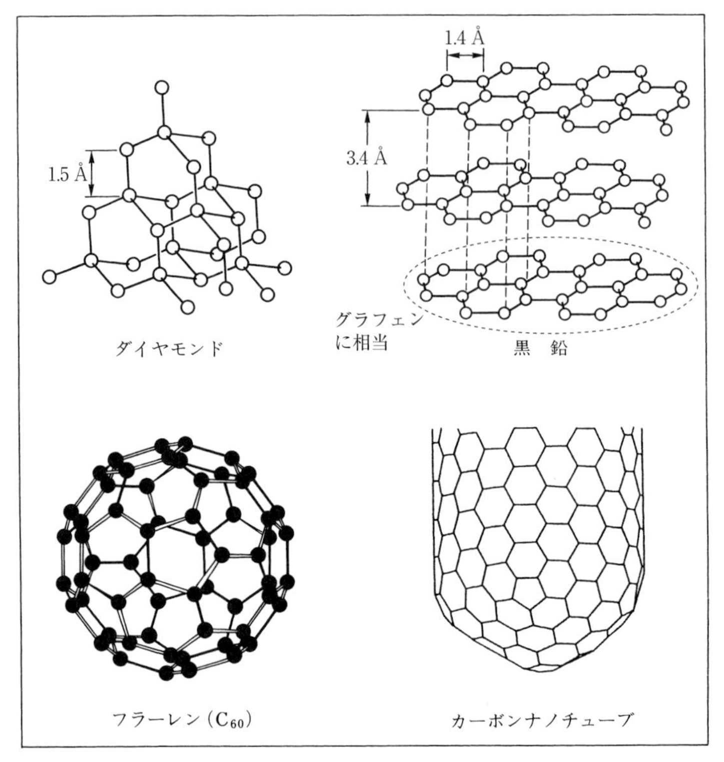

図1.9　炭素の単体の構造

個の電子は，層平面全体に共有され，その平面内を自由に動くことができる**自由電子**となるため，黒鉛は電気をよく通す。

炭素の単体には，このほか，結晶構造をとらない無定形炭素，かご状の構造をした炭素分子**フラーレン**がある。炭素原子60個からなるフラーレンC_{60}の分子は，正五角形と正六角形の網の目が組み合わされた，ほぼ球形の分子である。炭素の単体には，さらに**カーボンナノチューブ**とよばれる筒状のものも見出されている。また，黒鉛の層状構造がはがれやすいことに着目し，粘着テープを利用して，層状構造を次第にはがしていく操作を続けることで，正六角形の網の目構造が1層だけになったものがとり出され，**グラフェン**とよばれている。グラフェンは非常に薄いため，黒鉛とは違い無色である。

(3) 結合の極性と極性分子

水素 H_2，塩素 Cl_2 のように，同種の原子からなる共有結合でできた分子は，電子対がどちらの原子にもかたよらずに両方の原子に均等に共有されている。これに対して，種類の異なる原子間に共有される電子対は，より陰性の強い原子の方に引かれて，かたよって存在する。塩化水素 HCl では，Cl 原子の方が H 原子よりも陰性が強いため，Cl 原子の方に共有電子対がかたより，Cl 原子がいくらか負（デルタ $\delta-$）に，H 原子がいくらか正（デルタ $\delta+$）に電荷を帯び，結合に電荷のかたよりを生じる。このように，結合に生じた電荷のかたよりを，**結合の極性**という。

H_2 や HCl のような 2 原子分子では，結合の極性によって分子の極性がきまる。塩化水素 HCl やフッ化水素 HF のように極性を持つ分子を**極性分子**といい，水素 H_2 や塩素 Cl_2 のように極性をもたない分子を**無極性分子**という。

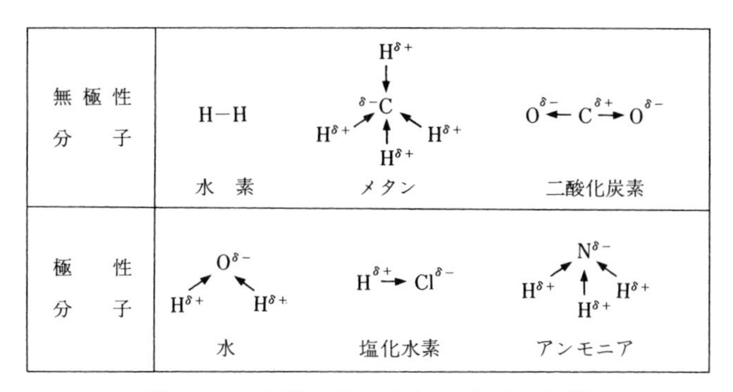

図 1.10　電荷のかたよりと分子の極性

複数の結合からなる分子では，結合に極性があっても，その向きによって，分子全体として極性をもたないことがある。たとえば，二酸化炭素 CO_2 の分子では，二つの結合のそれぞれに極性があるが，それらの結合の極性の大きさは同じで向きが反対であるため，互いに打ち消しあい，分子全体として極性をもたない（図 1.10）。メタン分子 CH_4 も四つの結合の極性が全体として打ち消しあうため極性をもたない。CO_2 や CH_4 のように正の電荷の重心と負の電荷の重心が一致する場合は，無極性分子になる。水分子 H_2O やアンモニア分子 NH_3 では，正負の電荷の重心が一致しないので，極性分子である。

◆ 例題 1.9 ◆◆◆◆◆◆◆◆◆◆◆◆◆◆◆◆◆◆◆◆◆◆◆◆◆◆◆

次のうち極性分子はどれか。

(1) H_2S(硫化水素)　(2) CS_2(二硫化炭素)　(3) C_6H_6(ベンゼン)　(4) CH_3Cl(塩化メチル)

◆◆◆◆◆◆◆◆◆◆◆◆◆◆◆◆◆◆◆◆◆◆◆◆◆◆◆◆◆◆◆◆◆◆◆◆

解　(1) H_2S　(4) CH_3Cl

2.3　分子間力と水素結合

(1) 分子間力

気体が冷却や圧縮によって液化するのは，気体分子同士の間にそれらを互いに結びつける引力が働くためである。この分子間に働く力は，イオン結合や共有結合の力と比べて非常に弱い。このように分子間に働く弱い力を**分子間力**という。水素 H_2，ヨウ素 I_2，二酸化炭素 CO_2 などの分子からなる物質の結晶は，分子が弱い分子間力で結ばれてできているため，融点・沸点が低い。室温で液体や気体である物質の多くは，分子からなる物質である。

構造が類似した分子からなる物質では，分子の質量（分子量に比例する）が大きいものほど分子間力が強くなり，融点・沸点が高くなる（表 1.9，表 2.1 参照）。

表 1.9　ハロゲンと貴ガスの融点・沸点［℃］

分類	分子式	分子量	融点	沸点
貴ガス	Ne	20	−249	−246
	Ar	40	−189	−186
	Kr	84	−157	−153
	Xe	131	−112	−108
ハロゲン	F_2	38	−220	−188
	Cl_2	71	−101	−34
	Br_2	160	7	59
	I_2	254	114	184

極性分子の間には，分子間に電荷のかたよりによる電気的引力が余分に加わる。このため，分子の質量が同程度の分子からなる物質の融点・沸点を比較すると，一般に，極性分子からなる物質では無極性分子のものより高い（図 2.5 参照）。

(2) 分子結晶

図 1.11 のヨウ素の結晶のように，分子が規則正しく配列してできた結晶を，**分子結晶**という。分子結晶は分子同士が分子間力で弱く結ばれたもので，軟らかくて融点が低く，ドライアイス（CO_2 の固体），ヨウ素，ナフタレン $C_{10}H_8$ のように，固体から気体へと液体をへずに昇華（図 2.1 参照）する性質を示すものもある。分子結晶は，透明なものが多く，電気を通さない。

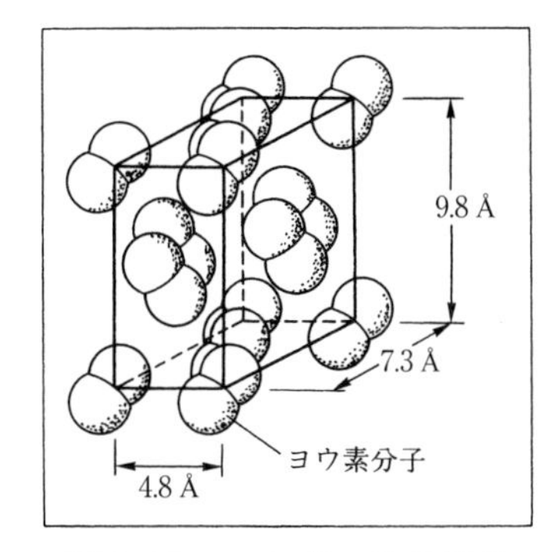

図 1.11　ヨウ素の結晶構造

(3) 水素結合

O 原子，N 原子，F 原子のように，陰性が強い原子に結合した H 原子は，いくらか正の電荷を帯びる。このように正電荷を帯びた H 原子が，陰性の強い原子の非共有電子対に接近すると，その間に弱い結合ができることがある。このように，H 原子を間にはさんでできる結合を，**水素結合**という。図 1.12 に示したように，水分子 H_2O やフッ化水素分子 HF の間には，分子同士の間に水素結合ができる。図 1.13 に示した分子では，分子内で水素結合ができる。水素結合の強さは，共有結合の 1/5 ないし 1/10 程度で，通常の分子間力の 10 倍程度である。室温では，水素結合は切れたり生成したりしている。

水，フッ化水素，アンモニアの沸点は，それぞれ，16 族，17 族，15 族の他の水素化物の沸点と比べて，異常に高い。これに対して，14 族のメタンの沸

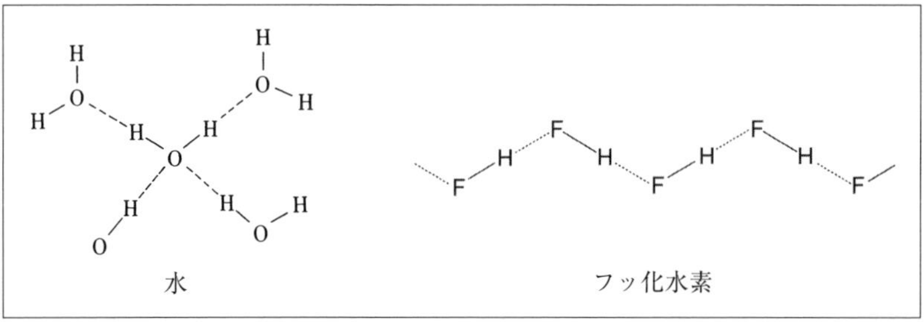

水　　フッ化水素

図 1.12　水素結合（点線）

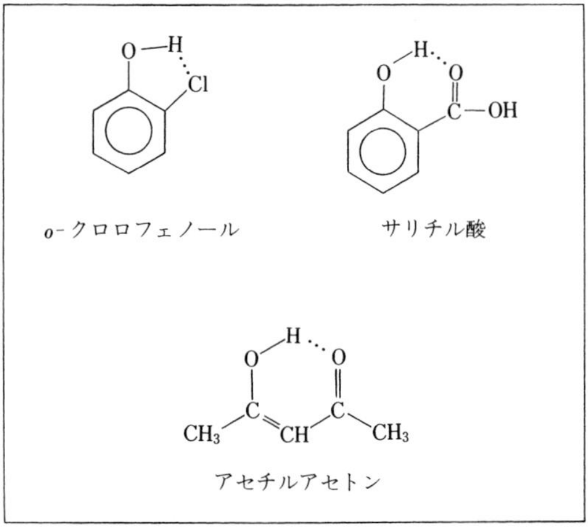

図 1.13　分子内水素結合（点線）

点は異常を示さない（図 2.5 参照)。水，フッ化水素，アンモニアでは，分子間に水素結合ができて多数の分子が互いにつながった構造をとりやすく，そのために沸点・融点が異常に高くなる。図 1.13 の例のように，分子内に水素結合ができる場合には，水素結合をつくらない物質の沸点・融点とそれほど変わらない。

分子間に水素結合をつくりやすい分子からなる物質同士は，互いに混じりやすい。たとえば，水とエタノールは任意の割合で混合する。

氷の結晶は，各分子が隣接する 4 個の水分子と水素結合で結ばれ，ダイヤモンドとよく似た隙間の多い構造となっている。このため，氷は液体の水よりも密度が小さく，水に浮き，水が凝固して氷に変わるときには体積が増える。また，氷に強い圧力を加えると融解して水に変わることによって滑りやすくなる現象がみられる。

2.4　金属結合

(1)　金属結合

アルミニウム，銅，鉄などの金属元素は，最外殻が隣接する原子と重なりやすく，隣の原子に電子を渡しやすい。金属原子間の結合では，価電子が特定の原子間に固定されずに自由電子となって物質全体を自由に移動する。価電子が自由電子となってすべての原子に共有されてできる結合を**金属結合**という。金属元素の単体は，分子のような特定の組成をもたないので，その化学式は元素記号で表す。

(2) 金属の性質

金属とよばれる物質は金属結合でできており，自由電子をもつため，電気や熱をよく導く。金属結合の強さは，原子の位置がずれてもほとんど変化しない。このため，金属は，力を加えると容易に変形し，**延性**（引っ張ると伸びる性質）・**展性**（たたくと薄く広がる性質）を示す。金，銀，銅，アルミニウムは，延性・展性が高く，導線や金属箔がつくられ利用されている。

金属同士を比べると，典型元素の金属では融点・沸点が低く軟らかいものが多いが，遷移元素の金属では融点・沸点が高く硬いものが多い（表1.10）。

表1.10　金属の性質

金　属	融点 [℃]	沸点 [℃]	密度 [g/cm^3]
水銀　Hg	−39	357	13.5
リチウム　Li	180	1340	0.5
マグネシウム　Mg	649	1090	1.7
アルミニウム　Al	660	2467	2.7
銀　Ag	962	2210	10.5
オスミウム　Os	3050	5027	22.6
タングステン　W	3410	5700	19.3

他の金属については巻末（p.204-205）の表「単体の密度・融点・沸点」参照

(3) 合金

金属結合は，同じ金属元素の原子間に限らず，異なる金属原子の間にもできる。複数の金属元素からなる金属を，**合金**という。合金にすると，機械的強度・電気抵抗・融点・腐食性などが変わる。スズと鉛の合金は融点が低く，ハンダやヒューズに用いられている。ニッケルとクロムの合金であるニクロム線は，融点が高く高温でも酸化されないため，電熱器などの発熱体として用いられている。亜鉛と銅の合金は，黄銅またはしんちゅうとよばれ，黄色の光沢があり，装飾品，5円硬貨，楽器などに用いられている。このように，利用目的に応じて種々の合金がつくられ利用されている。

(4) 金属の結晶

金属の結晶格子は，図1.14に示す**面心立方格子**，**体心立方格子**，**六方最密構造**のいずれかである。これらのうち，面心立方格子と六方最密構造は，同じ大きさの球状粒子が最も密に詰め込まれた構造である。

各粒子の周囲に配置されている粒子の数を**配位数**という。面心立方格子と六方最密構造の配位数は12であり，体心立方格子の配位数は8である。

金，銀，銅，アルミニウムの結晶構造は，面心立方格子であり，立方体の頂点と各面の中心に各粒子が配置されていて，単位格子の内部に正味4個の粒子がある。

ナトリウムやカリウムなどのアルカリ金属や鉄の結晶構造は，体心立方格子であり，立方体の各頂点と中心に各粒子が配置されていて，単位格子の内部に正味2個の粒子がある。

マグネシウムやコバルトの結晶構造は，六方最密構造である。六方最密構造では，図1.14のように正六角柱の形に粒子が配置され，単位格子は六角柱の1/3に相当し，その中に正味2個の粒子がある。

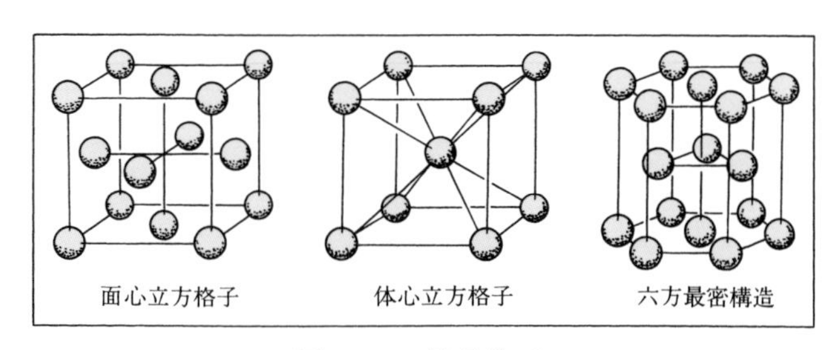

図1.14　結晶格子

◆ 例題 1.10 ◆◆◆◆◆◆◆◆◆◆◆◆◆◆◆◆◆◆◆◆◆◆◆◆

ナトリウムの結晶の密度を測定したところ，**0.970 g/cm³** であった。また，この結晶について，X 線で調べたところ，単位格子の 1 辺が **4.28×10^{-8} cm** の体心立方格子をつくっていることがわかった。ナトリウム原子 1 個の質量を求めよ。

◆◆◆◆◆◆◆◆◆◆◆◆◆◆◆◆◆◆◆◆◆◆◆◆◆◆◆◆

解　体心立方格子には，立方体の中心に 1 個，頂点に 8 個の原子がある。頂点の原子は，その 8 分の 1 だけが立方体の内部に含まれるので，単位格子中の原子数は，

$1+(1/8)\times8=2$ 個

よって，ナトリウム原子 1 個の質量は，

$(4.28\times10^{-8}\ \text{cm})^3\times0.970\ \text{g/cm}^3\div2=3.80\times10^{-23}\ \text{g}$（答）　◆

▶第 3 節　化学量論◀

■3.1　原子量・分子量・式量

(1)　原子量

各原子は固有の質量をもつが，その値はきわめて小さく，通常用いられる g や kg という単位では扱いにくい。第 1 節で学んだように，原子の質量は質量数にほぼ比例するから，質量数にほぼ等しい相対的な質量を用いると都合がよい。そこで，次のような基準が国際的に定められて用いられている。

炭素の同位体の一つである質量数が 12 の炭素原子 ^{12}C の質量を基準とし，これを 12 にして，各原子の相対質量を表す。

このようにすると，各原子の**相対質量**は，ほぼ質量数に近い値となる（表 1.11）。たとえば，^{1}H 原子の相対質量は，1.0078 となり，質量数 1 にほぼ等しい。また，^{16}O 原子の相対質量は 15.995 となり，質量数の 16 にほぼ等しい。

表 1.11　原子の質量と相対質量

原子	質量［10^{-27} kg］	相対質量	原子	質量［10^{-27} kg］	相対質量
^{1}H	1.6735	1.0078	^{23}Na	38.175	22.990
^{4}He	6.6465	4.0026	^{35}Cl	58.067	34.969
^{12}C	19.926	12（定義）	^{40}Ar	66.359	39.962
^{14}N	23.253	14.003	^{40}Ca	66.359	39.963
^{16}O	26.560	15.995	^{238}U	395.29	238.05

天然に存在する物質に含まれる元素には，多くの場合，複数の同位体が存在する。物質中に同位体が存在する割合（**存在比**）は，それぞれの元素でほぼ一定しているため，各元素の原子の相対質量を原子1個当たりに平均した値もほぼ一定である。この値を各元素の**原子量**という。原子量は相対値であるため，単位はない（表1.12）。

表 1.12　同位体の存在比と原子量

元素	同位体	相対質量	存在比[%]	原子量
水素 $_{1}$H	^{1}H	1.0078	99.989	1.00794
	^{2}H	2.0141	0.0115	
炭素 $_{6}$C	^{12}C	12（定義）	98.93	12.0107
	^{13}C	13.003	1.07	
酸素 $_{8}$O	^{16}O	15.995	99.757	15.9994
	^{17}O	16.999	0.038	
	^{18}O	17.999	0.205	

元素	同位体	相対質量	存在比[%]	原子量
塩素 $_{17}$Cl	^{35}Cl	34.969	75.76	35.453
	^{37}Cl	36.966	24.24	
アルゴン $_{18}$Ar	^{36}Ar	35.968	0.337	39.948
	^{38}Ar	37.963	0.063	
	^{40}Ar	39.962	99.600	
カリウム $_{19}$K	^{39}K	38.964	93.258	39.0983
	^{40}K	39.964	0.012	
	^{41}K	40.962	6.730	

◆ 例題 1.11 ◆◆◆◆◆◆◆◆◆◆◆◆◆◆◆◆◆◆◆◆◆◆◆◆◆◆◆◆◆◆◆◆◆◆◆

塩素の同位体は，^{35}Cl（相対質量 **34.97**，存在比 **75.76%**）と ^{37}Cl（相対質量 **36.97**，存在比 **24.24%**）の2種類である。塩素の原子量を求めよ。

◆◆

解　それぞれの相対質量に，存在比の100に対する比率をかけて，足し合わせると，原子量が求まる。

$34.97 \times (75.76/100) + 36.97 \times (24.24/100) = 35.45$（答）◆

⑵ 分子量と式量

分子についても，原子量と同じ基準にしたがって分子1個当たりの相対質量を表し，その値を**分子量**として用いる。分子量は，分子を構成するすべての原子の原子量の和に等しい。

化学式に含まれるすべての原子の原子量の総和を求めた値を，その化学式の**式量**という。原子量や分子量は，式量の特別な場合である。イオンでは，イオン式を構成する全原子の原子量の和をその式量とする。金属では，元素記号がそのまま組成式となるため，金属の式量は原子量に等しい。

例題 1.12

次の各物質の式量または分子量を求めよ。原子量には下の数値を用いよ。

(1)炭酸カルシウム $CaCO_3$　(2)硝酸銀 $AgNO_3$　(3)グルコース $C_6H_{12}O_6$

原子量：H=1　C=12　N=14　O=16　Ca=40　Ag=108

解

(1)炭酸カルシウム $CaCO_3$　$40+12+(16\times3)=100$

(2)硝酸銀 $AgNO_3$　$108+14+(16\times3)=170$

(3)グルコース $C_6H_{12}O_6$　$(12\times6)+(1\times12)+(16\times6)=180$

3.2　物質量

⑴ 物質量とアボガドロ定数

物質を構成する基本粒子の大きさや質量は非常に小さいため，通常扱う物質中に含まれる基本粒子の数は莫大な大きさになって取り扱いがやっかいである。そこで，物質を構成する単位粒子の数の基準として，**アボガドロ数**(6.02214076×10^{23}) が国際的に採用され，次に示す単位が使用されている。

アボガドロ数個の単位粒子の集団を1モル（1 mol）とする。

この単位（mol）で表した物質の量を**物質量**という。物質量を用いるときは，原子・分子・イオンなどの単位粒子の種類を示さなければならないが，単位粒子が明らかなときは省略してよい。たとえば，水1 molといえばその単位粒子は水分子であり，酸素1 molといえば単位粒子は酸素分子である。

物質 1 mol 当たりの単位粒子数は，常に等しい。これを**アボガドロ定数**といい，N_A で表す。

$$N_A = 6.02214076 \times 10^{23}/\text{mol}$$

このアボガドロ定数の数値は，国際的に採用されたアボガドロ数で与えられている。数値計算を有効数字 4 桁以内で行うときは，$N_A = 6.022 \times 10^{23}/\text{mol}$ としてよい。

(2) モル質量とモル体積

物質 1 mol 当たりの質量を**モル質量**という。相対質量の基準である ^{12}C 原子 1 mol の質量は，12 g にきわめて近い（11.999…g）。このため，原子量や分子量などの式量の数値に g/mol の単位をつけると，それぞれのモル質量になると考えてよい。たとえば，酸素の原子量は 16.0 であるから，酸素原子のモル質量は 16.0 g/mol であり，原子量が 35.5 の塩素原子のモル質量は 35.5 g/mol である。また，水の分子量は 18.0 であるから，水分子のモル質量は 18.0 g/mol である。

モル質量 M，物質量 n と質量 w の間には，一般に次の関係がある。

$M = w/n$ （モル質量）＝（質量）÷（物質量）

$n = w/M$ （物質量）＝（質量）÷（モル質量）

$w = nM$ （質量）＝（物質量）×（モル質量）

単位粒子が分子の場合，モル質量の単位が g/mol であるとすると，その単位をはずした数値が分子量になる。分子量を測定された数値から計算するときは，まず，モル質量を g/mol で計算し，次に単位をはずせばよい。

物質 1 mol 当たりの体積を**モル体積**という。物質のモル質量 M および単位体積当たりの質量を表す**密度** d とモル体積 v_m の間には，以下の関係がある。

$v_m = M/d$ （モル体積）＝（モル質量）÷（密度）

$d = M/v_m$ （密度）＝（モル質量）÷（モル体積）

$M = dv_m$ （モル質量）＝（密度）×（モル体積）

アボガドロの法則によると，

気体の種類に関係なく，同温・同圧のもとでは，同体積の気体には，同数の分子が含まれる。

したがって，同温・同圧のもとでは，気体のモル体積は，気体の種類に関係なく一定である。気体の**標準状態**を温度0℃，圧力1 atm（1気圧，1013 hPa）とすると，どの気体でも，標準状態でのモル体積は，およそ22.4 L/mol（22.4 dm^3/mol）になる（表1.13）。

表1.13　気体の密度とモル体積（標準状態）

気体	モル質量 [g/mol]	密度 [g/L]	モル体積 [L/mol]
窒素　N_2	28.0	1.25	22.4
酸素　O_2	32.0	1.43	22.4
ネオン　Ne	20.2	0.90	22.4
一酸化炭素　CO	28.0	1.25	22.4

ある温度・圧力における気体のモル体積が知られているときには，その温度・圧力での密度を測定することにより，上の関係式からモル質量が求められ，気体の分子量が求められる。

2種類の気体について，同温・同圧・同体積での質量を比べると，その比はモル質量または分子量の比に等しい。したがって，分子量が既知である気体Aと分子量が未知の気体Xの質量を同温・同圧・同体積の条件で比較することにより，次の関係式から分子量未知の気体Xの分子量が求められる。

(Xの分子量)＝(Aの分子量)×(Xの質量)/(Aの質量)

◆ 例題1.13 ◆◆◆◆◆◆◆◆◆◆◆◆◆◆◆◆◆◆◆◆◆◆◆◆◆◆◆◆◆◆◆◆◆◆◆

気体Aの標準状態における密度は，**0.089 g/L**であり，同温，同圧，同体積で，気体Bの質量は気体Aの質量の**16倍**であった。気体Aと気体Bの分子量をそれぞれ求めよ。

◆◆◆

解　Aの分子量　22.4×0.089＝2.0（答）

　　Bの分子量　2.0×16＝32（答）　◆

3.3　化学反応式

化学変化に関係する物質について，それらの物質量の関係を表した式を，**化**

学反応式または単に**反応式**という。反応する物質を**反応物**とよび，反応式の左辺に書く。反応で生成する物質を**生成物**とよび，反応式の右辺に書く。左辺と右辺の間には反応の進む方向を表すために，左から右へ向かう矢印（→）を書く。

2 mol の H_2 と 1 mol の O_2 とが反応して 2 mol の H_2O ができる化学変化は，次の反応式で表される。

$2H_2+O_2 \rightarrow 2H_2O$　（水素の燃焼反応）

また，この逆に，2 mol の H_2O が電気分解によって，2 mol の H_2 と 1 mol の O_2 に分かれる化学変化は，次の反応式で表される。

$2H_2O \rightarrow 2H_2+O_2$　（水の電気分解）

化学反応式は，以下のきまりに従って書き表す。

(1)　化学式を用いて反応物を左辺に生成物を右辺に書き，両者を → で結ぶ。反応物・生成物それぞれに複数の物質が存在するときは，それらすべての物質の化学式を ＋ で結んで示す。

(2)　反応の進行にともなって変化する各物質の物質量の比を，それぞれの化学式の前に係数として付ける。ただし，係数は原則として簡単な整数とし，係数が1のときは省略する。

(3)　化学変化を起こすのに必要な物質であっても，反応の前後で物質量が変化しない物質は，(2)の決まりによって係数を0とみなし，化学反応式には書かない。

化学反応式の係数は，反応に関与する各物質の物質量の比を表し，同時に，分子数の比も表している。また，反応に関与する物質が気体のときは，同温・同圧での体積比も表している。化学変化における反応物，生成物の質量の変化の大きさの比は，各化学式の分子量または式量と係数を乗じた値の比になっている。このことは倍数比例の法則と関係している。

化学反応式の両辺を比べると，各元素の原子の総数が等しくなっている。たとえば，上に示した水が生成する反応では，両辺とも H 原子は4個，O 原子は2個である。したがって，化学反応式に含まれる係数や化学式の添え字の一部に不明な点があっても，両辺の比較により，不明な数値を定めることができる。

化学変化では，反応によって消費される反応物の質量の総和と，生じる生成物の質量の総和は互いに等しい。このことは，化学変化に関与する各元素の原子の総数が，化学反応式の左辺と右辺で変化しないことから明らかであり，**質量保存の法則**を表している。

◆ 例題 1.14 ◆◆◆◆◆◆◆◆◆◆◆◆◆◆◆◆◆◆◆◆◆◆◆◆◆◆◆◆◆

次の化学反応式の係数 a，b，c，d，e，f を求め，正しい反応式にせよ。

$$a\mathrm{K_2Cr_2O_7} + b\mathrm{H_2} + c\mathrm{H_2SO_4} \rightarrow d\mathrm{K_2SO_4} + e\mathrm{Cr_2(SO_4)_3} + f\mathrm{H_2O}$$

◆◆

解　両辺における原子の数が等しいことを用いると，

K 原子：$2a=2d$

Cr 原子：$2a=2e$

O 原子：$7a+4c=4d+12e+f$

H 原子：$2b+2c=2f$

S 原子：$c=d+3e$

ここで係数のどれか1つは任意に決めてよいので $a=1$ とおくと，

$d=a=1$

$e=a=1$

$c=d+3e=1+3=4$

$f=7a+4c-4d-12e=7+4\times4-4-12=7$

$b=f-c=7-4=3$

よって，求める化学反応式は次のようになる。

$$\mathrm{K_2Cr_2O_7} + 3\mathrm{H_2} + 4\mathrm{H_2SO_4} \rightarrow \mathrm{K_2SO_4} + \mathrm{Cr_2(SO_4)_3} + 7\mathrm{H_2O}$$ （答）　◆

銀イオン Ag^+ を含む水溶液に塩化物イオンを含む溶液を加えると，塩化銀 AgCl の白色沈殿ができる。この化学変化は，次のように表される。

$$\mathrm{Ag^+} + \mathrm{Cl^-} \rightarrow \mathrm{AgCl}\downarrow$$

ここで右辺の↓は沈殿が生じることを示す。

希塩酸などの水素イオン H^+ を含む水溶液に亜鉛を加えたときに，亜鉛が Zn^{2+} イオンとなって溶けて，水素ガス H_2 が発生する化学変化は，次のように表される。

$$2H^{+} + Zn \rightarrow H_2\uparrow + Zn^{2+}$$

ここで右辺の↑は気体として発生することを示す。

以上の例のように，イオンが関係する反応式を**イオン反応式**という。イオン反応式では，反応物の電荷の総和と生成物の電荷の総和は等しくなっている。

第2章

物質の状態

▶第1節　物質の状態変化と粒子の運動◀

■1.1　物質の三態

物質には，固体，液体，気体の三つの状態がある。これを物質の**三態**という。たとえば H_2O の化学式で表される水には，温度や圧力の条件が変化することによって，固体の水である氷が**融解**して液体の水になり，液体の水が**蒸発**して気体の水である水蒸気になる。その逆に水蒸気が**凝縮**して液体の水になり，液体の水が**凝固**して氷になる。また，固体が液体を経ずに直接その蒸気を発して気体になる現象を**昇華**といい，逆に気体が直接固体になる変化を**凝華**という(昇華と凝華が連続する変化をひとまとめにして昇華とよぶことがある)。たとえば二酸化炭素 CO_2 の固体であるドライアイスは，食品などの保冷剤として使われるが，液体とならずに昇華して直接気体の二酸化炭素（炭酸ガス）に変わる。ナフタレンやヨウ素の結晶も昇華する。

物質は一般に，固体，液体，気体の三態間の**状態変化**を示す（図 2.1)。

純粋な物質が状態変化をするときには，温度と圧力の間に一定の関係がある。このため，一定の圧力のもとで状態変化する温度は決まっている。固体が融解する温度を**融点**といい，液体が沸騰する温度を**沸点**という。また，凝固するときの温度を**凝固点**といい，凝固点は融点に等しい。たとえば，1 atm では，水の沸点は 100℃であり，水の融点・凝固点は 0℃である。大半の物質は，高圧ほど融点・凝固点が高くなるが，例外的に水では高圧ほど低くなる。状態変化は温度を一定にして圧力を変化させた場合にも起こる。固体の多くは圧力を加えても融解しないが，氷の場合は圧力を加えると融解する現象が見られる。

液体を急激に冷却すると，凝固点以下の温度になっても凝固しないことがある。この現象を**過冷却**といい，いったん凝固しはじめると温度が凝固点まで上

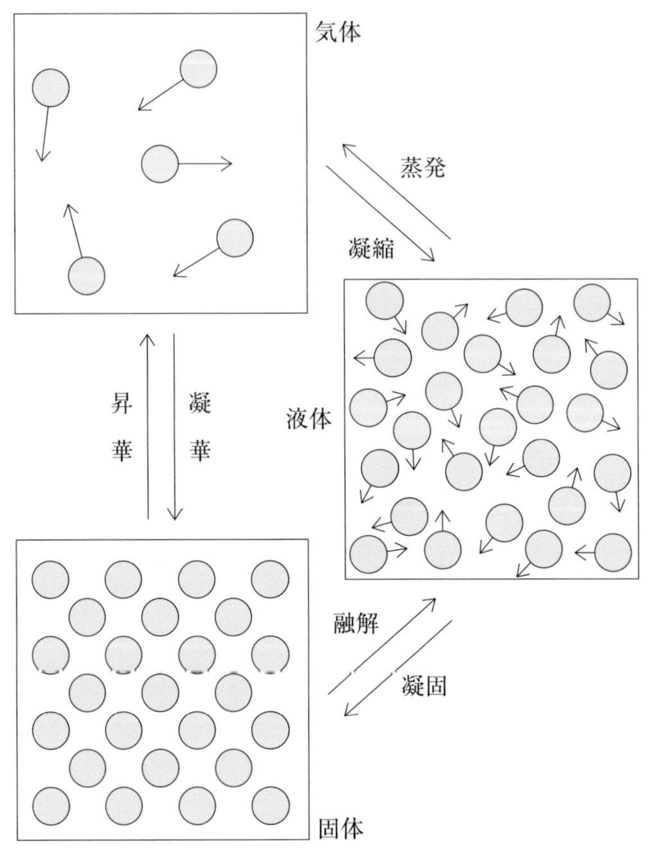

図 2.1　物質の三態

昇する。

物質の密度は，一般に固体，液体，気体の順に小さくなる。例外的に，水では固体の密度が液体の水の密度より小さくなっており，このことは水の融解や凝固が他の物質と異なる振る舞いをすることと関係している。

1.2　物質の状態と粒子の運動

固体，液体，気体について比較すると，含まれる粒子の運動に大きな違いがある。物質中の粒子は，熱エネルギーをもっており，その大きさにしたがって運動する。これを**熱運動**という。一般に，温度が高いほど熱運動は激しくなる。

固体中の粒子は，熱運動と比べて，粒子間に働く引力の作用が大きいため，規則的に並んだ位置を中心に振動している。したがって，固体は一定の形や体積を示す。固体の密度は，標準状態の気体と比べて約1000倍程度大きい。

温度が上がって熱運動がより激しくなり，固体中の粒子が振動の中心位置より大きくはずれて，もはや規則的な結晶の配列を保てなくなると，固体は融解して液体になる。液体中の粒子は，熱運動によってその位置を変えるので，液体には**流動性**がある。液体状態では，熱運動の激しさが，粒子間に働く引力を完全に振り切って離れてしまうほどではないので，液体は一定の体積を示す。液体の密度は，固体の密度とほぼ同程度である。

液体や固体中の粒子が，十分に大きな熱運動をするようになると，もはや粒子間の引力に拘束されずに，互いに自由に飛び回ることができる気体の状態になる。気体は，体積や形が一定せず，固体や液体と比べて密度が小さい。気体中の粒子は，激しく飛び回り，容器の壁や他の粒子とたえず衝突を繰り返しており，衝突された物体に力を及ぼす。この力が，気体が示す圧力の原因である。単位時間に衝突する粒子数が多くなるほど，また熱運動の激しさが増すほど，気体の圧力は大きくなる。

同じ温度でも，気体中のすべての分子が同じ速さ（速度）で運動しているのではなく，図2.2のような速度分布をもっている。温度が高くなると，気体分子の速度分布は全体として速い方にずれ，分布の幅も大きくなる。熱運動で飛び回る気体分子の平均の速度 v は，温度が高いほど，また分子量が小さいほど大きくなる。分子量を M とし，温度として後で出てくる絶対温度 T を用いると，v の2乗は T に比例し M に反比例する。このため，温度が高いほど気体分子の速度は速くなり，同じ温度では軽い気体分子ほど速度が速い。

気体や液体中の粒子のように，熱運動によって粒子が自由に飛びまわり，遠くまで自然に広がって行く現象を，**拡散**という。気体や液体どうしを混合するときや，液体に固体を溶かすときにも，粒子が拡散する現象が起きている。

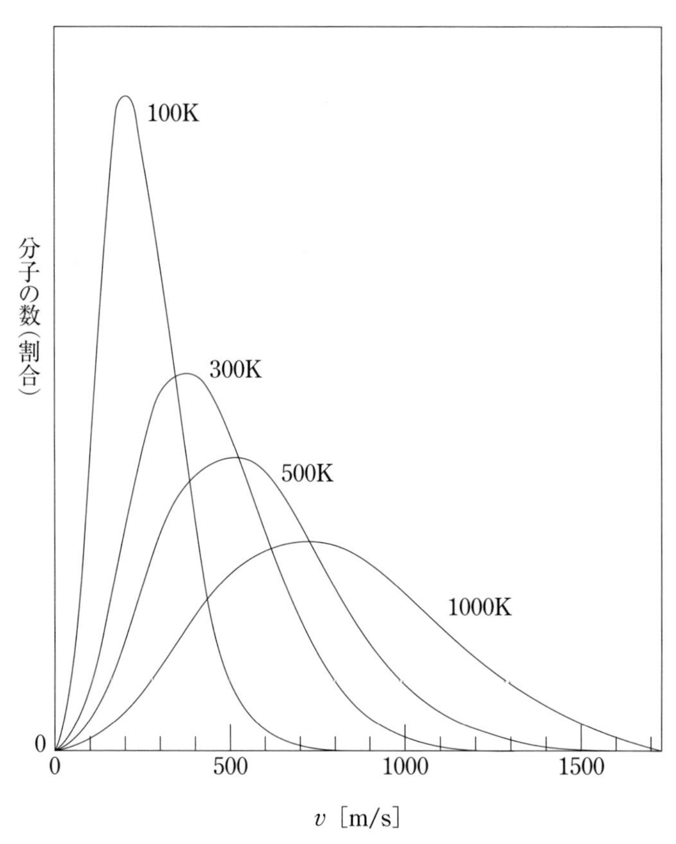

図 2.2　気体分子（酸素）の速度分布

◆ 例題 2.1 ◆◆◆◆◆◆◆◆◆◆◆◆◆◆◆◆◆◆◆◆◆◆◆◆◆◆◆◆◆

同じ温度の気体において，水素分子の速度は酸素分子の速度のおよそ何倍か。

◆◆◆◆◆◆◆◆◆◆◆◆◆◆◆◆◆◆◆◆◆◆◆◆◆◆◆◆◆◆◆◆◆

解　酸素分子の分子量 $M(O_2)$ は水素分子の分子量 $M(H_2)$ のおよそ 16 倍。

$$M(O_2)=16M(H_2)$$

気体分子の平均の速度 v の 2 乗は分子量 M に反比例するから，水素分子の速度 $v(H_2)$ と酸素分子の速度 $v(O_2)$ の間には次の関係が成り立つ。

$$\{v(H_2)/v(O_2)\}^2=M(O_2)/M(H_2)=16$$

$$v(H_2)=4v(O_2)$$

同じ温度では，水素分子の速度は酸素分子の速度の 4 倍である。◆

■1.3　気体の圧力と蒸気圧

単位面積当たりに働く力を**圧力**という。圧力の単位として，慣用的には **atm**（気圧）が使われてきたが，国際単位では，**Pa**（**パスカル**）が用いられる。1 Pa は，1 m^2 当たり 1 N（ニュートン）の力が働いたときの圧力であり，1 Pa＝1 N/m^2 となる。この単位を用いると，次のように換算される。

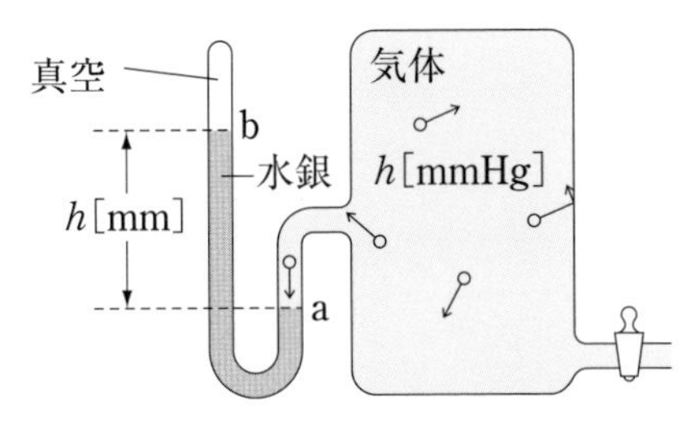

図 2.3　気体の圧力と水銀柱

1 atm＝1.013×10^5 Pa＝101.3 kPa＝1013 hPa

図 2.3 のような装置を用いて，容器中の気体の圧力を測定することができる。U 字管に水銀を入れ，一方は真空にし，他方を気体が入った容器につなぐ。気体分子が水銀面 a に衝突して生じる圧力を加える。一方，水銀面 b は真空と接しているので，そこには圧力は働いていない。したがって，もしも水銀面 b が a と同じ高さだとすると，U 字管の両側で圧力のバランスが取れないため，真空と接する水銀面 b は上昇し，水銀柱の高さ（水銀面 b と水銀面 a の高さの差）が h [mm] になったところでつりあう。水銀柱の高さ h は，気体の圧力に比例する。気体の圧力が通常の大気圧である 1 atm（101.3 kPa）に等しいとき，h＝760 mm となるので，この圧力を 760 **mmHg** と表す。すなわち，大気圧 1 atm は，760 mmHg に相当する。

密閉された容器に液体を入れておくと，やがて単位時間に蒸発して気体（蒸気）になる分子の数と，逆に蒸気から凝縮して液体になる分子の数が等しくなって，見かけ上蒸発が停止して見える状態になる。このように実際には変化がありながら，見かけ上変化が止まって見える状態を**平衡状態**といい，気体と液体の間の変化では，**気液平衡**という。気液平衡のとき，蒸気が示す圧力を，**飽**

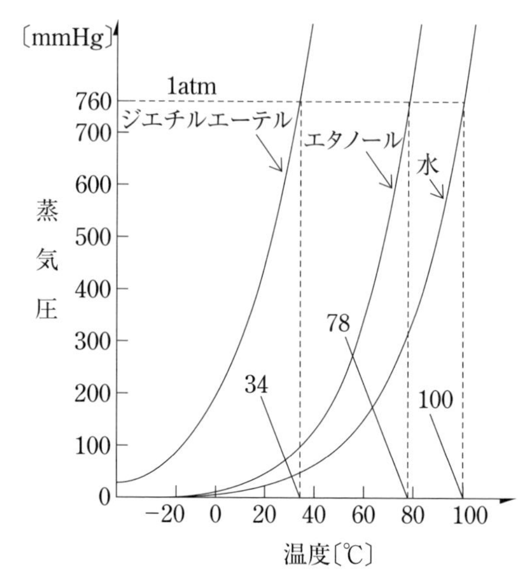

図 2.4　蒸気圧曲線

和蒸気圧または単に**蒸気圧**という。

純粋な液体の蒸気圧は，温度によって決まり，温度が高くなると蒸気圧も高くなる。温度と蒸気圧の関係を示す曲線を，**蒸気圧曲線**という（図 2.4）。温度を一定に保って，気液平衡状態にある密閉容器の体積を変えると，蒸気圧は温度で決まるため，蒸気圧が一定になるように液体の蒸発または気体の凝縮が進み，液体の体積が増減する。

図 2.3 で，水銀面 b の上の真空は，厳密には，その温度での水銀の蒸気で満たされているので完全な真空ではないが，水銀の蒸気圧は室温付近では無視できるほど小さいので（20℃での水銀の蒸気圧は，0.0012 mmHg），ほぼ真空とみなして差し支えない。

大気圧のもとで液体を加熱すると，液体の温度の上昇につれて液体の蒸気圧が高くなり，液体の蒸発が進む。液体が無くならないうちに蒸気圧が大気圧に等しくなると，液面ばかりでなく，液体の内部からも激しく蒸発が起こるようになる。この現象を**沸騰**といい，そのときの温度が沸点である。大気圧が 1 atm（1013 hPa）のときの沸点を**標準沸点**という。通常，沸点としては標準沸点をさす。図 2.4 において，蒸気圧が 1 atm になるときの温度から，水，エタノール，ジエチルエーテルの沸点は，それぞれ，100℃，78℃，34℃であることがわかる。

液体に加えられている圧力（外圧という）が高くなると沸点は上昇し，逆に圧力が低くなると沸点は低下する。このとき，沸点の温度変化は，蒸気圧曲線の傾きが大きいほど大きい。

◆ 例題 2.2 ◆◆◆◆◆◆◆◆◆◆◆◆◆◆◆◆◆◆◆◆◆◆◆◆◆◆◆◆◆◆

高地では気圧が大気圧より低くなる。気圧が **600 hPa** のとき，水の沸点は何度になるか。図 2.4 の蒸気圧曲線を用いて推定せよ。

◆◆◆◆◆◆◆◆◆◆◆◆◆◆◆◆◆◆◆◆◆◆◆◆◆◆◆◆◆◆◆◆◆◆◆

解　沸点は，外圧（気圧）と液体の蒸気圧が等しくなる温度である。

$1\ \mathrm{atm} = 1013\ \mathrm{hPa} = 760\ \mathrm{mmHg}$ であるから，

$600\ \mathrm{hPa} = 760 \times 600/1013 = 450\ \mathrm{mmHg}$

水の蒸気圧が 450 mmHg になる温度は，図 2.4 より，およそ 86℃。（答）◆

1.4　蒸発熱・融解熱と沸点・融点

蒸発は液体中で活発な熱運動を行う分子が気体中に飛び出る現象であるから，蒸発を続けるためには外部から熱エネルギーの供給が必要である。物質 1 mol を液体から蒸発させるために必要な熱エネルギーを**蒸発熱**という。通常，単に蒸発熱というときには標準沸点における蒸発熱を示す。表 2.1 に有機化合物のアルカン（脂肪族飽和炭化水素）の沸点と蒸発熱を示す。蒸発熱の大きさ

表 2.1　アルカンの沸点と蒸発熱

物質		分子量	沸点 [℃]	蒸発熱 [kJ/mol]
メタン	CH_4	16	−161	8.18
エタン	C_2H_6	30	−89	14.7
プロパン	C_3H_8	44	−42	18.8
ブタン	C_4H_{10}	58	−0.5	21.3
ペンタン	C_5H_{12}	72	36	25.8
ヘキサン	C_6H_{14}	86	69	28.85

は，ほぼ沸点の絶対温度（p.53参照）に比例する。これを，**トルートンの通則**という。液体中で水素結合のできる水・エタノールや気体で2分子が会合する酢酸などでは，この通則は成立しない。

◆ 例題 2.3 ◆◆◆◆◆◆◆◆◆◆◆◆◆◆◆◆◆◆◆◆◆◆◆◆◆◆◆◆◆◆◆

クロロホルムの標準沸点は**61℃**，蒸発熱は**29.5 kJ/mol**である。また，ベンゼンの標準沸点は**80℃**である。トルートンの通則を用い，ベンゼンの蒸発熱を推定せよ。

◆◆

解　トルートンの通則から，蒸発熱を標準沸点の絶対温度で割った値は一定となる。t℃は，絶対温度 $T=t+273.15$ K（ケルビン）に相当すること（2.1項参照）を用い，ベンゼンの蒸発熱を x とおくと，

$$x/(80+273)=29.5/(61+273)$$

よって，

$$x=31.2\ \mathrm{kJ/mol}$$（答）（実際のベンゼンの蒸発熱は，30.8 kJ/mol）◆

分子量が大きくなると，一般に沸点は高くなり，蒸発熱は大きくなる。沸点については，気体分子の熱運動の速さが，前に（1.2項で）述べたことからわかるように，分子量の平方根に反比例することと関係がある。また，蒸発熱は，分子に含まれる原子数が多くなるほど分子間力が大きくなることと関係している。

図2.5に，14〜17族原子の水素化物の沸点を，それぞれの族ごとに分子量に対して示した。14族では，分子量の増加に対し単調に沸点が高くなるが，15族〜17族では，分子量の小さいアンモニア NH_3，水 H_2O，フッ化水素 HFで逆に沸点が高くなっている。これは，これらの分子では，通常の分子間力のほかに水素結合による分子間力が働いているためである。

固体が融解するときにも熱エネルギーの補給が必要である。融点において，固体1 molを融解するために必要な熱エネルギーを**融解熱**という。融点も圧力によって変化するが，通常は標準大気圧（1 atm）のもとでの状態変化に着目し，単に融点というときは1 atmのもとでの融点を示す。表2.2に種々の

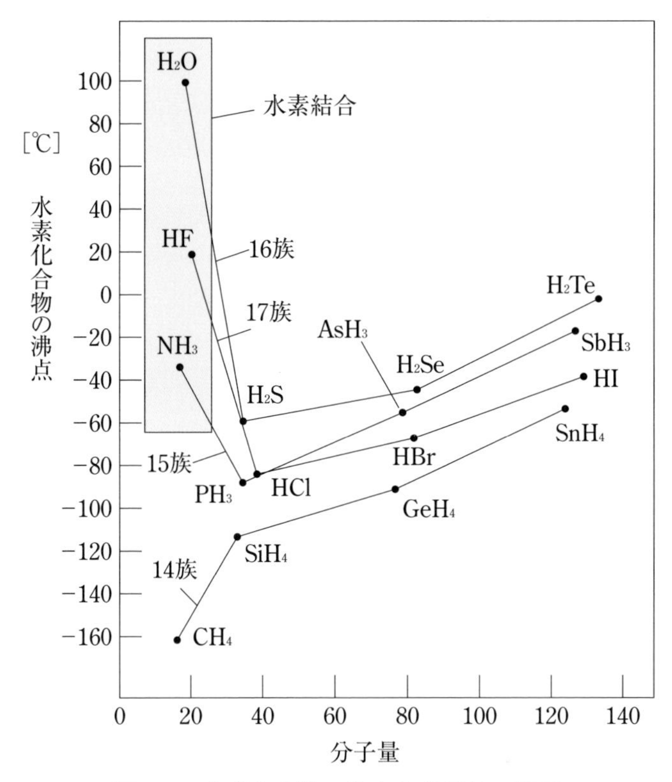

図 2.5　水素化合物の沸点と分子量の関係

表 2.2　固体（結晶）の融点と融解熱

結晶の種類	物質	融点 [℃]	融解熱 [kJ/mol]
イオン結晶	塩化ナトリウム　NaCl	801	28.2
	塩化カリウム　KCl	770	26.3
共有結合の結晶	ダイヤモンド　C	3550	
	二酸化ケイ素(石英)　SiO_2	1420	7.7
金属結晶	アルミニウム　Al	660	10.7
	銀　Ag	962	11.3
	鉄　Fe	1535	15.1
分子結晶	ヨウ素　I_2	114	15.6
	水　H_2O	0	6.0
	アンモニア　NH_3	−78	5.7
	メタン　CH_4	−183	0.9
	窒素　N_2	−210	0.72

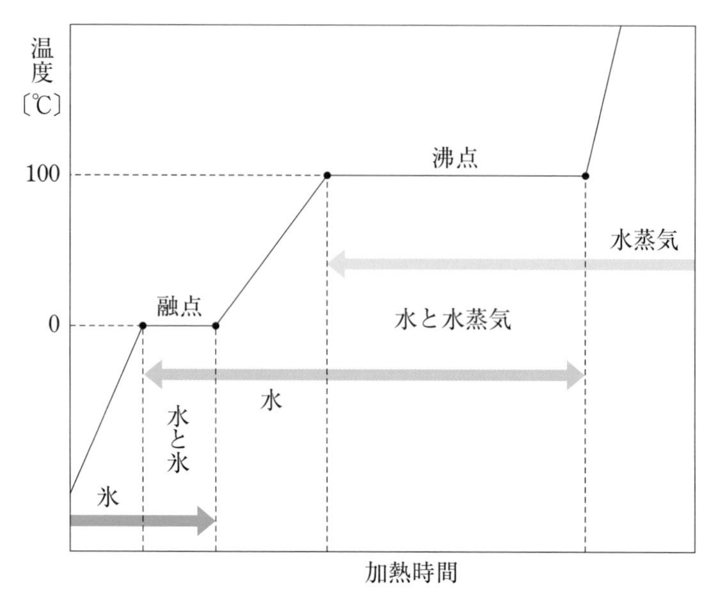

図 2.6　加熱に伴う三態変化（H_2O の場合）

固体の融点と融解熱を示す。

イオン結合，共有結合，金属結合でつくられた結晶の融点は一般に非常に高く，融解熱も大きい。これらの結合でできた物質の多くは，室温で固体である。一方，分子結晶は，分子間に働く力が弱いため，融点は低く，室温で液体または気体であるものが多い。

固体を加熱すると粒子の熱運動が激しくなり，やがて融解する。さらに加熱を続けると，やがて沸騰して，すべて気体になる。こうした変化を，温度と加熱時間のグラフとして表すと。一般に，図 2.6 のような折れ線になる。この図では，水を例に取って示した。

固体に熱を加えて融解するときは，融解が始まってからすべてが液体に変わるまで，固体と液体が共存し，温度はその物質の融点に保たれる。固体が共存しない状態で液体を加熱すると，温度が上昇し，やがて沸騰がはじまる。液体が沸騰し始めると，液体が無くなるまで液体と気体（蒸気）が共存し，温度は沸点に保たれる。このような変化における融点・沸点は，外圧に依存する。外圧が大気圧の場合，水の融点は 0℃，沸点は 100℃ であるから，図 2.6 のようになる。

逆に，気体を冷却して凝縮させるときにも，気体と液体が共存する温度は，気体がすべて液体に変わるまで，温度はそのときの外圧のもとでの沸点に保たれる。また，液体を冷却して凝固させるときも，液体がすべて固体に変わるまで，温度はそのときの外圧のもとでの凝固点（融点に等しい）に保たれる。

純物質の融点・沸点は，圧力が決まれば一定の値に決まるが，他の物質を不純物として含んだり，混合物であったりすると，他の物質が混合している割合に依存して異なった値になる。この問題については，後で溶液の性質と関連づけて扱う。

▶第2節　気体◀

2.1　気体の性質と絶対温度

一定温度で一定量の気体の体積 V は圧力 P に反比例する。

$$\boldsymbol{V=A/P} \quad \text{または} \quad \boldsymbol{PV=A} \quad (A \text{は定数}) \tag{2.1}$$

これを，**ボイルの法則**（1662年）という。この法則によると，容器に入れた気体について，温度を一定に保てば，その圧力 P と体積 V は，図2.7のように，P と V の積が一定となるグラフを描く。

気体の圧力は，容器の壁に分子が衝突することで生じるため，その大きさは，器壁にぶつかる分子数と分子がもつエネルギーが増すほど大きくなる。一定温度では，いろいろなエネルギーをもつ分子の割合は体積に関係なく一定であるから（図2.2参照），圧力は単位体積中の分子数に比例する。このため，体積が半分になると単位体積中の分子数は2倍になるので圧力も2倍になり，圧力と体積は互いに反比例する。

次に，一定量の気体について圧力を一定に保って，体積 V と温度 t/℃ の関係を調べると，温度を1℃上昇させるごとに，体積は0℃の体積 V_0 の1/273.15ずつ増加することがわかる。これを式で表すと次のようになる。

$$\boldsymbol{V=V_0+V_0t/273.15=V_0(1+t/273.15)} \tag{2.2}$$

体積 V と温度 t/℃の関係のグラフは，図2.8のようになる。体積 V が0となる温度 t/℃ $=-273.15$ は，それ以下に下げることのできない最低の温度を意

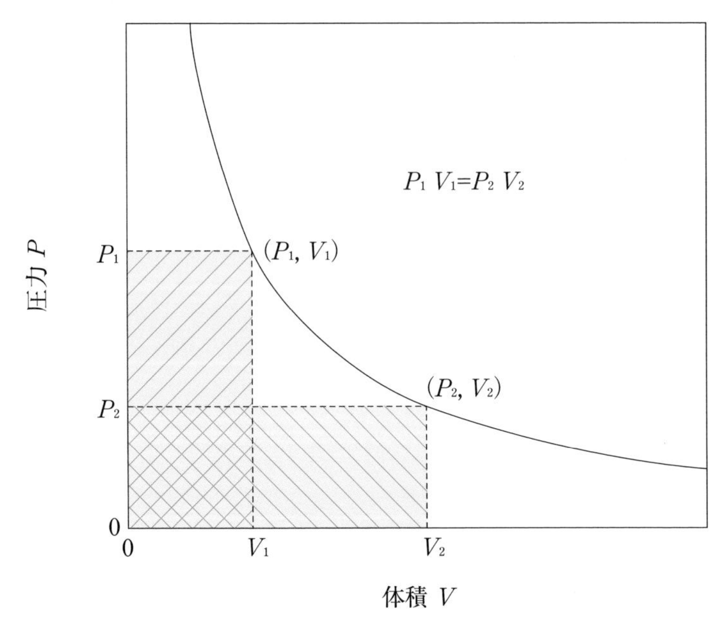

図 2.7　気体の圧力と体積の関係

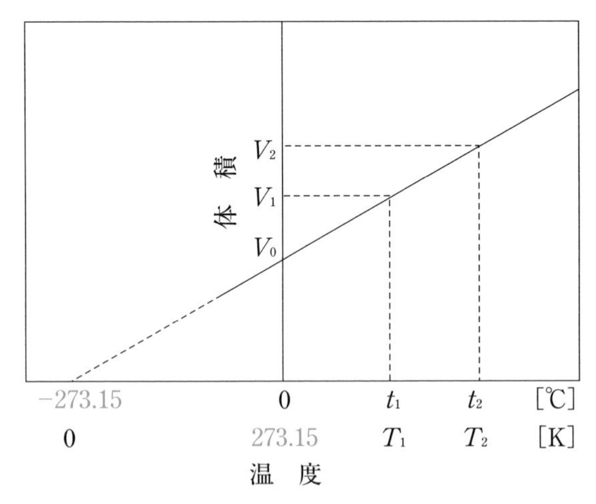

図 2.8　気体の体積と温度の関係

味するため，これを**絶対零度**とよぶ。**絶対温度** $T=t+273.15$（単位は **K** で表し，**ケルビン**とよぶ）を導入すると，式 (2.2) は次のようになる。

$$V=V_0T/273.15 \qquad (2.3)$$

すなわち，

一定圧力の下で一定量の気体の体積は絶対温度に比例する。

これを**シャルルの法則**（1787 年）という。

温度が高くなると分子の熱運動は活発になり，体積が一定ならば圧力は増加する。したがって，温度が上昇しても圧力を一定に保つためには，体積を大きくして，単位体積中の分子数を減らさなければならない。このため，気体は温度の上昇とともに膨張する。

ボイルの法則とシャルルの法則をまとめると，

一定量の気体の体積 V は圧力 P に反比例し，絶対温度 T に比例する。

といい表すことができる。これを，**ボイル・シャルルの法則**といい，次の関係式で表される。

$$V=BT/P \quad \text{または} \quad PV/T=B \quad (B\text{ は定数}) \qquad (2.4)$$

◆ 例題 2.4 ◆◆◆◆◆◆◆◆◆◆◆◆◆◆◆◆◆◆◆◆◆◆◆◆◆◆◆◆

0℃，2.00 atm で 11.2 L の気体の体積は，20℃，1.00 atm では，何 L か。

◆◆◆◆◆◆◆◆◆◆◆◆◆◆◆◆◆◆◆◆◆◆◆◆◆◆◆◆◆◆◆◆◆◆◆

解　求める体積を V とすると，ボイル・シャルルの法則より，

$$1.00 \cdot V/(20+273.15)=2.00 \cdot 11.2/(0+273.15)$$

よって，

$V=24.0$ L（答）　◆

2.2　気体定数と状態方程式

すでに学んだアボガドロの法則を用いると，ボイル・シャルルの法則を表す式 (2.4) の定数 B の値を求めることができる。

◆ 例題 2.5 ◆◆◆◆◆◆◆◆◆◆◆◆◆◆◆◆◆◆◆◆◆◆◆◆◆◆◆◆◆

アボガドロの法則（第1章3.2項参照）を利用して，n [mol] の気体について，ボイル・シャルルの法則を表す式 (2.4) の定数 B を n で割った量 $R=B/n$ を求めよ。

◆◆◆◆◆◆◆◆◆◆◆◆◆◆◆◆◆◆◆◆◆◆◆◆◆◆◆◆◆◆◆◆◆◆

解　アボガドロの法則によると，気体1 mol 当たりの体積は，その種類によらず，標準状態（0℃，1.00 atm）において，22.4 L/mol である。n [mol] の場合の体積を V とすると，1 mol 当たりの体積は V/n である。よって，

$P=1.00$ atm

$V/n=22.4$ L/mol

$T=273.15$ K

$R=B/n=P(V/n)/T=22.4/273.15=$ **0.0820 (L·atm)/(K·mol)**（答）◆

例題2.5で求められた定数 $\boldsymbol{R}$ は，気体の種類，圧力，体積，温度にまったく依存しない定数であり，これを**気体定数**とよぶ。これを用いると，式 (2.4) は，n [mol] の気体について，その種類によらず，一般に次のように表される。

$$\boldsymbol{PV=nRT} \tag{2.5}$$

これは，ボイル・シャルルの法則とアボガドロの法則を組み合わせた結果得られた関係式であり，**気体の状態方程式**とよばれる。

状態方程式に含まれる気体定数 R は，圧力に atm，体積に L を使うときは，$\boldsymbol{R=0.0820}$**(L·atm)/(K·mol)** でよいが，国際単位系では，圧力に Pa，体積に m^3 を用い，$\boldsymbol{R=8.31}$ **J/(K·mol)** を用いる。

◆ 例題 2.6 ◆◆◆◆◆◆◆◆◆◆◆◆◆◆◆◆◆◆◆◆◆◆◆◆◆◆◆◆◆

国際単位系では，体積には L の代わりに m^3 を用いるので，$1\ L=dm^3=10^{-3}\ m^3$ であり，圧力には，atm の代わりに Pa を用いるので，$1\ atm=1013\ hPa=1.013\times10^5\ Pa$ である。また，$Pa\cdot m^3=$ **J**（エネルギーの単位であり，**ジュール**とよぶ）であることを用いて，国際単位系を用いたときの気体定数 $\boldsymbol{R}$ を求めよ。

◆◆◆◆◆◆◆◆◆◆◆◆◆◆◆◆◆◆◆◆◆◆◆◆◆◆◆◆◆◆◆◆◆◆

解 $P = 1\,\mathrm{atm} = 1.013 \times 10^5\,\mathrm{Pa}$

$V/n = 22.4\,\mathrm{L/mol} = 22.4 \times 10^{-3}\,\mathrm{m^3/mol}$

$T = 273.15\,\mathrm{K}$

について，$P(V/n)/T = R$ であるから，

$$R = (1.013 \times 10^5\,\mathrm{Pa})(22.4 \times 10^{-3}\,\mathrm{m^3/mol})/(273.15\,\mathrm{K})$$
$$= 8.31(\mathrm{Pa \cdot m^3})/(\mathrm{K \cdot mol})$$
$$= 8.31\,\mathrm{J/(K \cdot mol)}$$ （答）

気体の状態方程式は，気体の分子量の決定に応用することができる。モル質量 M[g/mol] の気体の質量が w[g] であるとき，その物質量 n は，$n = w/M$[mol] となるから，気体の状態方程式より，次の関係式が得られる。

$$\boldsymbol{PV = nRT = (w/M)RT} \quad \text{または} \quad \boldsymbol{M = wRT/PV} \tag{2.6}$$

単位体積当たりの質量である密度 d[g/L] を用いると，$d = w/V$ であるから，式 (2.6) より次式が得られる。

$$\boldsymbol{M = dRT/P} \quad \text{または} \quad \boldsymbol{d = PM/RT} \tag{2.7}$$

2.3 理想気体と実在気体

実際に存在する気体（**実在気体**という）は，気体の状態方程式 (2.5) に厳密にはしたがわず，冷却したり圧力を加えたりすると液体になる。これは，分子自身の大きさや分子間に働く引力（**分子間力**）の効果が無視できないためである。実在気体について，PV/nRT を求め，P に対してグラフにすると，図 2.9 のようになる。この量は，状態方程式に正確に従う気体（**理想気体**という）では，P によらず常に 1 となるが，実在気体では，一般に 1 からはずれ，気体の種類や温度にも依存する。

図 2.9 からわかるように，圧力 P が低く温度 T が高いほど，PV/nRT は 1 に近づき，式 (2.5) の状態方程式がよく成り立つようになる。式 (2.5) の $PV = nRT$ は，**理想気体の状態方程式**ともよばれ，圧力が十分に低く，温度が十分高いときの仮想的な気体の振る舞いを示している。このような条件では，気体は希薄なので，分子間の平均距離が分子の大きさを無視できるほど大きく，また分子間引力の効果も無視することができ，理想気体とみなしてよい。

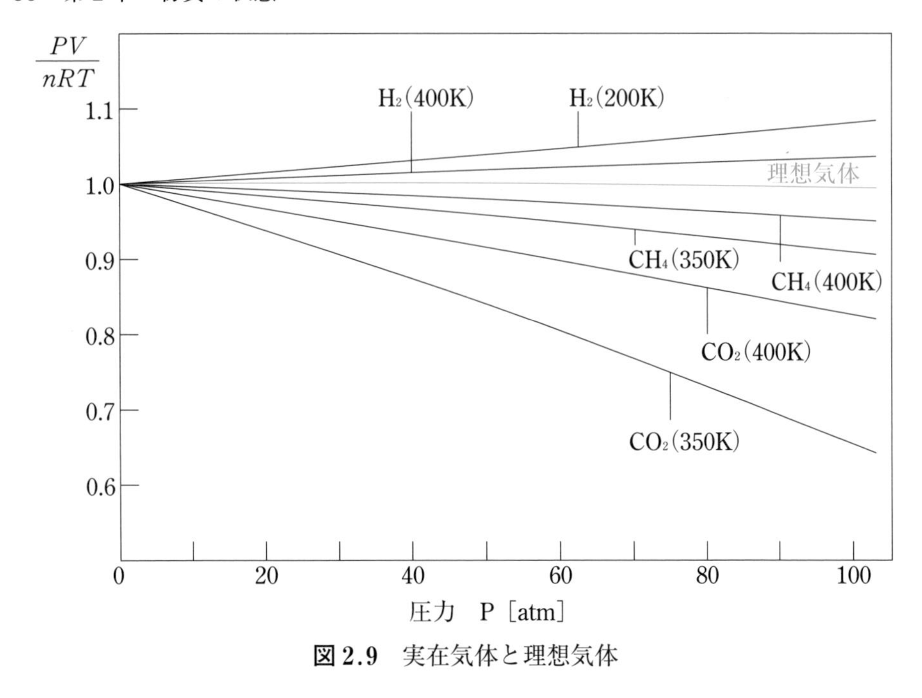

図 2.9　実在気体と理想気体

逆に，低温，高圧の条件では，分子の大きさや分子間力が影響してくるので，理想気体からのずれが大きくなる。

2.4　混合気体

2種類以上の成分からなる気体を**混合気体**という。一定体積の容器に一定温度で，混合気体を入れたときの圧力 P は，それぞれの成分気体を単独で入れたときの圧力 P_i の総和（ΣP_i）に等しい。たとえば，成分がAとBのときは，$P = P_A + P_B$ となる。これを，ドルトンの**分圧の法則**（1801年）といい，P_i（2成分の場合は P_A と P_B）を，各成分気体の**分圧**という。分圧に対し，混合気体の圧力を**全圧**という。分圧の法則は，

同温・同体積において，混合気体の全圧は，各成分気体の分圧の和に等しい。

といい表すことができる。

◆ 例題 2.7 ◆◆◆◆◆◆◆◆◆◆◆◆◆◆◆◆◆◆◆◆◆◆◆◆◆◆◆

混合気体および各成分気体が理想気体の状態方程式にしたがうとき，ドルトンの分圧の法則が成り立つことを示せ。ただし，成分はＡとＢの２種類とし，それらは反応しないものとする。

◆◆◆◆◆◆◆◆◆◆◆◆◆◆◆◆◆◆◆◆◆◆◆◆◆◆◆◆◆◆◆◆◆◆◆◆◆

解　気体を入れる容器の体積を V，温度を T とする。２成分ＡとＢについて，

$$P_A V = n_A RT$$

$$P_B V = n_B RT$$

また，混合気体について，

$$PV = nRT$$

ＡとＢは反応しないので，それぞれの物質量の和は，混合気体を構成する分子全体の物質量に等しい。

$$n = n_A + n_B$$

気体の状態方程式を用いると，

$$PV/RT = (P_A V/RT) + (P_B V/RT)$$

よって，

$$\boldsymbol{P = P_A + P_B}$$ ◆

上の例題から明らかなように，混合気体の分圧の比は各成分の物質量の比に等しい。

$$\boldsymbol{P_A / P_B = n_A / n_B}$$

◆ 例題 2.8 ◆◆◆◆◆◆◆◆◆◆◆◆◆◆◆◆◆◆◆◆◆◆◆◆◆◆◆

混合気体について，「**同温同圧において，混合気体の体積は，各成分気体の体積の和に等しい**」ことを示せ。

◆◆◆◆◆◆◆◆◆◆◆◆◆◆◆◆◆◆◆◆◆◆◆◆◆◆◆◆◆◆◆◆◆◆◆◆◆

解　気体の圧力を P，温度を T とする。互いに反応しない２成分をＡ，Ｂについて，

$$PV_A = n_A RT$$

$$PV_B = n_B RT$$

また，混合気体について，

$$PV = nRT$$

A と B は反応しないので，それぞれの物質量の和は，混合気体を構成する分子全体の物質量に等しい。

$$n = n_A + n_B$$

気体の状態方程式を用いると，

$$PV/RT = (PV_A/RT) + (PV_B/RT)$$

よって，

$$V = V_A + V_B$$

◆

この例題からわかるように，混合気体の各成分が単独で存在するときの体積の比は，各成分の物質量の比に等しい。

$$\boldsymbol{V_A/V_B = n_A/n_B}$$

したがって，混合気体の成分の割合を示すときに，同温同圧の条件で各成分が単独で存在するときの体積比で表すことがある。たとえば，空気は，同温同圧において，窒素と酸素を 4：1 の体積比で混合した気体とみなすことができる。

◆ 例題 2.9 ◆◆◆◆◆◆◆◆◆◆◆◆◆◆◆◆◆◆◆◆◆◆◆◆◆◆◆

空気は，実際は窒素と酸素が 4：1 の割合で混合した気体であるが，仮に単一の成分からなるとみなして「空気の見かけの分子量」を求めよ。ただし，原子量は，N＝14.0，O＝16.0 とする。

◆◆◆◆◆◆◆◆◆◆◆◆◆◆◆◆◆◆◆◆◆◆◆◆◆◆◆◆◆◆◆◆◆

解　5 mol の空気を考えると，4 mol が窒素で 1 mol が酸素であるから，窒素 N_2 の分子量 28.0，酸素 O_2 の分子量 32.0 を用いると，この空気全体の質量 W は，

$$W = 28.0 \times 4 + 32.0 \times 1 = 144 \text{ g}$$

この空気の物質量は 5 mol であるから，空気 1 mol の質量は，

$$144/5 = 28.8 \text{ g/mol}$$

よって，空気の見かけの分子量は，28.8（答）となる。 ◆

▶第3節　溶液◀

3.1　溶解のしくみ

塩化ナトリウム NaCl やショ糖（スクロース）$C_{12}H_{22}O_{11}$ の結晶を水に入れると，結晶を構成するイオンや分子が，結晶を離れて水の分子の間に拡散していき，やがて均一に混合した状態になる。この現象を**溶解**といい，他の物質を溶かす液体を**溶媒**，溶けた物質を**溶質**，溶解によって生じた混合物を**溶液**という。溶質は，固体に限らず，液体や気体の場合もある。

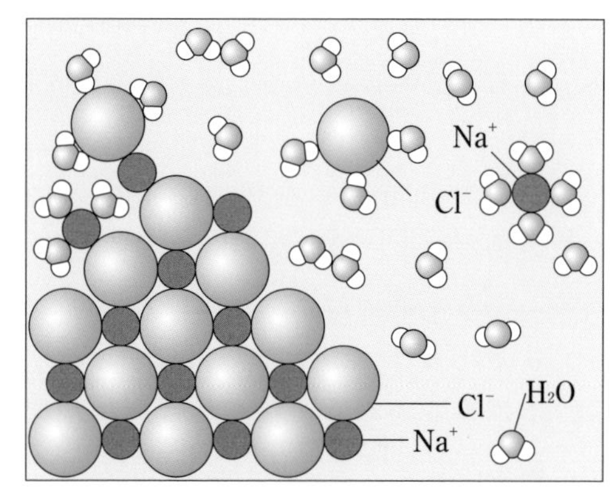

図 2.10　塩化ナトリウムの水への溶解

塩化ナトリウムが水に溶けるときは，ナトリウムイオン Na^+ と塩化物イオン Cl^- とに分かれる。このように，水に溶けたとき，イオンに分かれる物質を**電解質**という。また，電解質が水に溶けてイオンに分かれる現象を**電離**という。これに対し，ショ糖のように電離しない物質を**非電解質**という。

電荷を帯びた粒子であるイオンや電気的な極性をもつ分子が水に溶けているときには，周囲の水分子と静電気力によって弱く結合した状態で存在する。この現象を**水和**という。水がイオン結晶をよく溶かすのは，水和したイオンが水の中へ拡散していくためである。一般に，溶媒が溶質に弱く結合する現象を**溶媒和**という。

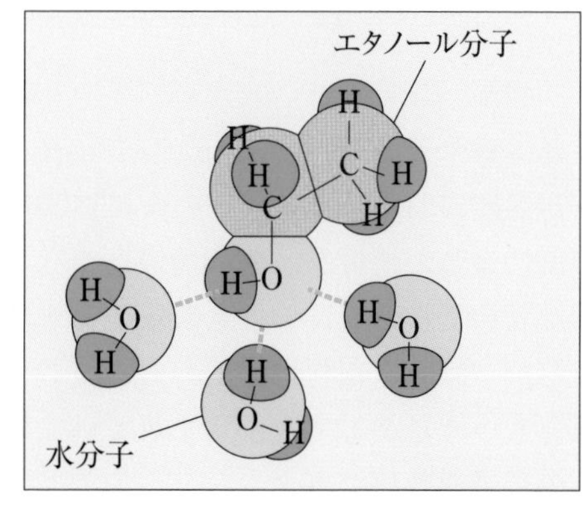

図 2.11　エタノール分子の水和モデル

塩化水素 HCl や硫酸 H_2SO_4 のような電解質も，電離して水素イオン H^+，塩化物イオン Cl^-，硫酸イオン SO_4^{2-} となり，水によく溶ける。また，ショ糖やエタノール C_2H_5OH も分子中にあるヒドロキシ基 OH が水和を受けやすいため，水によく溶ける。ヒドロキシ基のように水和しやすい基を**親水基**という。一方，エチル基 C_2H_5 のように極性が低いため水和しない基を**疎水基**という。

ベンゼン C_6H_6，ヘキサン C_6H_{14}，ナフタレン $C_{10}H_8$ のように，親水基をもたない物質は水に溶けない。親水基と疎水基を両方とももつ物質は，親水基が占める割合が高いほど，水に溶けやすい。グリセリン $C_3H_5(OH)_3$，グルコース $C_6H_7O(OH)_5$，ショ糖 $C_{12}H_{14}O_3(OH)_8$ は，分子中に多くの親水基をもつので，水によく溶ける。親水基どうしや疎水基どうしは互いに近づこうとするが，親水基と疎水基は互いに避けあう。一般に，極性分子と無極性分子は溶け合わないが，極性分子どうしや無極性分子どうしは互いによく溶ける。

3.2　溶液の濃度と溶解度

溶液中にどれだけ溶質が溶けているかを示す量をその溶液の**濃度**という。溶液の濃度の表し方には，以下に示す方法がある。

(1)　**質量パーセント濃度：溶液中に溶けている溶質の質量をパーセント（記号は%）で表した濃度。**

(2)　**モル濃度：溶液1L中に溶けている溶質の量を物質量で表した濃度で，単位記号は mol/L。**

(3)　**質量モル濃度：溶媒1kgに溶けている溶質の物質量で表した濃度で，単位記号は mol/kg。**

一定温度において，一定量の溶媒に溶ける溶質の量には最大限度がある。この限度に達した溶液を，**飽和溶液**という。溶質が固体の場合，溶媒100gに溶けることのできる溶質の最大質量のg単位の数値を**溶解度**という。

硫酸銅(Ⅱ)五水和物 $CuSO_4 \cdot 5H_2O$ のように，結晶中に水分子が**水和水**（**結晶水**ともいう）として取り込まれている物質の溶解度は，水100gに溶ける無水物の質量の数値で表す。

溶解度は，温度によって変化する。溶解度の温度による変化を示す曲線を**溶**

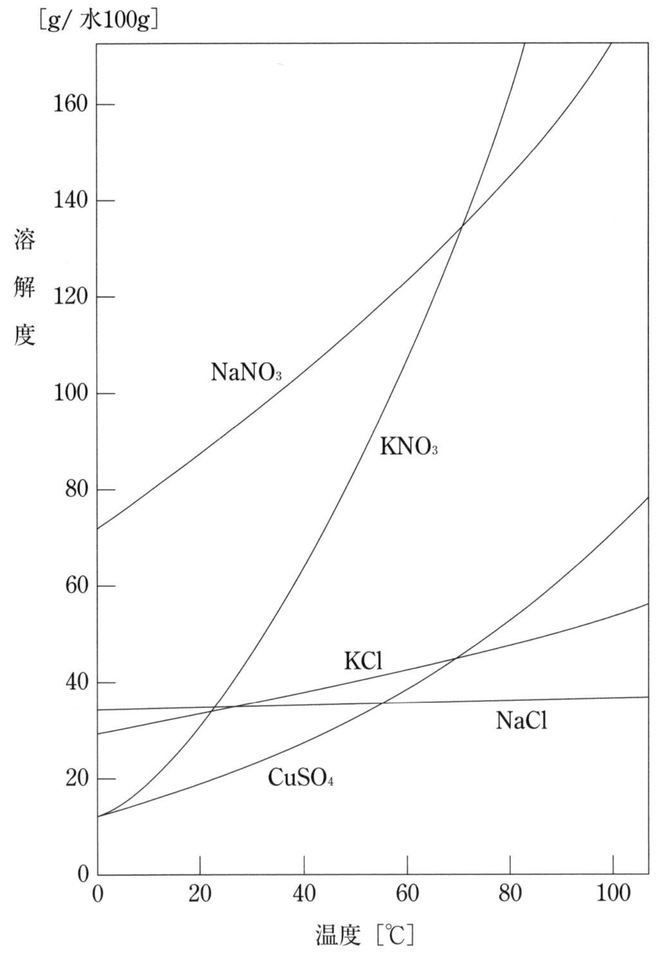

図 2.12　溶解度曲線

解度曲線という。図 2.12 のように，固体の溶解度は，温度が高くなるについて増加する場合が多いが，例外的に，水酸化カルシウム $Ca(OH)_2$ では，温度が高くなると溶解度が減少する。

硝酸カリウムのように，溶解度が温度によって急激に変わる物質では，高温で飽和溶液をつくり，その溶液を冷却すると，溶けきれなくなった溶質が結晶として析出する。最初，結晶に不純物が含まれていたとしても，不純物の量が

表 2.3　固体の溶解度（水 100g に溶ける溶質（無水物）の g 数）

溶質	温度［℃］	0	10	20	30	40	60	80
塩化ナトリウム	$NaCl$	35.7	35.7	35.8	36.1	36.3	37.1	38.0
塩化カリウム	KCl	28.1	31.2	34.2	37.2	40.1	45.8	51.3
硝酸ナトリウム	$NaNO_3$	73.0	80.5	88.0	96.1	104.9	124.2	175.5
硝酸カリウム	KNO_3	13.3	22.0	31.6	45.6	63.9	109.2	168.8
硫酸銅(Ⅱ)	$CuSO_4$	14.0	17.0	20.2	24.1	28.7	39.9	56.0
水酸化カルシウム	$Ca(OH)_2$	0.189	0.182		0.160	0.141	0.122	

表 2.4　水 1 L に対する気体の溶解度（0℃，1 atm のときの体積に換算した値 (L)）

気体＼温度［℃］	0	20	40	60	80	100
水素 H_2	0.021	0.018	0.016	0.016	0.016	0.016
酸素 O_2	0.049	0.031	0.023	0.020	0.018	0.017
窒素 N_2	0.023	0.015	0.012	0.010	0.0096	0.0095
二酸化炭素 CO_2	1.72	0.87	0.53	0.37	0.28	−
塩素水素 HCl	517	442	386	339	−	−
アンモニア NH_3	477	319	206	130	82	51

微量であれば，不純物は飽和溶液に達しないので析出せず，純粋な硝酸カリウムの結晶だけが析出する。結晶中の不純物を除くこの方法を，**再結晶**といい，固体物質の精製に用いられる。

気体の溶解度は，溶媒と接している気体の圧力（分圧）が 1 atm のとき，溶媒 1 L に溶ける気体の量を，0℃，1 atm の体積に換算した値で表される。

気体の溶解度は，一般に温度が高くなるほど減少する。また，温度一定で圧力を高くするほど増加する。

溶解度があまり大きくない気体の溶解度は，温度が一定ならば，その気体の分圧に比例する。

これを**ヘンリーの法則**（1803 年）という。塩化水素 HCl やアンモニア NH_3 は，水とは反応するため溶解度が非常に大きく，ヘンリーの法則には従わない。

◆ 例題 2.10 ◆◆◆◆◆◆◆◆◆◆◆◆◆◆◆◆◆◆◆◆◆◆◆◆◆◆◆

80℃における硝酸カリウムの飽和水溶液 **538 g** について，以下の問に答えよ。

(1) この溶液の質量パーセント濃度はいくらか。

(2) この溶液を 10℃まで冷却したとき析出する硝酸カリウムの質量を求めよ。

◆◆◆◆◆◆◆◆◆◆◆◆◆◆◆◆◆◆◆◆◆◆◆◆◆◆◆◆◆◆◆◆◆◆

解

(1) 80℃における硝酸カリウムの溶解度は，169（表 2.3 参照）であるから，その飽和溶液では，水 100 g に硝酸カリウム 169 g の割合で溶けている。よって，その質量パーセント濃度 x は，

$x = 169/(100+169) = 62.8\%$（答）

(2) 80℃における硝酸カリウムの飽和溶液 538 g 中に含まれる硝酸カリウムの質量を w，水の質量を W とすると，

$169/(100+169) = w/538 = w/(w+W)$

$w = 338$ g

$W = 538 - 338 = 200$ g

10℃での溶解度は，22.0 であるから，水 200 g には，$22.0 \times 2 = 44.0$ g 溶解する。よって，10℃で析出する硝酸カリウムの質量は，

$338 - 44 = 294$ g（答） ◆

3.3　希薄溶液の性質

溶けている溶質の量が少ない溶液を**希薄溶液**という。希薄溶液には，溶質の種類には直接関係せずに，溶質の濃度だけに依存して変化する共通の性質がある。これを溶液の**束一的性質**といい，以下の性質が知られている。

(1) 蒸気圧降下と沸点上昇

純粋な液体は，一定の温度で一定の蒸気圧を示すが，この液体を溶媒として他の物質を溶かした溶液をつくると，溶媒の蒸気圧は，純粋な液体のときの蒸気圧より低くなる。この現象を**蒸気圧降下**（図 2.13）という。これは，溶液中においては，単位体積中に存在する溶媒分子の数が，純粋な液体のときよりも少なくなり，液体（溶液）中から気体へと飛び出す溶媒分子の数が少なくなる

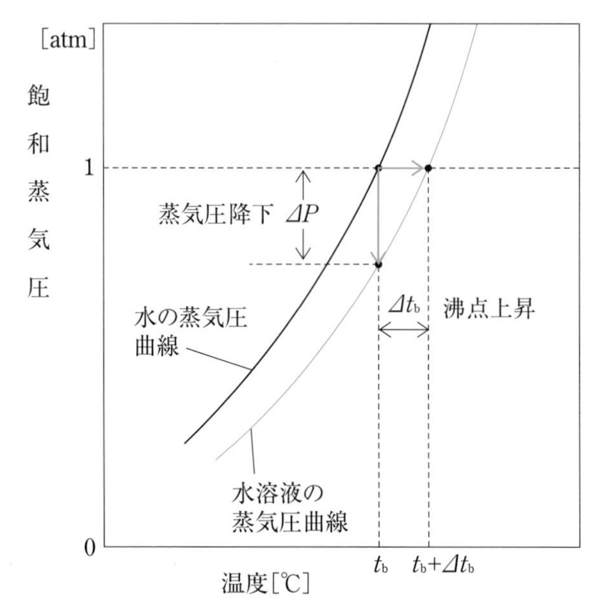

図 2.13　溶液の蒸気圧降下と沸点上昇

ためである。

沸騰は蒸気圧と大気圧が等しくなったときに起きる現象であるから，純粋な液体よりも蒸気圧が降下した溶液では，純粋な場合と比べてより高温にならないと沸点に達しない。この現象を**沸点上昇**（図 2.13）という。

純粋な溶媒の沸点が t_b[℃]，溶液の沸点が $t_b+\Delta t_b$[℃] のとき，その差 Δt_b を**沸点上昇度**という。希薄溶液の沸点上昇度は，溶質の種類に関係なく，溶媒の一定質量に溶けている溶質の物質量（質量モル濃度）に比例する。溶媒 1 kg に溶質（非電解質）1 mol が溶けている溶液の沸点上昇度を**モル沸点上昇**といい，$\boldsymbol{K}_b$ で表す。$\boldsymbol{K}_b$ は，溶媒に固有な値となる（表 2.5）。

(2)　凝固点降下

エチレングリコールを溶かした水は，0℃以下になっても凝固しないため，自動車の冷却水用の不凍液として使われている。このように，溶液の凝固点が純粋な溶媒よりも低くなる現象を**凝固点降下**という。純粋な溶媒の凝固点 t_m[℃] と溶液の凝固点 $t_m-\Delta t_m$[℃] の差 Δt_m を**凝固点降下度**という。溶媒 1 kg

表 2.5　モル沸点上昇 K_b とモル凝固点降下 K_m

溶媒	沸点 [℃]	モル沸点上昇 K_b [K kg/mol]	凝固点 [℃]	モル凝固点降下 K_m [K kg/mol]
水	100	0.52	0	1.85
ベンゼン	80.1	2.53	5.5	5.12
ナフタレン	218.0	5.80	80.3	6.94
四塩化炭素	76.8	4.48	−23.0	29.8

に溶質（非電解質）1 mol が溶けている溶液の凝固点降下度を**モル凝固点降下**といい，$\boldsymbol{K_m}$ で表す。$\boldsymbol{K_m}$ は溶媒によって決まる定数である。

(3) 浸透圧

セロハンや動物の膀胱膜は，多数の小孔をもち，孔径より小さい粒子を通すが大きな粒子を通さない。このような膜を**半透膜**という。

図 2.14 のように，溶媒だけを通す半透膜で仕切って溶媒と溶液を U 字管に入れると，全体の濃度が均一になるように，半透膜を経て溶媒が溶液側に移動しようとする。濃度が異なる二つの溶液についても，低濃度の溶液から高濃度の溶液へと溶媒の移動が見られる。このように，溶媒が半透膜を経て濃度が低いほうから高い方へと移動する現象を，**浸透**という。

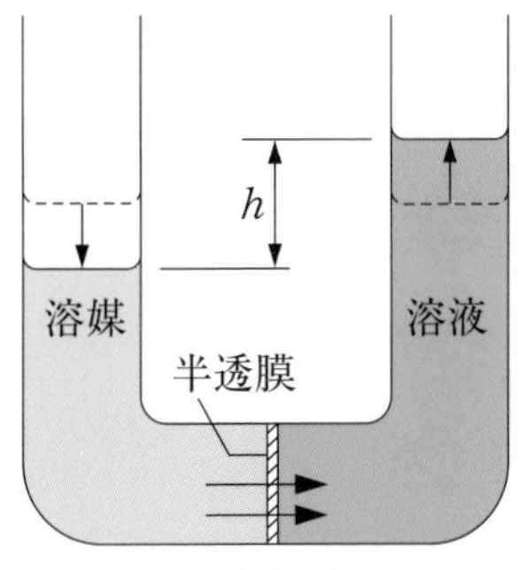

図 2.14　浸透と浸透圧

図 2.14 の点線のように，浸透がはじまる前の液面の高さが等しかったとする。溶媒が溶液側に浸透する圧力 Π（**浸透圧**という）は，溶液側の液面を押し上げようとし，液面の高さの違い h に比例して溶液側から半透膜を押す圧力 ρgh と釣り合うまで浸透が続く（ρ は**溶液の密度**，g は**重力加速度**とよばれる定数)。したがって，図 2.14 のような実験で，液面の高さの差 h を調べることによって，浸透圧の大きさ（$\Pi=\rho gh$）を知ることができる。

溶液の浸透圧 Π は，希薄溶液では，溶液のモル濃度 c および絶対温度 T に比例し，

$$\boldsymbol{\Pi=cRT}$$

で表すことができる。ここで R は，気体の状態方程式に現れる気体定数である。モル濃度 c は，物質量を n，体積を V とすると，$c=n/V$ であるから，

$$\boldsymbol{\Pi V = nRT} \qquad (2.8)$$

の形になり，浸透圧は気体の状態方程式 (2.5) と同じ形の式にしたがう。

(4) 電離したイオンを含む溶液の性質

溶媒である水に電解質が溶けた場合には，電離して溶けたイオンがそれぞれ独立した溶質粒子として振舞うため，その分だけ溶質粒子の物質量が増加したことにあわせて蒸気圧降下・凝固点降下・沸点上昇・浸透圧の大きさも増加する。たとえば，1 mol の NaCl を水に溶かすと，溶けたイオンの物質量は 2 mol になるため，その蒸気圧降下・凝固点降下・沸点上昇・浸透圧の大きさは，1 mol の非電解質を溶かした場合の 2 倍になる。

例題 2.11

質量モル濃度 **0.50 mol/kg** の食塩水の凝固点は何℃か。

解　食塩（塩化ナトリウム NaCl）は，水溶液中では Na^+ と Cl^- に完全に電離するため，これらのイオンを合計した濃度は，NaCl の質量モル濃度の 2 倍になる。表 2.5 より，水のモル凝固点降下は，1.85 K kg/mol であるから，この食塩水の凝固点降下度 Δt は，

$$\Delta t = 1.85 \times (0.5 \times 2) = 1.85 \text{ K}$$

純粋な水の凝固点は 0℃ であるから，この食塩水の凝固点は，

$$0 - 1.85 = -1.85℃ \text{（答）}$$

第4節　コロイド

4.1　コロイド粒子

普通の分子の大きさは 10^{-8} cm（1 Å，0.1 nm）程度であるが，直径 1～100 nm の粒子が他の物質に混じって均一に分散することがある。このような状態を**コロイド**といい，分散している粒子を**コロイド粒子**という。コロイド粒子が

液体に分散したものを**ゾル**という。ゾルは普通の溶液と同じように振舞うので，ゾルを**コロイド溶液**ともいう。少量の塩化鉄(Ⅲ)水溶液を沸騰水に加えると，水酸化鉄(Ⅲ)が生成し，赤褐色のコロイド溶液になる。デンプンやタンパク質は，分子量が1万〜数百万もある大きな分子（**高分子**）からなり，水に溶かすだけでコロイド溶液になる。また，脂肪酸ナトリウム（**セッケン**）が水中で会合してできる**ミセル**もコロイド溶液をつくる。ミセルは，疎水基を内側にし，親水基を外側に向けて，全体として球状の粒子となっている。

コロイド溶液には，加熱したり，冷却したりすると，流動性を失って全体が固まるものがある。固まった状態のコロイドを**ゲル**という。寒天やゼラチンがその例である。ゲルでは，コロイド粒子が連なって，全体として網の目構造をつくっている。

4.2　コロイド溶液の性質

普通の水溶液は透明であるが，コロイド溶液は見る方向によってにごって見える。また，強い光をコロイド溶液に当て，光と直角方向から見ると，光の進路が輝いて見える。この現象を**チンダル現象**という。これは，光がコロイド粒子に当たって強く散乱されるために起こる。

コロイド溶液を**限外顕微鏡**（側面から光を当て，コロイド粒子を輝点として観察する顕微鏡）で観察すると，コロイド粒子の不規則な運動が見える（図2.15）。これを**ブラウン運動**という。ブラウン運動は，熱運動している溶媒分子が，コロイド粒子に不規則に衝突するために起こる。

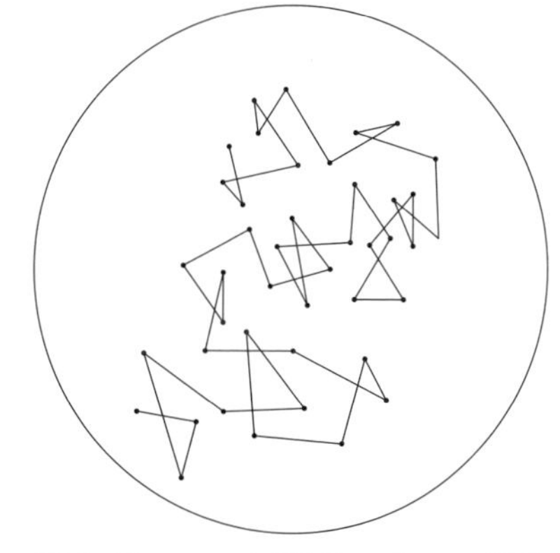

図2.15　コロイド粒子のブラウン運動

コロイド粒子はセロハンなどの半透膜を通過することができないため，コロイド溶液と純水とを半透膜で仕切ると浸透圧が生じる。また，コロイド以外の小さい分子やイオンを不純物として含むコロイド溶液をセロハン（半透膜）に包んで純水中につるしておくと，コロイド粒子以外の不純物は半透膜を通り抜けて水中へ拡散し，コロイド溶液から取り除かれる。このようにして，コロイド溶液を精製する操作を**透析**という。透析は，人工膜を用いた腎臓病患者の血液透析に応用されている。

コロイド溶液に電極を入れ直流電圧をかけると，コロイド粒子が一方の極へと移動する。この現象を**電気泳動**という。電気泳動は，コロイド粒子が電荷を帯びており，反対符合の電極へと引かれるために起こる。一般に，金属元素の水酸化物などのコロイド粒子は正電荷を帯び，金属元素の単体や硫化物などのコロイド粒子は負電荷を帯びている。

4.3　疎水コロイドと親水コロイド

同じ符号の電荷を帯びたコロイド粒子どうしは，互いに反発しあってくっつき合わない。少量の電解質をコロイド溶液に加えると，コロイド粒子は互いの反発力を失ってくっつき合い，大きくなって沈殿する。この現象を**凝析**（または**凝結**）という。凝析しやすいコロイド溶液を，**疎水コロイド**という。イオウや水酸化鉄(Ⅲ)のコロイド溶液は疎水コロイドの例である。一般に，コロイド粒子の電荷と反対符号をもち，その価数が高いイオンほど，コロイド粒子を凝析させやすい。例えば，負の電荷をもつイオウ粒子の場合は，Na^{+} や K^{+} よりも価数の高い Al^{3+} や Fe^{3+} を含む電解質を加える方がより少ない量で凝析する。また，正の電荷を帯びた水酸化鉄(Ⅲ)のコロイド粒子は，Cl^{-} や I^{-} よりも価数の高い SO_4^{2-} や PO_4^{3-} を含む電解質を加える方がはるかに少量で凝析する。

デンプンやタンパク質を水に溶かしてつくったコロイド溶液は，少量の電解質を加えても凝析しない。これらの分子には，親水基が多数あるため，コロイド粒子の表面に水分子が水和していて，イオンの影響を受けにくくなっている。このようなコロイドを**親水コロイド**という。しかし，親水コロイドも，多量の電解質を加えると，コロイド粒子から水和している水分子が引き離されて，沈殿するようになる。これを**塩析**という。

疎水コロイドの溶液に親水コロイド溶液を加えると，親水コロイド粒子が疎水コロイド粒子を取り囲み，電解質を加えても凝析しにくくなる。このような働きをする親水コロイドを**保護コロイド**という。墨汁（炭素のコロイド）に加えられているにかわ（膠）やポリビニルアルコールは，その例である。

第3章

物 質 の 変 化

▶第1節　化学反応と熱◀

■1.1　物質の変化とエネルギー

物質の加熱や冷却によって，固体，液体，気体の三つの状態間の変化が起きるときには，物質が保有する熱エネルギーの大きさが変化するが，物質の組成は変化しない。また，物質が光（電磁波）を吸収するとエネルギーの高い状態（励起状態）になり，逆に，光を放出するとエネルギーのより低い状態になる。このように，状態が変わるだけで，物質の組成が変化しない現象を，**物理変化**という。これに対し，化学変化が起きると物質の組成が変化する。化学変化は，化学反応ともよばれる。

物質はそれぞれ固有のエネルギーをもっており，これを**化学エネルギー**という。化学反応に伴い，反応物と比べて生成物の化学エネルギーに増減があると，エネルギーが吸収または放出される。反応に伴い出入りするエネルギーを**反応熱**という。エネルギーを放出する反応を**発熱反応**といい，エネルギーを吸収する反応を**吸熱反応**という。通常の化学反応で出入りするエネルギーは熱エネルギーであるが，燃焼反応では発光を伴い，電池では電気エネルギーが関係する。

■1.2　熱化学の反応式

化学反応の反応熱 Q は，通常，一定圧力（通常は大気圧）のもとで測る。一定圧力で物質に出入りするエネルギーは，**エンタルピー** $\boldsymbol{H}$ という量と関係付けられ，物質がもつエネルギーが増すとその物質の H の値は増加する。反応熱 Q は，反応に伴うエンタルピー変化 ΔH と，$\Delta H=-Q$ の関係にある。発熱反応では $Q>0$ であるが，$\Delta H=-Q<0$ となるので，Q と ΔH は，たがい

に逆符号になることに注意する必要がある。Q や ΔH は，エネルギーの授受や変化に関する量であるが，通常，対象とする物質1 mol 当たりのエネルギー（単位記号 kJ/mol）で表される。

エネルギーの出入りを伴う熱化学反応の反応式は，次の規則にしたがって書き表す。

(1)　反応に伴う化学エネルギーの変化，すなわち，(生成物の化学エネルギーの総和)－(反応物の化学エネルギーの総和）を，エンタルピー変化 ΔH で表し，化学反応式の右に，$\Delta H = \cdots$ kJ/mol という形式で付記する。

(2)　ΔH は一定圧力のもとでの反応熱 Q と $\Delta H = -Q$ の関係にある。エネルギーが放出される発熱反応（$Q > 0$）では，化学エネルギーが減少し，ΔH は負になる。エネルギーが吸収される吸熱反応（$Q < 0$）では，化学エネルギーが増加し，ΔH は正になる。

(3)　ΔH を定める圧力は，通常，1 atm（1013 hPa）とし，温度は 25℃（より正確には 298.15 K）とする。(国際的基準では，圧力が 1 bar＝0.986923 atm の状態を標準状態といい，標準状態のエンタルピー変化は，右上に ° をつけて ΔH° と表記する。1 atm は，ほぼ 1 bar に等しいが厳密には異なるので，本書では右上に ° をつけずに ΔH と表記する。)

(4)　ΔH は，その左の化学反応式の係数で表された物質量だけ反応物が生成物に変化するときのエネルギー変化を表す。ΔH の大きさは，反応式の書き方に依存する。通常，着目する物質の係数を 1 にする。このため，他の物質の係数が分数になることがある。

(5)　物質が保有するエネルギーは状態にも依存するので，各物質の化学式の直後に，状態を区別する記号として，気体は（気）または (g)，液体は（液）または (ℓ)，固体は（固）または (s) を付記する。また，水溶液のときは水和した状態であることを示すために化学式の直後に水（ラテン語で aqua）を表す記号として aq を添え，大量に存在する水が直接反応に関係するときには，水の化学式の代わりに単独で aq を用いる。このほか，単体の場合には，同素体の種類を区別する。

水素 H_2 (g) と酸素 O_2 (g) から水 H_2O が生じる反応は，水が気体（g）であるか液体（ℓ）であるかによって，それぞれ，次のように表される。

$$H_2(g)+(1/2)O_2(g) \rightarrow H_2O(g) \qquad \Delta H = -242\ \mathrm{kJ/mol} \qquad (1)$$

$$H_2(g)+(1/2)O_2(g) \rightarrow H_2O(\ell) \qquad \Delta H = -286\ \mathrm{kJ/mol} \qquad (2)$$

気体状態の H_2O (g) のエネルギーは，液体状態の H_2O (ℓ) と比べて，水の蒸発熱 44 kJ/mol だけ大きいため，このような違いが生じる。

上の反応（1）は，水素 1 mol が燃焼して水蒸気 1 mol が生じる反応であり，その反応熱が 242 kJ/mol であることを示している。また，上の反応（2）は，液体の水 1 mol が，その成分元素の単体である水素と酸素からつくられる反応の反応熱が 286 kJ/mol であることを示している。

反応熱には，反応の種類によって，特別な名称が与えられている。以下に，その定義と，それぞれの反応式の例を示す。

[生成熱]　**1 mol の化合物をその成分元素の単体からつくるときの反応熱 $Q=-\Delta H$**

例 1）二酸化炭素（g）の生成熱：394 kJ/mol

$$C(黒鉛)+O_2(g) \rightarrow CO_2(g) \qquad \Delta H = -394\ \mathrm{kJ/mol} \qquad (3)$$

例 2）メタン（g）の生成熱：74 kJ/mol

$$C(黒鉛)+2H_2(g) \rightarrow CH_4(g) \qquad \Delta H = -74\ \mathrm{kJ/mol} \qquad (4)$$

[燃焼熱]　**物質 1 mol を完全燃焼するときの反応熱 $Q=-\Delta H$**

例）メタン（g）の燃焼熱：892 kJ/mol

$$CH_4(g)+2O_2(g) \rightarrow CO_2(g)+2H_2O(\ell) \qquad \Delta H = -892\ \mathrm{kJ/mol} \qquad (5)$$

[中和熱]　**酸と塩基（えんき）の中和反応（p.81 参照）で 1 mol の水が生じるときの反応熱 $Q=-\Delta H$**

例）塩酸と水酸化ナトリウム水溶液の中和熱：57 kJ/mol

$$HCl\ aq + NaOH\ aq \rightarrow NaCl\ aq + H_2O(g) \qquad \Delta H = -57\ \mathrm{kJ/mol} \qquad (6)$$

[溶解熱]　**1 mol の物質が多量の溶媒に溶解するときの溶媒和に伴う反応熱 $Q=-\Delta H$**

例）硫酸の溶解熱：95 kJ/mol

$$H_2SO_4(L)+aq \rightarrow H_2SO_4\ aq \qquad \Delta H = -95\ \mathrm{kJ/mol} \qquad (7)$$

表 3.1 にいろいろな物質の生成熱，燃焼熱および溶解熱を示す。

表 3.1　物質の生成熱，燃焼熱および水への溶解熱 [kJ/mol]

物質		生成熱	物質		燃焼熱	物質		溶解熱
水	H_2O(液)	286	水素	H_2	286	塩化水素	HCl	75
水蒸気	H_2O(気)	242	黒鉛	C	394	水酸化ナトリウム	NaOH	45
二酸化炭素	CO_2	394	斜方硫黄	S	297	塩化ナトリウム	NaCl	−3.9
メタン	CH_4	74	メタン	CH_4	891	硝酸カリウム	KNO_3	− 35
ベンゼン	C_6H_6	−49	エタン	C_2H_6	1560	エタノール	C_2H_5OH	11
アンモニア	NH_3	46	プロパン	C_3H_8	2219	アンモニア	NH_3	34
一酸化窒素	NO	−90	エタノール	C_2H_6O	1368			
アセチレン	C_2H_2	−228	アセチレン	C_2H_2	1309			

1.3　ヘスの法則

熱化学の反応式では，各化学式がその物質 1 mol が保有するエネルギーを表している。左辺に含まれる物質（反応物）のエネルギーの総和は，右辺に含まれる物質（生成物）のエネルギーの総和に反応熱を加えた値に等しい。ヘスは多くの反応について反応熱を調べ，次の法則を見出した（1840 年）。

反応熱の大きさは，反応の最初と最後だけで決まり，反応の経路に関係しない。

これを，**ヘスの法則**または**総熱量保存の法則**という。

ヘスの法則を利用すると，直接測定しにくい反応の反応熱を，他の反応の反応熱から計算で求めることができる。また，反応に関係するすべての物質の生成熱がわかっていれば，ヘスの法則から次式でその反応の反応熱が求められる。

(反応熱)＝(生成物の生成熱の総和)－(反応物の生成熱の総和)

例題 3.1

黒鉛 1 mol，水素 2 mol，酸素 2 mol から，二酸化炭素 1 mol と液体の水 2 mol を生じる以下の 2 つの経路について，ヘスの法則が成り立つことを示せ。

(経路 1)　1 mol のメタン CH_4 を生じ，次にメタンが完全燃焼する経路。

(経路 2)　黒鉛と水素の燃焼が別々に進む経路。

解

（経路1）

式（4）から，メタン 1 mol の生成熱について，

C（黒鉛）$+2H_2$(g)　→　CH_4(g)　　$\Delta H=-74$ kJ/mol

式（5）から，メタン 1 mol の燃焼熱について，

CH_4(g)$+2O_2$(g)　→　CO_2(g)$+2H_2O$(ℓ)　　$\Delta H=-892$ kJ/mol

各辺を足し合わせると，

C（黒鉛）$+2H_2$(g)$+CH_4$(g)$+2O_2$(g)

→　CH_4(g)$+CO_2$(g)$+2H_2O$(ℓ)　　$\Delta H=(-74-892)$ kJ/mol

両辺に共通する CH_4(g) は省略し，ΔH の右辺を計算すると，

C（黒鉛）$+2H_2$(g)$+2O_2$(g)　→　CO_2(g)$+2H_2O$(ℓ)

$\Delta H=-966$ kJ/mol（答）

（経路2）

式（3）から，黒鉛 1 mol の燃焼熱（二酸化炭素 1 mol の生成熱）について，

C（黒鉛）$+O_2$(g)　→　CO_2(g)　$\Delta H=-394$ kJ/mol

式（2）から，水素 2 mol の燃焼熱（水 2 mol の生成熱）について，

$2H_2$(g)$+O_2$(g)　→　$2H_2O$(ℓ)　$\Delta H=2\times(-286)$ kJ/mol　　（2）

この2式を足し合わせると，

C（黒鉛）$+O_2$(g)$+2H_2$(g)$+O_2$(g)　→　CO_2(g)$+2H_2O$(ℓ)

$\Delta H=\{-394+2\times(-286)\}$ kJ/mol

よって，

C（黒鉛）$+2H_2$(g)$+2O_2$(g)　→　CO_2(g)$+2H_2O$(ℓ)

$\Delta H=-966$ kJ/mol

したがって，どちらの経路をたどっても反応熱は同じ値（966 kJ/mol）になり，ヘスの法則が確認された。◆

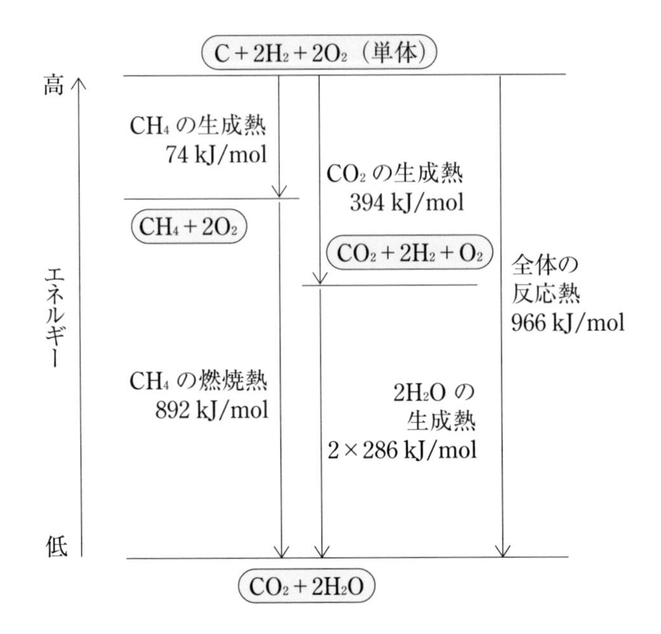

1.4　結合エネルギー

共有結合を切断するのに要するエネルギーを，**結合エネルギー**という。表3.2 に，結合エネルギーの例を示す。

結合エネルギーは，結合を切断して個々の原子に解離させる反応（**解離反応**）の反応熱に相当する。例えば，

$$H_2(g) \rightarrow 2H \qquad \Delta H = 436\ \mathrm{kJ/mol} \qquad (8)$$

$$Cl_2(g) \rightarrow 2Cl \qquad \Delta H = 243\ \mathrm{kJ/mol} \qquad (9)$$

このように，分子が原子に解離する反応は，エネルギーを吸収する吸熱反応である。解離反応で生じる原子の状態は，互いに離れた状態であるため気体とみなしてよいが，単体と混乱する恐れがない場合は状態の区別を記さなくてもよい。

表 3.2　結合エネルギー [kJ/mol]（298.15 K における値）

結合	分子	結合エネルギー	結合	分子	結合エネルギー
H-H	H_2	436	H-F	HF	568
Cl-Cl	Cl_2	243	H-Cl	HCl	432
Br-Br	Br_2	193	H-Br	HBr	366
I-I	I_2	151	H-I	HI	298
C-H	CH_4	416	N-H	NH_3	390
O=O	O_2	498	O-H	OH	463

◆ 例題 3.2 ◆◆◆◆◆◆◆◆◆◆◆◆◆◆◆◆◆◆◆◆◆◆◆◆◆◆◆◆

表 3.2 の結合エネルギーの値を用いて，水素 1 mol と塩素 1 mol から塩化水素 2 mol を生じる反応の反応熱を求めよ。

◆◆◆◆◆◆◆◆◆◆◆◆◆◆◆◆◆◆◆◆◆◆◆◆◆◆◆◆◆◆◆◆◆◆◆

解　表 3.2 から，HCl が解離する反応について，

$$\mathrm{HCl\,(g)} \;\rightarrow\; \mathrm{H+Cl} \qquad \Delta H = 432\ \mathrm{kJ/mol} \tag{10}$$

水素と塩素については，式（8），式（9）のようになるから，ヘスの法則を用いてこれらの式を組み合わせ，(8)＋(9)－(10)×2 を計算すると，

$$\mathrm{H_2\,(g) + Cl_2\,(g)} \;\rightarrow\; \mathrm{2HCl\,(g)}$$

$$\Delta H = (436 + 243 - 432 \times 2)\,\mathrm{kJ/mol} = -185\ \mathrm{kJ/mol}$$

よって，H_2 (g)＋Cl_2 (g)→2HCl (g) となる反応の反応熱は，185 kJ/mol（答）

◆

反応物も生成物も気体の場合，すべての物質の結合エネルギーがわかっていれば，ヘスの法則から，次式で反応熱が求められる。

(反応熱)＝(生成物の結合エネルギーの総和)
　　　　　－(反応物の結合エネルギーの総和)

例題 3.2 の場合に，この式を適用すると，

$$\text{反応熱} = [2 \times 432(\mathrm{2HCl}) - \{436(\mathrm{H_2}) + 243(\mathrm{Cl_2})\}]\ \mathrm{kJ/mol} = 185\ \mathrm{kJ/mol}$$

となる。

第2節　酸と塩基の反応

2.1　酸性と塩基性

塩化水素 HCl の水溶液（塩酸という）や，硫酸 H_2SO_4，酢酸 CH_3COOH の水溶液は，酸味を示し，青色リトマス紙を赤変させる。このような性質を**酸性**という。酸性は，水溶液中で電離して生じた水素イオン H^+ に水分子 H_2O が1個結合してできる**オキソニウムイオン** H_3O^+ によるものである。オキソニウムイオン H_3O^+ は，結合している水 H_2O を省略して，単に水素イオン H^+ として表されることが多い。

水酸化ナトリウム NaOH，水酸化カルシウム $Ca(OH)_2$ などの水酸化物やアンモニア NH_3 の水溶液は，赤いリトマス紙を青変させ，酸性を示す水溶液に加えると酸性を打ち消す働きを示す。このような性質を**塩基性**または**アルカリ性**という。この性質は，これらの水溶液に共通して存在する**水酸化物イオン** OH^- によるものである。

塩化ナトリウム NaCl の水溶液や純粋な水のように，酸性も塩基性も示さないとき，その性質を**中性**という。

例題 3.3

アンモニア NH_3 の水溶液が水酸化物イオン OH^- の性質（塩基性）を示す理由を説明せよ。

解　アンモニア NH_3 は分子中に OH^- をもっていないが，その一部が水と次のように反応し，OH^- を生じるため，塩基性を示す。

$$NH_3 + H_2O \rightarrow NH_4^+ + OH^-$$

2.2　酸と塩基

酸性・塩基性に着目して，酸性を示す物質を**酸**といい，塩基性を示す物質を**塩基**という。ただし，酸・塩基の定義には変遷があり，次に示す順に酸・塩基概念の適用範囲が拡張されてきた。

［アーレニウスによる酸・塩基の定義（1884 年）］

酸とは，水に溶けて水素イオン H^+ を生じる物質であり，塩基とは，水に溶けて水酸化物イオン OH^- を生じる物質である。

[ブレンステッドとローリーによる酸・塩基の定義（1923年）]

酸とは，相手に水素イオン H^+ を与える分子やイオンであり，塩基とは，相手から水素イオン H^+ を受け取る分子やイオンである。

[ルイスによる酸・塩基の定義（1923年）]

酸とは，相手から電子対を受け取るものであり，塩基とは，相手に電子対を与えるものである。

通常，酸と塩基は，水溶液の性質に着目するアーレニウスの定義による。水溶液以外の場合についても酸・塩基の概念を拡張して用いるときは，ブレンステッドとローリーの定義が便利である。ただし，この場合は，H^+ の授受で酸・塩基が定義されるから，同じ物質でも，相手によって酸になったり塩基になったりすることがある。例えば，次に示す上の反応(1)では，水はアンモニアに H^+ を与えるので酸として働き，下の反応(2)では，水は塩化水素から H^+ を受け取るので塩基として働く。

(1)　$NH_3+H_2O \rightarrow NH_4{}^++OH^-$

(2)　$HCl+H_2O \rightarrow Cl^-+H_3O^+$

ルイスの定義では，電子対の授受に注目する。この定義は，H^+ の授受による酸・塩基をすべて含んでいるのみならず，H^+ を含まない場合（とくに配位結合をつくる場合）にも酸・塩基の概念を拡張して用いることができる。

例題 3.4

アンモニア NH_3 が塩基であることを，H^+ の授受および電子対の授受によって説明せよ。

解　アンモニア NH_3 は，水と次のように反応し，水から H^+ を受け取ってアンモニウムイオン $NH_4{}^+$ を生じる。

$$NH_3 \quad + \quad H_2O \quad \rightarrow \quad NH_4{}^+ \quad + \quad OH^-$$

したがって，アンモニアは相手から H^+ を受け取るので，ブレンステッドとローリーの定義による塩基である。

また，NH_3 は，非共有電子対をもち，この電子対を H_2O から提供された H^+ に与えて配位結合をつり，$NH_4{}^+$ を生じる。すなわち，NH_3 は，相手に電子対を与えるので，ルイスの定義による塩基である。◆

2.3　酸・塩基の価数と強さ

酸の化学式に含まれている H 原子のうち，電離して H^+ になることができる H 原子の数を，その**酸の価数**という。表 3.3 のように，酸には，1 価，2 価，3 価のものがある。

塩基の化学式中に含まれる OH^- の数，または受け取ることのできる H^+ の数を，その**塩基の価数**という。塩基にも，1 価，2 価，3 価のものがある（表 3.3）。

2 価以上の酸・塩基を多価の酸・塩基という。酸・塩基の働きの強さは，価数とは直接関係しない。これは，授受することができる H^+ や OH^- があるとしても，実際に授受が起きるかどうかは別の問題だからである。酸・塩基の強さは，水に溶かしたとき，水溶液中に存在する H^+ や OH^- の濃度で決まる。

塩化水素 HCl は，水溶液中ではほとんどが電離している。これに対して，酢酸 CH_3COOH は，水溶液中では一部しか電離せず，ほとんどは酢酸分子のままであり，電離したものとしないものとが一定の割合で共存し，次のように反応が両方向同時に進行して平衡状態になっている。

$$CH_3COOH \rightleftarrows CH_3COO^- + H^+$$

このような状態を**電離平衡**という。

酸・塩基が水溶液中で電離して存在する割合を**電離度**といい，通常 α で表す。

電離度 α＝(電離した電解質の物質量)/(溶解した電解質の物質量)

電離度は物質の種類や濃度，温度によって異なる。塩酸，硝酸，硫酸，水酸化

表 3.3　酸・塩基の価数と強さによる分類

価数	強酸	弱酸	強塩基	弱塩基
1	塩酸 HCl 硝酸 HNO_3	酢酸 CH_3COOH フッ化水素 HF	水酸化ナトリウム NaOH 水酸化カリウム KOH	アンモニア NH_3
2	硫酸 H_2SO_4	硫化水素 H_2S シュウ酸 $(COOH)_2$	水酸化カルシウム $Ca(OH)_2$ 水酸化バリウム $Ba(OH)_2$	水酸化銅(Ⅱ) $Cu(OH)_2$
3		リン酸 H_3PO_4		水酸化鉄(Ⅲ) $Fe(OH)_3$

ナトリウム，水酸化カルシウムのように，電離度が非常に大きく，ほぼ完全に電離していて，電離度 α の値が1に近いものを**強酸**および**強塩基**という（表3.3）。これに対し，酢酸やアンモニアのように，電離度 α が著しく小さく，その値が0に近いものを**弱酸**および**弱塩基**という（表3.3）。

◆ 例題 3.5 ◆◆◆◆◆◆◆◆◆◆◆◆◆◆◆◆◆◆◆◆◆◆◆◆◆◆◆

二酸化炭素 CO_2 は，弱酸であり水溶液中での電離度は小さいが，2価の酸として2個の H^+ を生じることができる。このことを電離平衡の式を用いて説明せよ。

◆◆◆◆◆◆◆◆◆◆◆◆◆◆◆◆◆◆◆◆◆◆◆◆◆◆◆◆◆◆◆◆◆◆◆

解　CO_2 と H_2O との反応を考えると，

$$CO_2 + H_2O \rightleftarrows HCO_3^- + \mathbf{H^+}$$

さらに，HCO_3^- が H^+ を放出する反応を考えると，

$$HCO_3^- \rightleftarrows CO_3^{2-} + \mathbf{H^+}$$

よって，CO_2 の1分子は，水溶液中で2個の H^+ を生じることができる。◆

2.4　水素イオン濃度と pH

純粋な水（純水）も，ごくわずかに電離しており，25℃では，1Lあたり 10^{-7} mol の H^+ と OH^- が存在する。

$$H_2O \rightleftarrows H^+ + OH^-$$

H^+ のモル濃度を**水素イオン濃度**といい $[H^+]$ と表す。同様に，OH^- のモル濃度を $[OH^-]$ と表す。純水では $[H^+]=[OH^-]$ であり，その値は温度が高くなると徐々に大きくなるが，25℃では次のようになる。

$$\mathbf{[H^+]=[OH^-]=1.0\times10^{-7}\ mol/L\quad(25℃)}$$

水溶液中の $[H^+]$ と $[OH^-]$ の積を**水のイオン積**といい，K_w と表す。この値は，一定温度では一定の値をとり，25℃では次のようになる。

$$\mathbf{[H^+][OH^-]=\mathit{K}_w=1.0\times10^{-14}\ mol^2/L^2\quad(25℃)}$$

純水や塩化ナトリウムの水溶液では，$[H^+]$ と $[OH^-]$ が等しく，溶液は中性であるが，酸や塩基の水溶液では，$[H^+]$ と $[OH^-]$ のバランスが崩れており，$[H^+]$ が多いときは酸性，$[OH^-]$ が多いときは塩基性（アルカリ性）を

表 3.4　$[H^+]$, $[OH^-]$ と pH

	酸　性（pH<7）							中　性（pH=7）	塩基性（pH>7）						
pH	0	1	2	3	4	5	6	7	8	9	10	11	12	13	14
$[H^+]$[mol/ℓ]	1	10^{-1}	10^{-2}	10^{-3}	10^{-4}	10^{-5}	10^{-6}	10^{-7}	10^{-8}	10^{-9}	10^{-10}	10^{-11}	10^{-12}	10^{-13}	10^{-14}
$[OH^-]$[mol/ℓ]	10^{-14}	10^{-13}	10^{-12}	10^{-11}	10^{-10}	10^{-9}	10^{-8}	10^{-7}	10^{-6}	10^{-5}	10^{-4}	10^{-3}	10^{-2}	10^{-1}	1

示す。水のイオン積 K_w の値が一定であるため，$[H^+]$ と $[OH^-]$ は，一方が増えれば他方は減る関係にあり，それらの大きさは互いに反比例して変化する（表 3.4）。そこで，水溶液の酸性・中性・塩基性（アルカリ性）の区別を数値で示すために，次式で**水素イオン指数**を定義し，**pH**（ピーエイチ）と表す。

$$\mathbf{pH = -\log[H^+]}\quad \text{または}\quad \mathbf{[H^+] = 10^{-pH}\ mol/L}$$

ここで，$\log[H^+]$ は mol/L 単位の $[H^+]$ の数値の常用対数を表す。$[H^+]$ の値は広い範囲で変化するので，pH を用いると便利である。中性の場合は pH=7 であり，酸性では pH<7，塩基性では pH>7 となる。酸性が強いほど pH は小さく，塩基性が強いほど pH は大きくなる。

pH の値は，pH メーターを用いて簡単に測ることができる。また，メチルオレンジやフェノールフタレインなどの pH 指示薬（酸・塩基指示薬，p.82 参照）や pH 試験紙の色の変化から，およその pH を知ることができる。

◆ 例題 3.6 ◆◆◆◆◆◆◆◆◆◆◆◆◆◆◆◆◆◆◆◆◆◆◆◆◆

0.0010 mol/L の水酸化ナトリウム水溶液の pH を，NaOH の電離度を $\alpha=1.0$ とし，温度を 25℃として計算せよ。

◆◆◆◆◆◆◆◆◆◆◆◆◆◆◆◆◆◆◆◆◆◆◆◆◆◆◆◆◆◆

解　NaOH は一価の塩基であるから，0.0010 mol/L の NaOH が全て電離すると，

$$[OH^-] = 1.0\times10^{-3}\ mol/L$$

25℃での水のイオン積，$[H^+][OH^-] = K_w = 1.0\times10^{-14}\ mol^2/L^2$ を用いると，

$$[H^+] = K_w/[OH^-] = 1.0\times10^{-11}\ mol/L$$

よって，

$$\mathbf{pH = -\log[H^+] = 11}\ \text{（答）}$$ ◆

2.5　中和反応と中和滴定

酸と塩基を混合すると，H^+ と OH^- が反応して H_2O が生じるため，酸性と塩基性が互いに打ち消しあう。この現象を**中和**という。例えば，塩酸と水酸化ナトリウム水溶液とを混合すると，次のように反応して，塩化ナトリウムと水が生じる。

$$\mathbf{HCl} + \mathbf{NaOH} \rightarrow \mathbf{NaCl} + \mathbf{H_2O}$$

酸　　塩基　　塩　　水

ここで生じる塩化ナトリウム NaCl のように，中和反応において，酸の陰イオンと塩基の陽イオンとから生じる化合物を**塩**(えん)という。中和反応を，変化したイオンに注目して表すと，次のイオン反応式になる。

$$\mathbf{H^+} + \mathbf{OH^-} \rightarrow \mathbf{H_2O}\ (\text{中和反応})$$

すなわち，

中和反応とは，酸から生じた H^+ と塩基から生じた OH^- とが互いに結合して水 H_2O が生成する反応である。

ということができる。

酸と塩基が過不足なく反応して中和するとき，中和に関係する酸と塩基の物質量の間に，次の関係が成立する。

(酸からの H^+ の物質量)＝(塩基からの OH^- の物質量)

ここで，弱酸・弱塩基では，反応が起きる前の H^+ や OH^- の物質量が中和に要する物質量より少なくても，中和反応の進行に伴って H^+ や OH^- を生じさせる働きがあるので，電離度に関係なく，すべての分子が中和反応に参加することができる。

◆ 例題 3.7 (中和の定量的関係式) ◆◆◆◆◆◆◆◆◆◆◆◆◆◆◆◆◆

n 価の酸 N[mol] と m 価の塩基 M[mol] とが過不足なく中和したとすると，n，N，m，M の間に，どのような関係式が成り立つか。

また，このとき，モル濃度 C_A [mol/L] の酸を V_A [L]，モル濃度 C_B [mol/L] の塩基を V_B [L] 消費したとすると，V_A と V_B の間にどのような関係があるか。

◆◆◆◆◆◆◆◆◆◆◆◆◆◆◆◆◆◆◆◆◆◆◆◆◆◆◆◆◆◆◆◆◆◆◆

解　それぞれの1分子あたり，n 価の酸は n 個の H^+ を生じ，m 価の塩基は m 個の OH^- を生じるから，

$$nN = mM$$（答）

ここで，$N = C_A V_A$，$M = C_B V_B$ であることに注意すると，

$$nC_A V_A = mC_B V_B$$（答）◆

過不足なく中和が起きるときの酸と塩基の量的関係を利用すると，酸と塩基のどちらか一方の濃度が分かっていれば，中和に要した両方の水溶液の体積から，他方の水溶液の濃度を求めることができる。過不足なく中和したかどうかの判定は，どちらか一方の水溶液に他方の水溶液を徐々に滴下しつつ，pH メーターや適切な指示薬を用いて行う。このような操作を**中和滴定**という。

中和滴定で，滴下した酸または塩基の体積と混合溶液の pH との関係を示した図を**滴定曲線**という。図 3.1 にその例を示す。滴下した溶液の体積が，ちょうど過不足なく中和する条件を満たす点を**中和点**という。滴定曲線は，中和点で急激な変化を示し，その前後での pH の変化は非常に大きい。この大幅な pH の変化を適当な指示薬による色の変化で検知すれば，わずか1滴加えただけで，中和点を通過したことを知ることができ，1滴分の誤差範囲で中和点の体積を決定することができる。それぞれの指示薬には，色調が効果的に変化する pH の範囲があり，その指示薬の**変色域**という。

酸と塩基の組み合わせによって滴定曲線のようすが変わるので，それぞれの状況に応じて適切な指示薬を選ぶ必要がある。メチルオレンジは pH が 3.1 から 4.4 へ変化するとき赤色から黄色に，フェノールフタレインは pH が 8.2 から 9.8 へ変化するとき無色から赤色に変色する。図 3.1 の 0.1 mol/L 水酸化ナトリウム水溶液で滴定する例では，酸が 0.1 mol/L の塩酸の場合はどちらの指示薬でもよいが，0.1 mol/L の酢酸の場合は，中和点に達する前の pH が 4.4 を越えてしまうため，メチルオレンジは使用できない。

2.6　塩の種類と加水分解

酸と塩基の中和反応で生じる塩は，次の3種類に分類される。

1) 正　　塩　H^+ も OH^- もともに含まない。（例　NaCl, NH_4Cl, CH_3COONa）

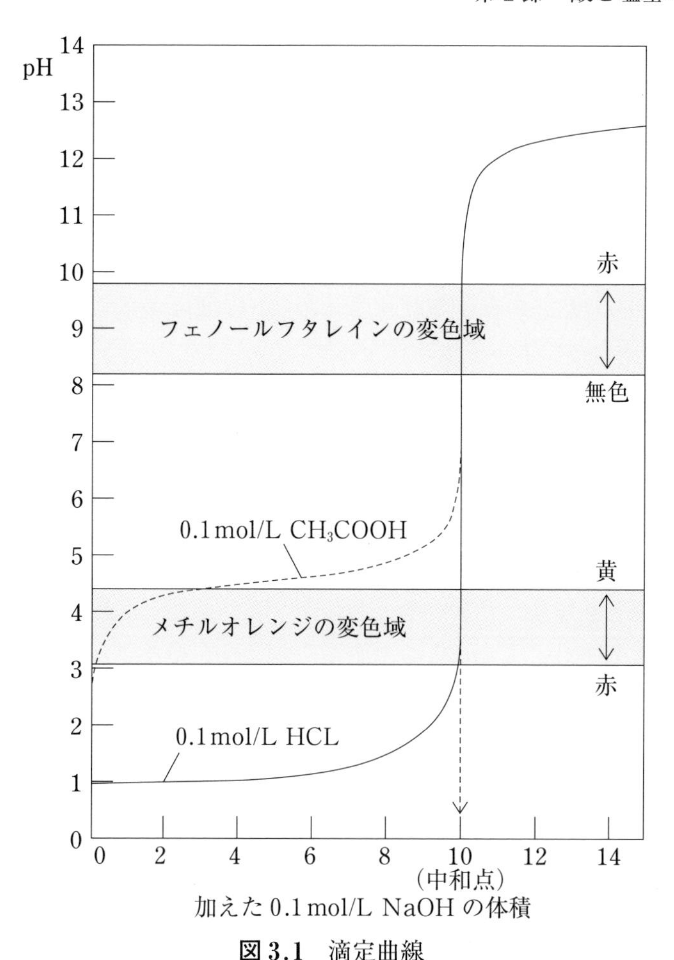

図 3.1　滴定曲線

2）**酸 性 塩**　H^+を生じる余地がある。（例　$NaHSO_4$，$NaHCO_3$，K_2HPO_4）

3）**塩基性塩**　OH^-を生じる余地がある。（例　$MgClOH$, $CaClOH$, $CuNO_3OH$）

強酸と強塩基の正塩の水溶液は中性を示すが，弱酸と強塩基からなる正塩や強酸と弱塩基からなる正塩では，それらの水溶液は中性にはならない。例えば，弱酸である酢酸と強塩基である水酸化ナトリウムの正塩である酢酸ナトリウムを水に溶かすと，弱酸である酢酸の陰イオン CH_3COO^- が H^+ と再結合して酢酸分子に変わるため，相対的に OH^- の濃度が高くなり，水溶液は塩基性を示す。強酸である塩化水素と弱塩基であるアンモニアの正塩である塩化アンモニウムを水に溶かすと，弱塩基であるアンモニアから生じるアンモニウムイオン NH_4^+ が H^+ を失って NH_3 に戻るため，相対的に H^+ の濃度が高くなり，水溶液は酸性を示す。このように，塩が水との反応によってもとの弱酸や弱塩基の分子を生じる現象を，**塩の加水分解**という。

酸性塩の硫酸水素ナトリウム $NaHSO_4$ は，水に溶けると H^+ を生じるので酸性を示す。炭酸水素ナトリウム $NaHCO_3$ も酸性塩であるがこの場合は，炭酸塩に対応する酸である二酸化炭素 CO_2 が弱酸であるため，HCO_3^- から OH^- が生じることによって塩基性を示す。

◆ 例題 3.8 ◆◆◆◆◆◆◆◆◆◆◆◆◆◆◆◆◆◆◆◆◆◆◆◆◆

酸と塩基が過不足なく中和したとき，溶液は中性になるか。中性でない場合は，酸性と塩基性のどちらになるか。以下の酸・塩基の組合せのそれぞれについて答えよ。

(1) 強酸と強塩基　(2) 弱酸と強塩基　(3) 強酸と弱塩基

◆◆◆◆◆◆◆◆◆◆◆◆◆◆◆◆◆◆◆◆◆◆◆◆◆◆◆◆◆◆◆◆

解　(1) 中性　　(2) 塩基性　　(3) 酸性　◆

▶第3節　酸化還元反応◀

3.1　酸化と還元

銅を空気中で熱すると黒色の酸化銅(Ⅱ)CuO になる。

$$2Cu + O_2 \rightarrow 2CuO$$

このように，酸素と化合して酸化物が生じる変化を**酸化**という。

酸化銅(Ⅱ)に水素を触れさせながら加熱すると，もとの銅に変わる。

$$CuO + H_2 \rightarrow Cu + H_2O$$

このように，酸化物が酸素を失う変化を**還元**という。

水素を授受する反応についても，次のように，酸化・還元を定義することができる。火山から噴出する硫化水素 H_2S が空気中の酸素に触れて黄色の硫黄の結晶が析出していることがある。

$$2H_2S + O_2 \rightarrow 2S + 2H_2O$$

この反応では，水素の酸化物として水が生じているので酸化が起こっていると考えてよいが，このとき硫化水素は水素を失っている。そこで，水素を失う変化を**酸化**という。上の酸化銅(Ⅱ)の還元反応では，水素と化合する反応が起きているから，水素と化合する変化を**還元**という。このように水素の授受にも着目することによって，酸化・還元の定義をより広くすることができる。

酸素や水素の授受に伴う反応を詳しく調べてみると，酸素は相手から電子を奪い，水素は相手に電子を与える作用をもつことがわかる。このことから，酸化・還元は，次のように電子の授受に注目してその定義を一般化することができる。

酸化とは，物質が電子を失う変化であり，その物質は**酸化**されたという。

還元とは，物質が電子を得る変化であり，その物質は**還元**されたという。

電子の授受を伴う化学反応では，ある物質が電子を得るとき他の物質が電子を失うので，酸化と還元は同時に進行する。このような反応を**酸化還元反応**という。

3.2　酸化・還元と酸化数

イオンになりやすい物質が関係する反応では，どのように電子が授受されたか，容易にわかるが，共有結合でできている物質などでは，その判定が不明確になりやすい。

そこで，酸化還元反応を調べる一般的な基準として，**酸化数**とよばれる量を用いる。酸化数は，化学式中の個々の原子について，次の規則によって決めることができる。

(1)　原子の酸化数は，単体中では0とし，化合物中では以下の規則に従う。

(2)　分子やイオンでは，その電荷が成分原子の酸化数の総和に等しい。

(3)　酸素の酸化数は -2 とする。ただし過酸化物では -1 とする。

(4)　水素の酸化数は $+1$ とする。ただし金属水素化物では -1 とする。

(5)　電解質では，電離して生じる各イオンにも上の(2)を適用する。

酸化数が増加したとき，その原子は**酸化された**といい，酸化数が減少したとき，その原子は**還元された**という。反応の酸化・還元を酸化数によって判定するときは，まず，どの原子に着目するかを決める。着目した原子の酸化数が増加していれば酸化（酸化反応），減少していれば還元（還元反応）である。

二酸化マンガン MnO_2 の Mn 原子の酸化数は +4 である。このため，MnO_2 は酸化マンガン(Ⅳ)とも表記され，このとき(Ⅳ)のカッコ内のローマ数字のⅣは，酸化数の +4 を意味する。鉄(Ⅱ)イオンは酸化数が +2 の Fe^{2+} を，鉄(Ⅲ)イオンは酸化数が +3 の Fe^{3+} を，それぞれ意味している。また，塩化銅(Ⅱ)に対応する化学式は，銅の酸化数が +2 であるから，$CuCl_2$ である。このように，酸化数は化合物やイオンの名称にも利用されており，そのときの数字には，ローマ数字，Ⅰ，Ⅱ，Ⅲ，Ⅳ，Ⅴ，Ⅵ，Ⅶを用いる。このような酸化数の表記は，付けないと混乱する場合に用いられ，とくに必要がなければ省略される。

例題 3.9

次の化学式の下線を付けた原子の酸化数を求めよ。

(1) $H_3\underline{\mathbf{P}}O_4$　(2) $K_2\underline{\mathbf{Cr}_2}O_7$　(3) $K\underline{\mathbf{Mn}}O_4$　(4) $H\underline{\mathbf{Cl}}O_4$

解　それぞれ求める酸化数を x とおく。

(1) $3\times(+1)+\boldsymbol{x}+4\times(-2)=0$　よって，$\boldsymbol{x}=+5$

(2) 電離すると，$2K^+$ と $Cr_2O_7{}^{2-}$ になるから，
$2\boldsymbol{x}+7\times(-2)=-2$　よって，$\boldsymbol{x}=+6$

(3) 電離すると，K^+ と $MnO_4{}^-$ になるから，
$\boldsymbol{x}+4\times(-2)=-1$　よって，$\boldsymbol{x}=+7$

(4) $1+\boldsymbol{x}+4\times(-2)=0$　よって，$\boldsymbol{x}=+7$

3.3　酸化剤・還元剤とその働き

相手の物質を酸化する働きをもつ物質を**酸化剤**といい，逆に，相手の物質を還元する働きをもつ物質を**還元剤**という。表3.5に，種々の酸化剤と還元剤および水溶液中での働き方の例を示した。酸化剤は相手の物質から電子を奪い，還元剤は相手の物質に電子を与える。酸化剤はそれ自身が還元されやすい物質であり，還元剤はそれ自身が酸化されやすい物質である。同じ物質でも，状況によって酸化剤として働くときと還元剤として働くときがある。通常，酸化剤

表 3.5　酸化剤・還元剤と水溶液中での働き方の例

物質	水溶液中での反応
●酸化剤	
オゾン O_3	$O_3+2H^++2e^- \rightarrow O_2+H_2O$
過酸化水素 H_2O_2	$H_2O_2+2H^++2e^- \rightarrow 2H_2O$
過マンガン酸カリウム $KMnO_4$	$MnO_4^-+8H^++5e^- \rightarrow Mn^{2+}+4H_2O$
二酸化マンガン MnO_2	$MnO_2+4H^++2e^- \rightarrow Mn^{2+}+2H_2O$
ハロゲン Cl_2，Br_2，I_2	$Cl_2+2e^- \rightarrow 2Cl^-$
二クロム酸カリウム $K_2Cr_2O_7$	$Cr_2O_7^{2-}+14H^++6e^- \rightarrow 2Cr^{3+}+7H_2O$
希硝酸 HNO_3	$HNO_3+3H^++3e^- \rightarrow NO^{+}2H_2O$
濃硝酸 HNO_3	$HNO_3+H^++e^- \rightarrow NO_2+H_2O$
熱濃硫酸 H_2SO_4	$H_2SO_4+2H^++2e^- \rightarrow SO_2+2H_2O$
二酸化硫黄 SO_2	$SO_2+4H^++4e^- \rightarrow S+2H_2O$
●還元剤	
金属 Na，Mg，Al など	$Na \rightarrow Na^++e^-$
過酸化水素 H_2O_2	$H_2O_2 \rightarrow O_2+2H^++2e^-$
シュウ酸 $(COOH)_2$	$(COOH)_2 \rightarrow 2CO_2+2H^++2e^-$
硫化水素 H_2S	$H_2S \rightarrow S+2H^++2e^-$
塩化スズ(Ⅱ) $SnCl_2$	$Sn^{2+} \rightarrow Sn^{4+}+2e^-$
二酸化硫黄 SO_2	$SO_2+2H_2O \rightarrow SO_4^{2-}+4H^++2e^-$
ヨウ化カリウム KI	$2I^- \rightarrow I_2+2e^-$
硫酸鉄(Ⅱ) $FeSO_4$	$Fe^{2+} \rightarrow Fe^{3+}+e^-$

として使われる物質でも，それより強い酸化剤に電子を奪われ還元剤として働くことがある。また，還元剤として使われる物質でも，それより強い還元剤から電子を受け取り酸化剤として働くことがある。

ハロゲン単体の酸化剤としての強さは，$I_2<Br_2<Cl_2$ の順に強く，ハロゲン化物イオンの還元剤としての強さは $Cl^-<Br^-<I^-$ の順に強い。このため，ヨウ化カリウム水溶液に臭素水を加えると，臭素がヨウ化物イオンを酸化し，ヨウ素 I_2 が遊離して溶液が褐色になる。

酸化剤や還元剤の働きを調べるときには，電子の動きに注目する。一例として，硫酸酸性条件における過マンガン酸カリウム $KMnO_4$ の働きを調べてみよう。強い酸化剤であるから，それ自身は還元され，Mn^{2+} が生成する（中性や塩基性の水溶液では，Mn の酸化数が 4 の MnO_2 までしか還元されないが，硫酸酸性条件では Mn の酸化数が 2 である Mn^{2+} まで還元される）。そこで，

左辺に過マンガン酸イオン MnO_4^-，右辺に Mn^{2+} を書くと，

$MnO_4^- \rightarrow Mn^{2+}$　（未完成な式）

となるが，このままでは，酸素原子の数が合わず，両辺の電荷も異なっている。そこで，まず，酸素の原子数を合わせるために，右辺に溶媒である水 H_2O を加えると，

$MnO_4^- \rightarrow Mn^{2+} + 4H_2O$　（未完成な式）

次に，水素原子数を合わせるために，酸化・還元で授受される H^+ を左辺に加えると，

$MnO_4^- + 8H^+ \rightarrow Mn^{2+} + 4H_2O$　（未完成な式）

最後に，両辺の電荷が一致するように，酸化・還元で授受される電子 e^- を加えて調節すると，次のように過マンガン酸イオンの働きを表す式が完成する。

$MnO_4^- + 8H^+ + 5e^- \rightarrow Mn^{2+} + 4H_2O$　（式の完成）

なお，この反応で Mn の酸化数は $+7$ から $+2$ へと減少し電子5個分還元されている。この変化（-5）と，得られた式の左辺に含まれる電子数（$5e^-$）が対応している。

この例からも分かるように，酸化剤・還元剤の反応式をつくるときには，次の手順で行うとよい。

(1) 酸化剤または還元剤となる物質を左辺に，その生成物を右辺に書く。
(2) 両辺比較し，酸素の過不足を，水 H_2O を加えて調節する。
(3) 両辺比較し，水素の過不足を，水素イオン H^+ を加えて調節する。
(4) 両辺比較し，電荷の過不足を，電子 e^- を加えて調節する。

ここまでで反応式が完成するが，念のため，酸化数の変化と電子数の対応が正しいか（減少なら左辺に，増加なら右辺に，変化分の電子があるか）確認するとよい。

この手順にしたがって，過酸化水素 H_2O_2 が，還元剤として働くときと，酸化剤として働くとき，どのように電子の授受が起こるか，それぞれ反応式で表してみよう。

まず，還元剤として働く場合について考える。H_2O_2 では，酸素の酸化数は，過酸化物なので例外的に -1 であるが，還元剤として働くと，自身は酸化されて酸化数が -1 から 0 に増加し，単体の酸素（酸化数が 0）が発生する。

$H_2O_2 \ \rightarrow \ O_2\uparrow$　（未完成）

両辺の酸素に過不足はないが，右辺に水素がないので，両辺の水素を調節すると，

$H_2O_2 \ \rightarrow \ 2H^+ \ + \ O_2\uparrow$　（未完成）

両辺の電荷を，電子を加えて調節すると，次のように反応式が完成する。

$H_2O_2 \ \rightarrow \ 2H^+ + O_2\uparrow + 2e^-$　（完成）

各 O 原子の酸化数は −1 から 0 へと，+1 だけ変化し，酸素原子数の 2 を乗じると，+2 となり，電子 2 個分酸化されて，電子 2 個を提供している。これは，得られた式の右辺の $2e^-$ と合っている（確認）。

次に，酸化剤として働く場合を考える。酸化剤として働くと，自身は還元されて水になる。酸素の数が合うように係数を調節すると，

$H_2O_2 \ \rightarrow \ 2H_2O$　（未完成）

水素の数が合わないので，両辺の水素を調節すると，

$H_2O_2 + 2H^+ \ \rightarrow \ 2H_2O$　（未完成）

両辺の電荷を，電子を加えて調節すると，次のように反応式が完成する。

$H_2O_2 + 2H^+ + 2e^- \ \rightarrow \ 2H_2O$　（完成）

2 個の O 原子が酸化数 −1 から −2 へ変化したので合計 −2 であり，電子 2 個分還元されて，電子 2 個を消費しているから，左辺の $2e^-$ と合っている（確認）。

◆ 例題 3.10 ◆◆◆◆◆◆◆◆◆◆◆◆◆◆◆◆◆◆◆◆◆◆◆◆◆◆◆◆◆◆

二酸化硫黄 SO_2 が，還元剤として働くときと，酸化剤として働くとき，どのように電子の授受が起こるか，それぞれ反応式で表せ。

◆◆◆◆◆◆◆◆◆◆◆◆◆◆◆◆◆◆◆◆◆◆◆◆◆◆◆◆◆◆◆◆◆◆◆◆◆

解

（還元剤として働くとき）

酸化され硫酸イオンになる。 $SO_2 \ \rightarrow \ SO_4^{2-}$　（未完成）

両辺の酸素を調節すると， $SO_2 + 2H_2O \ \rightarrow \ SO_4^{2-}$　（未完成）

両辺の水素を調節すると， $SO_2 + 2H_2O \ \rightarrow \ SO_4^{2-} + 4H^+$　（未完成）

両辺の電荷を調節すると， **$SO_2 + 2H_2O \ \rightarrow \ SO_4^{2-} + 4H^+ + 2e^-$**　（完成）

（酸化剤として働くとき）

還元され単体になる。 $SO_2 \rightarrow S\downarrow$ （未完成）
両辺の酸素を調節すると， $SO_2 \rightarrow S\downarrow + 2H_2O$ （未完成）
両辺の水素を調節すると， $SO_2 + 4H^+ \rightarrow S\downarrow + 2H_2O$ （未完成）
両辺の電荷を調節すると， $SO_2 + 4H^+ + 4e^- \rightarrow S\downarrow + 2H_2O$ （完成） ◆

3.4 金属のイオン化傾向

単体の原子が電子を失って酸化されると陽イオンになる。水溶液中で金属が陽イオンになるとき，金属の種類によってなりやすさが異なる。そのなりやすさを**金属のイオン化傾向**という。イオン化傾向の大きいものから小さいものへと金属元素を並べると，次のように表される。

Li>K>Ca>Na>Mg>Al>Zn>Fe>Ni>Sn>Pb>(H)>Cu>Hg>Ag>Pt>Au

これを**金属のイオン化列**という。ここで，水素は金属ではないが，水素イオン H^+ になり，比較上非常に重要なのでカッコをつけて加えてある。イオン化傾向の大きいものはイオンになりやすく，他の物質に電子を与える還元力が強いため，反応しやすい。逆に，イオン化傾向の小さいものは，イオンになりにくく，反応性が低い。

表3.6に示すように，金属の反応性はイオン化傾向と密接に関連している。イオン化傾向が非常に大きいLi，K，Ca，Naなどの金属は，常温でも水と激しく反応して水素を発生する。Mg，Alは常温の水とは反応しないが，沸騰水とは反応して水素を発生する。Zn，Feは，高温の水蒸気と反応して水素

表3.6 金属の反応性

<table>
<tr><th>金属</th><th>Li</th><th>K</th><th>Ca</th><th>Na</th><th>Mg</th><th>Al</th><th>Zn</th><th>Fe</th><th>Ni</th><th>Sn</th><th>Pb</th><th>Cu</th><th>Hg</th><th>Ag</th><th>Pt</th><th>Au</th></tr>
<tr><td>空気中での反応</td><td colspan="4">乾燥空気中ですみやかに酸化</td><td colspan="2">乾燥空気中で徐々に酸化</td><td colspan="6">湿った空気中で徐々に酸化</td><td colspan="4">変化しない</td></tr>
<tr><td>水との反応</td><td colspan="4">常温で反応</td><td colspan="4">高温で水蒸気と反応</td><td colspan="8">変化しない</td></tr>
<tr><td>酸との反応</td><td colspan="11">塩酸や希硫酸と反応して水素を発生</td><td colspan="3">硝酸や熱濃硫酸と反応</td><td colspan="2">王水と反応</td></tr>
<tr><td>自然界での産出状態</td><td colspan="11">化合物としてのみ存在</td><td colspan="3">化合物または単体として存在</td><td colspan="2">単体</td></tr>
</table>

を発生する。イオン化傾向が Ni 以下の他の金属は，水とは反応しない。

水素よりイオン化傾向の大きい金属は，塩酸や希硫酸と反応して水素を発生する。このとき，酸から生じた H^+ が，水素よりイオン化傾向の強い金属をイオン化して電子を受け取り，H^+ は還元されて水素が発生する。水素よりイオン化傾向の小さい Cu，Hg，Ag は，酸（H^+）とは反応しないが，硝酸や熱濃硫酸のように非常に酸化力の強い酸とは反応して溶ける。例えば，銅は熱硫酸と反応し，二酸化硫黄 SO_2 を発生する。

$$Cu + 2H_2SO_4 \rightarrow CuSO_4 + SO_2\uparrow + 2H_2O$$

ここで，銅を酸化してイオン化しているのは，H^+ ではなく，硫酸イオン（酸化数が +6 の硫黄）である。Pt や Au は硝酸では酸化されないが，濃硝酸と濃塩酸を 1：3 の割合で混ぜ合わせて作った**王水**には酸化されて溶ける。

◆ 例題 3.11 ◆◆◆◆◆◆◆◆◆◆◆◆◆◆◆◆◆◆◆◆◆◆◆◆◆◆◆◆◆◆

塩化銅(Ⅱ)$CuCl_2$ の水溶液に，亜鉛板と白金板をそれぞれ浸したとき，どのような変化があるか。

◆◆◆◆◆◆◆◆◆◆◆◆◆◆◆◆◆◆◆◆◆◆◆◆◆◆◆◆◆◆◆◆◆◆◆◆◆◆◆

解　亜鉛 Zn は銅 Cu よりイオン化傾向が大きいが，白金 Pt は銅 Cu よりイオン化傾向が小さい。このため白金板には何の変化も起こらないが，亜鉛板には次のような変化が見られる。

溶液中の Cu^{2+} が亜鉛板から電子 2 個を受け取って還元され Cu 原子となるため，亜鉛板の表面に銅が析出する。このとき，亜鉛 Zn の原子は 2 個の電子を失って Zn^{2+} となり，溶液中に溶け出す。◆

3.5　電池

酸化と還元を利用して電子の流れを一定の方向に継続的につくり，化学変化のエネルギーを電気エネルギーとして取り出す装置を**電池**（**化学電池**）という。電池には，2 つの電極がある。外部に電子を押し出す電極を，電池の**負極**といい，逆に，外部から電子を吸い込む電極を，電池の**正極**という。電気の流れとしての電流は電子の流れと逆向きなので，電流は正極から電池の外へ流れ出し，外の電気回路を通って負極に流れ込む。電池の両電極間の電位差（厳密には無限に小さい電流を流すときの電位差）を，電池の**起電力**という。また，電池から外部に電流を流すことを**放電**という。

負極で酸化反応によって出てきた電子を取り出し，正極で還元反応によって電子を受け取る。これが電池の基本原理である。電池において，電子の授受に直接関係する物質を**活物質**といい，それぞれの電極での活物質を，**正極活物質**，**負極活物質**という。

(1) ボルタの電池

ボルタは，亜鉛のイオン化傾向が銅より大きいことを利用して，最初の電池を発明した（1800年）。希硫酸に亜鉛板と銅板を浸した**ボルタの電池**を，図3.2に示す。

亜鉛板では，イオン化傾向の大きな亜鉛 Zn が Zn^{2+} となって溶け出す反応で出てきた電子が外部に取り出され，負極として機能する。銅板では，外部の回路を通ってきた電子が流れ込み，水素イオン H^{+} を還元して水素 H_2 を発生

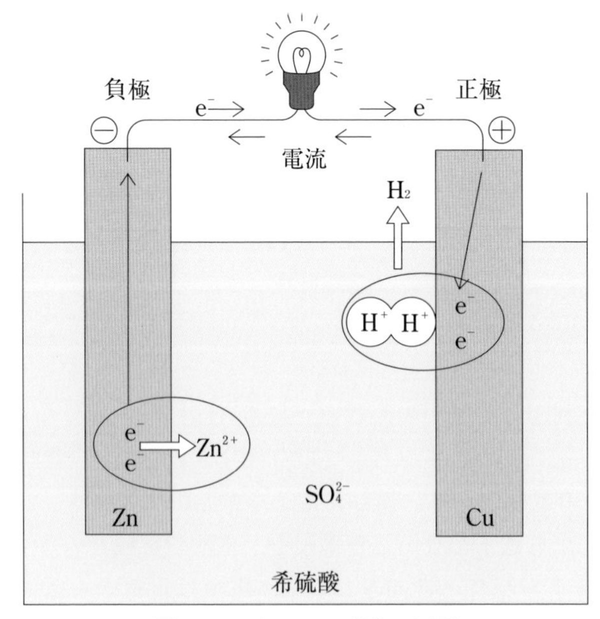

図3.2　ボルタの電池の原理

し，正極として機能する。ボルタの電池の負極活物質は Zn であり，正極活物質は H^+ である。

ボルタの電池の起電力は，約 1.1 V（ボルト）であり，豆電球を点燈できるが，放電を続けると次第に両極間の電位差が低下してくる。このように，電池の起電力が低下する現象を**分極**という。ボルタの電池で分極が起きるのは，正極で発生した水素の細かい泡が，正極の表面を覆って，正極の機能を低下させるからである。正極に付着した水素を過酸化水素や二クロム酸カリウムなどの酸化剤で水素イオンに戻せば，起電力が回復する。この目的に用いられる酸化剤を**減極剤**という。ボルタの電池のしくみは，次のように表される。

(−) Zn | H_2SO_4aq | Cu (+)

一般に，電池の構成は，左端に負極の記号（−）と電極物質，右端に正極の記号（+）と電極物質，中央に電解質を書き，間に縦線の区切りを入れる。

(2) ダニエル電池

ダニエルは，亜鉛と銅を電極に用いることはボルタの電池と同じであるが，分極しにくいように工夫した電池（**ダニエル電池**）を考案した（1836 年）。この電池の起電力は，ボルタの電池と同じ約 1.1 V であるが，低下しにくい。ダニエル電池は，亜鉛板を浸したうすい硫酸亜鉛 $ZnSO_4$ 水溶液と銅板を浸したやや濃い硫酸銅(Ⅱ)$CuSO_4$ 水溶液を，素焼き板で仕切って亜鉛板上に銅が析出しないようになっている。この電池の負極活物質は Zn であり，正極活物質は Cu^{2+} である。ダニエル電池の構成は，素焼き板が中央にあるのでそれを縦線で示し，次のように表す。

(−) Zn | $ZnSO_4$aq | $CuSO_4$aq | Cu (+)

◆ 例題 3.12 ◆◆◆◆◆◆◆◆◆◆◆◆◆◆◆◆◆◆◆◆◆◆◆◆◆◆◆◆◆

ダニエル電池の各電極で起きている変化の反応式をそれぞれ示せ。

◆◆◆◆◆◆◆◆◆◆◆◆◆◆◆◆◆◆◆◆◆◆◆◆◆◆◆◆◆◆◆◆◆◆◆◆

解　負極活物質は Zn，正極活物質は Cu^{2+} であり，それぞれ次のように変化している。

負極：　$Zn \rightarrow Zn^{2+} + 2e^-$ （答）

正極：　Cu^{2+}　＋　$2e^{-}$　→　Cu（答）　◆

(3) 実用電池

現在実用されている電池（実用電池）は，性能や使いやすさに，いろいろな工夫が加えらてできている。通常使われる乾電池のように，いったん放電してしまうともとの状態に戻せない電池を**一次電池**，自動車のバッテリーとして用いられる鉛蓄電池や携帯電話などの電子機器に利用されているリチウムイオン電池のように，放電のときと逆向きに電流を通すこと（**充電**という）でもとの状態に戻すことができる電池を**二次電池**という。表3.7に実用電池の例を示す。

マンガン乾電池は，図3.3に示すように，亜鉛の容器を負極とし，炭素と二酸化マンガンを正極とした電池であり，電解質として塩化亜鉛に塩化アンモニウムを少量加えた水溶液をのり状にし，携帯しやすいように工夫されている。負極から亜鉛が Zn^{2+} となって溶け出し，正極では炭素棒の周りで MnO_2 が還元され水素の発生を防いでいる。

(−) Zn | NH_4Claq, $ZnCl_2$aq | MnO_2, C (+)

アルカリマンガン乾電池では，電解質に酸化亜鉛 ZnO と水酸化カリウム KOH を用い，電解質による亜鉛容器の腐食を抑制して，大きな電流を長時間

表 3.7　実用電池

電池の名称		電池の構成			起電力 (V)
		負極	電解質	正極	
一次電池	マンガン乾電池	Zn	$ZnCl_2$, NH_4Cl	MnO_2, C	1.5
	アルカリマンガン乾電池	Zn	KOH, ZnO	MnO_2	1.5
	オキシライド乾電池	Zn	KOH	MnO_2, NiO(OH)	1.7
	酸化銀電池	Zn	KOH	Ag_2O	1.55
	リチウム電池	Li	$LiClO_4$	MnO_2	3.0
二次電池	鉛蓄電池	Pb	H_2SO_4	PbO_2	2.1
	ニッケルカドミウム電池	Cd	KOH	NiO(OH)	1.3
	ニッケル水素電池	水素吸蔵合金	KOH	NiO(OH)	1.3
	リチウムイオン電池	Li	リチウム塩・有機溶媒	$LiCoO_2$, $LiNiO_2$	4.1
	燃料電池(リン酸型)	H_2	H_3PO_4	O_2	1.23

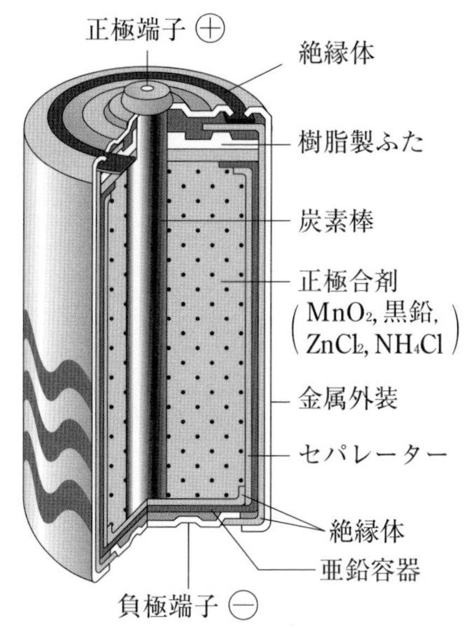

図 3.3　マンガン乾電池の構造

取り出せるように改良が加えられている。アルカリマンガン乾電池とマンガン乾電池は，正極活物質は MnO_2，負極活物質は Zn であり，起電力は約 1.5 V で，どちらも一次電池である。このほか，酸化銀電池やリチウム電池（表 3.7 参照）も小型の一次電池として利用されている。

二次電池として用いられている鉛蓄電池は，希硫酸（密度 1.2～1.3 g/cm^3，濃度 27～39%）に，鉛の負極と二酸化鉛 PbO_2 の正極を浸した電池である（図 3.4）。

(−) Pb | H_2SO_4aq | PbO_2 (+)

放電を続けると，両極ともに水に溶けにくい白色の $PbSO_4$ で次第に覆われ，電解液は硫酸が消費されて密度が低下する。放電とは逆向きに外部電源または発電機をつなぐと，負極に付着した $PbSO_4$ は Pb に，正極に付着した $PbSO_4$ は PbO_2 に戻り，充電される。鉛蓄電池の起電力は約 2.1 V である。

小型軽量で携帯しやすい二次電池として，ニッケルカドミウム電池，ニッケル水素電池，リチウムイオン電池などが実用されている。また，水素などの燃料が燃焼するときに放出されるエネルギーを電気エネルギーとして取り出す電

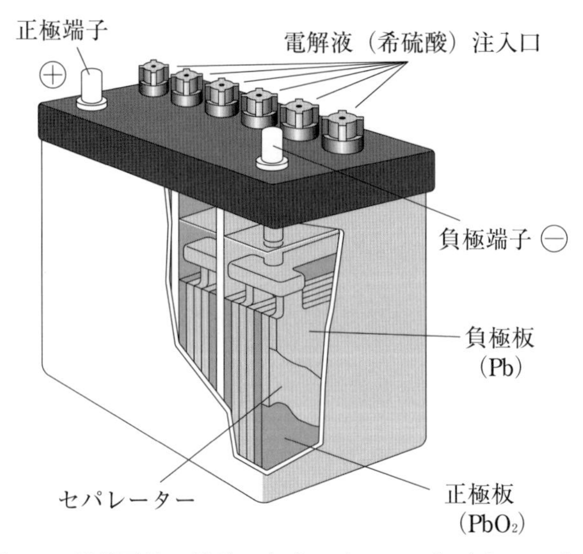

図 3.4　鉛蓄電池の構造　$(-)Pb \mid H_2SO_4(aq) \mid PbO_2(+)$

池が，**燃料電池**として開発され，自動車やバスなどに利用されている。代表的な燃料電池は，多孔質の電極を使い，負極に水素，正極に酸素を導入し，電解質としてリン酸水溶液を用いている（図 3.5）。この燃料電池の起電力は約 1.2 V であり，反応による生成物は水であるため環境への影響が少ない。

3.6　電気分解

電解質溶液に 2 本の電極を入れ，電池のような直流電源につなぐと，電極または溶液の成分が酸化還元反応を起こし電流が流れる。これを**電気分解**（**電解**）という。電気分解では，外部から電子が流れ込む電極を**陰極**，外部へ電子が流れ出す電極を**陽極**という。陰極では電源から与えられた電子が還元反応で消費され，陽極では酸化反応で取り出された電子が電源へと戻される。

電気分解では，電池とは逆に，電気エネルギーが化学変化のエネルギーに変わる。二次電池の充電も，一種の電気分解である。アルミニウムや水酸化ナトリウムの製造にも，電気分解が利用されている。

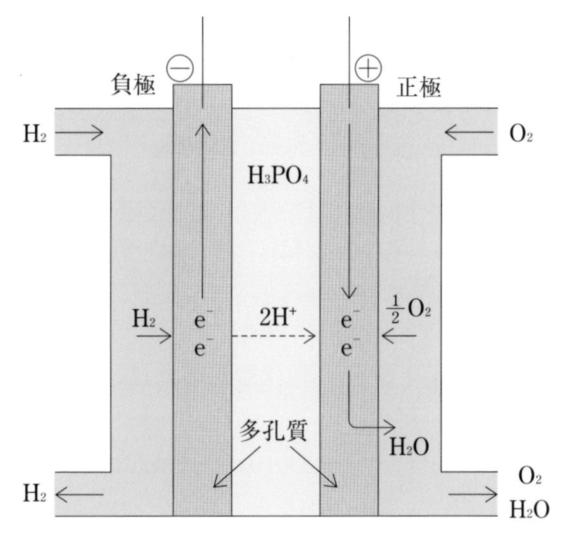

図 3.5　燃料電池の例

(1) 水の電気分解

水を電気分解するときは，白金や黒鉛のように溶けにくい電極を用い，溶液に電気を通しやすくするために，少量の水酸化ナトリウムか硫酸を加える。陰極では水素が発生し，陽極では酸素が発生する。発生する気体の量は，水素は酸素の2倍になる。

◆ 例題 3.13 (水の電気分解) ◆◆◆◆◆◆◆◆◆◆◆◆◆◆◆◆◆◆◆◆◆◆

水を電気分解するとき，各電極で起こる変化と全体の変化を，次の2つ場合について，それぞれ示せ。

(1) 水酸化ナトリウムを加えた場合

(2) 硫酸を加えた場合

◆◆◆◆◆◆◆◆◆◆◆◆◆◆◆◆◆◆◆◆◆◆◆◆◆◆◆◆◆◆◆◆◆◆◆◆◆◆◆

解

(1) 水酸化ナトリウムを加えた場合は，OH^- が多く H^+ は少ないので，

陰極では，Na^+ は還元されにくいため水分子が還元の対象となる。

陰極：　$2H_2O + 2e^- \rightarrow H_2\uparrow + 2OH^-$　(還元)

一方，陽極では，豊富にある OH^- が酸化の対象となる。

陽極：　$4OH^- \rightarrow 2H_2O + O_2\uparrow + 4e^-$　（酸化）

全体では，電子の生成消滅が釣り合うように，陰極での変化を2倍して陽極での変化に加えると，次の反応式になる。

$2H_2O \rightarrow 2H_2\uparrow + O_2\uparrow$

(2) 硫酸を加えた場合は，H^+ が多く OH^- は少ないので，

陰極では，H^+ が還元の対象となる。

陰極：　$2H^+ + 2e^- \rightarrow H_2\uparrow$　（還元）

一方，陽極では，硫酸イオン SO_4^{2-} は酸化されにくいため，水が酸化の対象となる。

陽極：　$2H_2O \rightarrow O_2\uparrow + 4H^+ + 4e^-$　（酸化）

全体の変化は，電子の生成消滅の釣り合いから，次のようになる。

$2H_2O \rightarrow 2H_2\uparrow + O_2\uparrow$

（全体の変化は，加えた物質に関係なく，同じになる）　◆

(2) 水溶液の電気分解

酸化・還元を受けやすいイオンを含む電解質水溶液の電気分解では，水の電気分解とは違った結果になる。塩化銅(Ⅱ)$CuCl_2$ 水溶液の電気分解を電極に黒鉛を用いて行うと，銅はイオン化傾向が水素より小さいため Cu^{2+} が還元されて陰極に銅が析出し，また，塩化物イオン Cl^- が OH^- や水より酸化されやすいため，陽極では塩素 Cl_2 が発生する。

塩化ナトリウム水溶液を電気分解する場合は，Na^+ は水より還元されにくいので陰極では水素が発生するが，塩化物イオンが酸化されやすいため，陽極では塩素が発生する。この電気分解では，陰極付近には OH^- も生じる。図3.6に示すように，陰極と陽極の間を陽イオン交換膜（または素焼きの隔膜）で隔てると，陰極付近から水酸化ナトリウム NaOH を高濃度で取り出すことができる。

この他，ヨウ化物イオン I^- を含む溶液の電気分解では，陽極に電子を与えてヨウ素 I_2 が生じる。硫酸イオン SO_4^{2-} や硝酸イオン NO_3^- は，陰イオンの安定性がとくに高いため，陽極に電子を与えにくい。

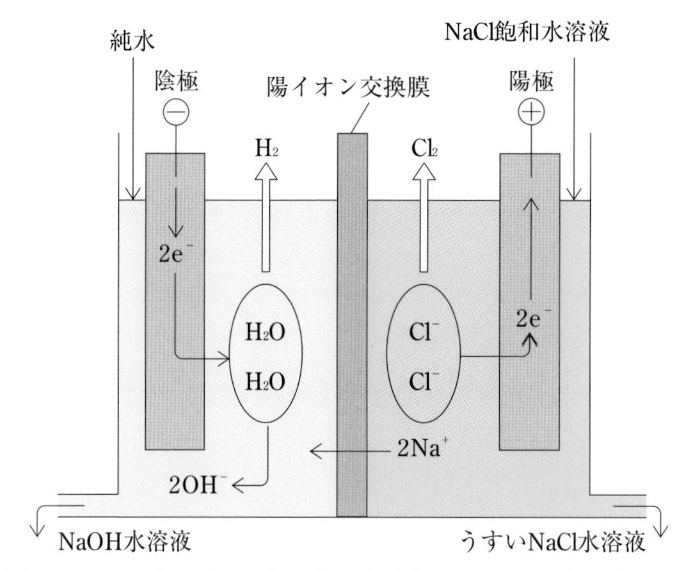

図 3.6　塩化ナトリウム水溶液の電気分解と水酸化ナトリウムの製造（イオン交換膜法）

3.7　ファラデーの法則

ファラデーは，電気分解において，次の関係があることを発見した（1833年）。

(1)　陰極または陽極で変化する物質量は，流れた電気量に比例する。

(2)　同じ電気量で変化する物質量は，イオンの価数に反比例する。

これを，**ファラデーの法則**（**電気分解の法則**）という。

このことは，その後，電子1個やイオン1個がもつ電気量が，それぞれ一定であることと結びつけて理解されるようになった。電子1個の電気量の絶対値は 1.602×10^{-19} C（**C** は電気量の単位で，**クーロン**とよぶ）だから，電子 1 mol 当たりの電気量の絶対値（**ファラデー定数**といい，F で表す）は次の値になる。

$$\boldsymbol{F = (6.022 \times 10^{23}\ 個/mol) \times (1.602 \times 10^{-19}\ C) = 9.65 \times 10^{4}\ C/mol}$$

同じ物質量だけ電気分解するために必要な電気量は，イオンの価数に比例する。多価イオンの場合には，その価数を n とすると，1 mol 変化させるために必要な電気量は，1価イオンの場合の n 倍になる。同じ電気量で電気分解する物質量は，n 価のイオンでは1価イオンの場合の n 分の1になる。

◆ 例題 3.14 ◆◆◆◆◆◆◆◆◆◆◆◆◆◆◆◆◆◆◆◆◆◆◆◆◆◆◆◆◆

硫酸銅(Ⅱ)水溶液に，白金電極を用い 1.00 A の電流を 96 分 30 秒通じて電気分解した。このとき陰極に析出する銅の質量と，陽極で生成する酸素の標準状態での体積を求めよ。

◆◆◆◆◆◆◆◆◆◆◆◆◆◆◆◆◆◆◆◆◆◆◆◆◆◆◆◆◆◆◆◆◆◆◆◆

解　1 A の電流を 1 秒通じると 1 C の電気量が移動するから，この電気分解で流れた電気量は，96.5×60 C である。これは，電子または1価イオンの物質量に換算すると，

$(96.5\times60\ \mathrm{C})/(9.65\times10^{4}\ \mathrm{C/mol})=6.00\times10^{-2}\ \mathrm{mol}$

に相当する。

陰極では，Cu^{2+} が電子 2 個で Cu に還元されるから，

$Cu^{2+}\quad+\quad2e^{-}\quad\rightarrow\quad Cu\downarrow$

Cu の原子量を 63.6 とすると，析出した銅の質量は，

$(6.00\times10^{-2}\ \mathrm{mol})\times(63.6\ \mathrm{g/mol})\div2=$ **1.91 g**（答）

陽極では，電子 4 個当たり 1 分子の酸素 O_2 が発生するから，

$\mathbf{2H_2O\quad\rightarrow\quad O_2\uparrow+4H^{+}+4e^{-}}$

1 mol の気体は標準状態で 22.4 L を占めることを用いると，発生した酸素の体積は，

$(6.00\times10^{-2}\ \mathrm{mol})\times(22.4\ \mathrm{L/mol})\div4=$ **0.336 L**（答）　◆

▶第4節　化学反応の速さと化学平衡◀

■4.1　化学反応の速さ

化学反応には，瞬間的に進むものもあれば，非常にゆっくりとしか進まない反応もある。また，同じ反応でも，温度や圧力などの条件や物質の状態などによって，進む速さが変化する。

化学反応が進む速さは，単位時間当たり，反応物の濃度がどれだけ減少したか，または，生成物の濃度がどれだけ増加したかによって，表すことができる。

これを**反応の速さ**または**反応速度**といい，v で表す。

v＝反応物の濃度減少／反応時間　または　生成物の濃度増加／反応時間

具体例として，四塩化炭素 CCl_4 中で五酸化二窒素 N_2O_5 が 45℃で熱分解する次の反応を考えてみよう。

$$2N_2O_5 \rightarrow 4NO_2 + O_2$$

温度を 45℃に保ち，N_2O_5 の濃度の変化を，時間経過 t に対して測定した結果を，上の式に基づいて求めた反応速度およびその前後の平均濃度とともに，表 3.8 に示す。

この表の結果から，反応速度は，平均濃度にほぼ比例していることがわかる。そこで N_2O_5 の濃度 $[N_2O_5]$ を用い次のように表す。

$$v = k[N_2O_5]$$

k をこの反応の**反応速度定数**または**速度定数**という。

一般に，反応速度定数は，温度に依存し，多くの場合，高温ほど反応速度定数は大きくなる。五酸化二窒素の分解反応の場合は，温度が 10 K 高くなるごとに，反応速度定数は，3～4 倍ずつ大きくなる。

◆ 例題 3.15 ◆◆◆◆◆◆◆◆◆◆◆◆◆◆◆◆◆◆◆◆◆◆◆◆◆

表 3.8 のデータから，五酸化二窒素の分解反応（45℃）の速度定数を求めよ。

◆◆◆◆◆◆◆◆◆◆◆◆◆◆◆◆◆◆◆◆◆◆◆◆◆◆◆◆◆◆◆◆◆◆◆◆◆◆

解　反応速度を平均濃度で割った値は，

6.41×10^{-4}/s　5.98×10^{-4}/s　6.48×10^{-4}/s　6.23×10^{-4}/s　5.93×10^{-4}/s
6.20×10^{-4}/s

これらの値を平均すると，

$k = 6.21\times10^{-4}$/s（答）　◆

4.2　反応のしくみと活性化エネルギー

化学反応は，反応物の粒子がたがいに衝突することによって起こる。このため，単位時間当たりの衝突頻度が増すほど反応は起こりやすくなる。A と B が反応する場合，一方の濃度が 2 倍になれば衝突頻度は 2 倍になり，両方の濃度がともに 2 倍になれば衝突頻度は 4 倍になる。反応速度が，衝突頻度に比例

表 3.8　N_2O_5 の分解（CCl_4 中 45℃）

時間 t[s]	濃度 [mol/L]	平均濃度 [mol/L]	反応速度 v[mol/Ls]
0	2.33		
		2.20	1.41×10^{-3}
184	2.07		
		1.99	1.19×10^{-3}
319	1.91		
		1.79	1.16×10^{-3}
526	1.67		
		1.51	0.94×10^{-3}
867	1.35		
		1.23	0.73×10^{-3}
1198	1.11		
		0.92	0.57×10^{-3}
1877	0.72		

すると考えると，この反応の反応速度 v は，A，B の濃度および反応速度定数 k を用いて次のように表わされる。

$$\boldsymbol{v=k[\mathrm{A}][\mathrm{B}]}$$

この関係式は，単純に A と B が衝突して起きる反応では正しいが，溶液中のように溶媒分子との衝突など，他の粒子との衝突が複雑に関係する反応では，この式の予想とは違った関係式になることが多い。したがって，反応速度と濃度の間の関係式は，実験に基づいて決める必要がある。

温度が高くなると，反応物の粒子の熱運動が活発になるため，衝突頻度が上昇し，一般に反応速度は高くなる。しかし，多くの反応では，温度が高くなると反応速度が急激に大きくなるので，単に衝突の頻度では，反応速度の温度依存性を説明することができない。化学反応の多くでは，反応物の粒子が一定のエネルギーを得ることが必要であり，これを**活性化エネルギー**という（図 3.7）。反応物の粒子が活性化エネルギー以上のエネルギーを得ると，高いエネルギーの状態を経て生成物の状態へと変化する。このような高エネルギーの状態を**活性化状態**（または**遷移状態**）という。活性化エネルギーの大きさは，それぞれの反応で異なる。活性化エネルギーが小さいほど，反応が進みやすく，

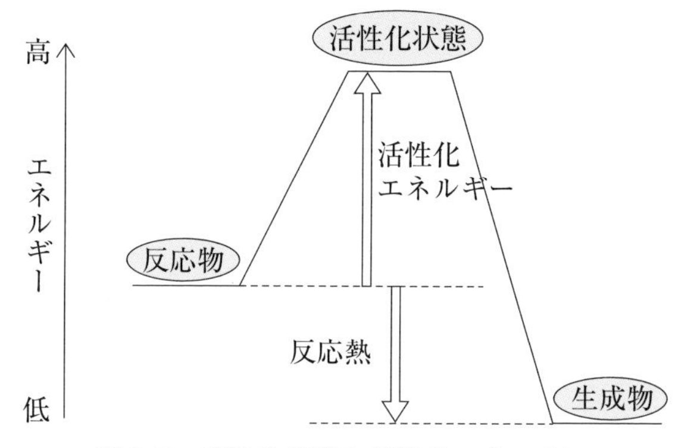

図 3.7　活性化状態と活性化エネルギー

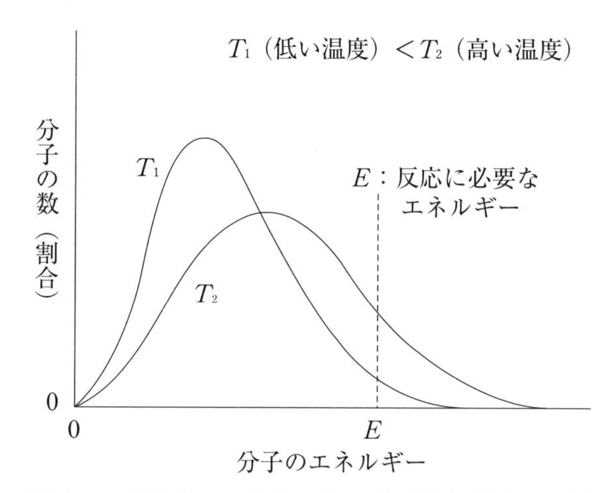

図 3.8　反応することができる分子数と温度の関係

反応速度は大きくなる。

温度が高くなるほど反応速度が大きくなる理由は，活性化エネルギーの存在と反応粒子がもつ熱エネルギーの分布の温度変化とから理解することができる。図 3.8 に示すように，温度が高い方が，反応に必要なエネルギーをもった粒子（分子）の割合が大きくなる。

化学反応に必要な活性化エネルギーは，**触媒**とよばれる物質を少量加えることで，大幅に小さくできることがある。たとえば，アンモニア NH_3 を N_2 と H_2 に分解する反応の活性化エネルギーは，触媒がない場合は 326 kJ/mol であるが，触媒としてFeがあると188 kJ/molに減少し，触媒としてMoがあると約170 kJ/molになる。触媒は，反応速度を増加させるが，反応の前後でそれ自身は化学変化しない。触媒があると，より低い活性化エネルギーの活性化状態を経る反応経路を通ることができるようになり，反応速度が大きくなる(図3.9)。

触媒は，化学工業や身近な生活で利用されている（表3.9)。白金を触媒として，アンモニアを酸素で酸化すると，容易に一酸化窒素を合成できる。さらに一酸化窒素を酸化することで有用な硝酸を空気を原料として用いて製造する

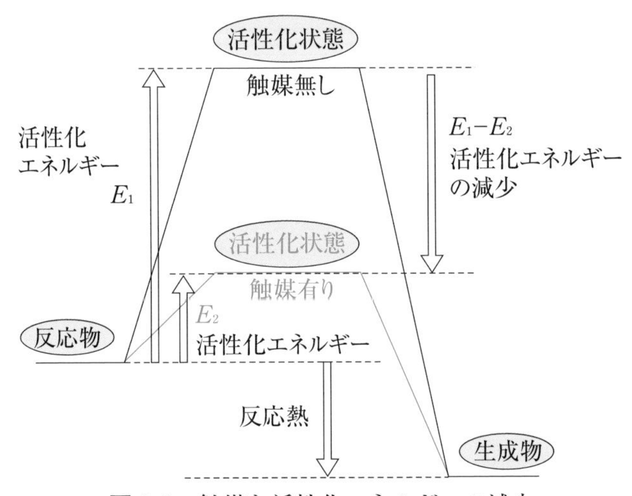

図3.9　触媒と活性化エネルギーの減少

表3.9　触媒の利用例

利用例	反応式	触媒(主成分)
硝酸製造(オストワルト法)	$4NH_3+5O_2 \rightarrow 4NO+6H_2O$	Pt
硫酸製造（接触法)	$2SO_2+O_2 \rightarrow SO_3$	V_2O_5
アンモニア製造 （ハーバー・ボッシュ法)	$N_2+3H_2 \rightarrow 2NH_3$	Fe_3O_4
石油分解(クラッキング)	$CH_3CH_2 \cdots \rightarrow CH_4+C_2H_4+\cdots$	SiO_2，Al_2O_3
塩化ビニル製造	$4C_2H_4+2Cl_2+O_2 \rightarrow 4C_2H_3Cl+2H_2O$	$CuCl_2$
メタノール合成	$CO+2H_2 \rightarrow CH_3OH$	CuO-ZnO
酢酸合成	$CH_3OH+CO \rightarrow CH_3COOH$	$RhCl_3$-KI
クメン合成	$C_6H_6+CH_3CH{=}CH_2 \rightarrow C_6H_5CH(CH_3)_2$	H_3PO_4

ことができる。これは硝酸の工業的製法として用いられている（**オストワルト法**）。**ハーバー・ボッシュ法**では，鉄を触媒として窒素と水素からアンモニアを生成する。自動車の排気ガスに含まれる窒素酸化物や一酸化炭素，未燃焼の炭化水素などの有害物質は，白金を主成分として含む触媒を用いることで，窒素，二酸化炭素，水に変えて無害化している。このほか，生物の体内で起こる反応では，酵素とよばれるたんぱく質でできた触媒の作用が利用されている。

4.3　化学平衡

ヨウ素 I_2 と水素 H_2 を同じ容器に入れておくと，次第にヨウ化水素 HI が生成する。また，ヨウ化水素だけを容器に入れて放置すると，次第に逆向きの分解反応が進み，ヨウ素と水素が生じる。どちらから出発しても，最終的には，ヨウ素，水素，ヨウ化水素が一定の割合で混合した状態になり，それ以上はどちらにも反応が進まないように見える**平衡状態**に達する。これを**化学平衡**という。

$$I_2 + H_2 \rightleftarrows 2HI$$

すなわち，この反応は，どちら向きにも進むことができる反応である。このような反応を**可逆反応**といい，右向きの反応を**正反応**，左向きの反応を**逆反応**という。一方向にしか進まない反応は，**不可逆反応**という。

ヨウ化水素の分解と生成を反応時間に対して調べた結果の例を図 3.10 に示す。温度が一定ならば，ヨウ化水素 1 mol が分解しても，ヨウ素と水素を 0.5 mol ずつ反応させた場合にも，平衡状態での混合気体の組成は同じになる。

可逆反応が平衡状態にあるとき，反応に関係する物質の濃度の間には，一定の関係がある。ヨウ化水素が生成する反応では，その関係は次のようになる。

$$\frac{[HI]^2}{[H_2][I_2]} = K$$

ここで K は，この可逆反応の**平衡定数**とよばれ，温度が決まると一定の値になる。このことを確かめるために，水素，ヨウ素，ヨウ化水素をいろいろな割合で密閉容器に入れて温度 700℃ で放置し，平衡状態になったときのそれぞれの濃度を調べた結果を表 3.10 に示す。上の式で与えられる平衡定数 K の値は，ほぼ一定していることがわかる。

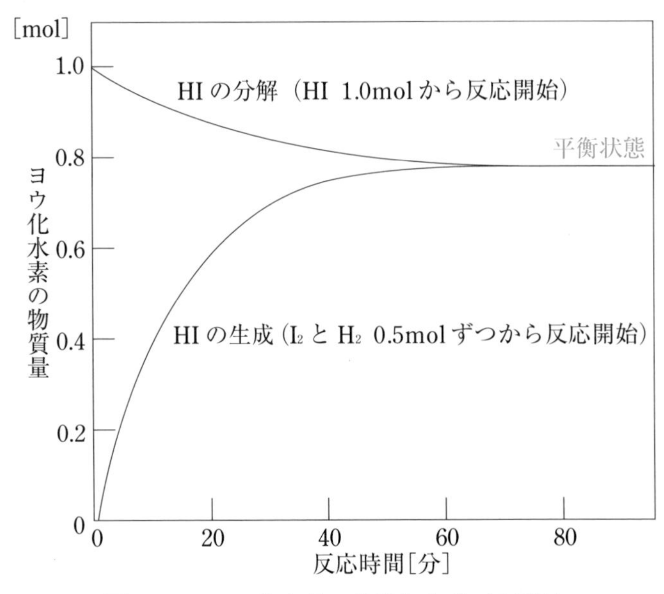

図 3.10　ヨウ化水素の分解と生成（448℃）

表 3.10　平衡状態における水素，ヨウ素およびヨウ化水素の濃度の関係

初めの濃度 [$\times 10^{-3}$ mol/L]			平衡状態の濃度 [$\times 10^{-3}$ mol/L]			$\frac{[HI]^2}{[H_2][I_2]}$
$[H_2]$	$[I_2]$	$[HI]$	$[H_2]$	$[I_2]$	$[HI]$	
10.67	10.76	0	2.24	2.33	16.86	54.5
10.67	11.96	0	1.83	3.12	17.68	54.7
11.35	9.04	0	3.56	1.25	15.58	54.5
8.67	4.84	5.32	4.56	0.73	13.55	55.1
0	0	10.69	1.14	1.14	8.41	54.4
0	0	4.64	0.495	0.495	3.66	54.6

一般に，物質Aの a mol と物質Bの b mol が反応して物質Cの c mol と物質Dの d mol が生成する可逆反応は，次のように表される。

$$a\mathbf{A}+b\mathbf{B} \rightleftarrows c\mathbf{C}+d\mathbf{D}$$

この可逆反応が化学平衡の状態にあるとき，各物質の濃度の間には，次式が成り立つ。

$$\frac{[\mathbf{C}]^c[\mathbf{D}]^d}{[\mathbf{A}]^a[\mathbf{B}]^b}=\boldsymbol{K}$$

この関係を**化学平衡の法則**という。K は平衡定数であり，温度が決まれば一定値になる。

ヨウ化水素が生成する反応のように，反応に関係する物質がすべて気体の場合は，混合気体の各成分の濃度の代わりに，各分圧を用いて平衡定数を表すことができる。温度 T[K]，体積 V[L] の混合気体に気体成分 A が n_{A} [mol] 含まれ，その分圧が P_{A} であるとき，A の濃度 [A] は次式で表される。

$$[\mathrm{A}]=n_{\mathrm{A}}/V=P_{\mathrm{A}}/RT$$

この関係を用いると，ヨウ化水素が生成する反応の平衡定数は，水素，ヨウ素，ヨウ化水素のそれぞれの分圧，$P_{\mathrm{H_2}}$，$P_{\mathrm{I_2}}$，P_{HI} によって，次のように表される。

$$K=\frac{[\mathrm{HI}]^2}{[\mathrm{H_2}][\mathrm{I_2}]}=\frac{(P_{\mathrm{HI}}/RT)^2}{(P_{\mathrm{H_2}}/RT)(P_{\mathrm{I_2}}/RT)}=\frac{{P_{\mathrm{HI}}}^2}{P_{\mathrm{H_2}}P_{\mathrm{I_2}}}$$

◆ 例題 3.16 ◆◆◆◆◆◆◆◆◆◆◆◆◆◆◆◆◆◆◆◆◆◆◆◆◆◆◆◆◆

水素とヨウ素からヨウ化水素が生成する反応について，触媒がないときの活性化エネルギーが A，触媒を用いたときの活性化エネルギーが B，逆反応に同じ触媒を用いたときの活性化エネルギーが C であるとき，次の(1)，(2)を求めよ。

(1) 正反応の反応熱

(2) 逆反応の触媒なしでの活性化エネルギー

◆◆◆◆◆◆◆◆◆◆◆◆◆◆◆◆◆◆◆◆◆◆◆◆◆◆◆◆◆◆◆◆◆◆◆◆

解　(1) 正反応の反応熱：$C-B$（答）

(2) 逆反応の触媒なしの活性化エネルギー：$C+A-B$（答）　◆

◆ 例題 3.17 ◆◆◆◆◆◆◆◆◆◆◆◆◆◆◆◆◆◆◆◆◆◆◆◆◆◆◆◆

一定体積の容器中で，水素，ヨウ素，ヨウ化水素が平衡状態にあるとき，ヨウ化水素が生成する正反応の反応速度 v_1 と，逆反応でヨウ化水素が分解する反応速度 v_2 は，実験の結果，それぞれ次のように表される。

$$v_1 = k_1[H_2][I_2]$$

$$v_2 = k_2[HI]^2$$

この反応の平衡定数 K と反応速度定数 k_1，k_2 との関係を求めよ。

◆◆◆◆◆◆◆◆◆◆◆◆◆◆◆◆◆◆◆◆◆◆◆◆◆◆◆◆◆◆◆◆◆◆◆

解　ヨウ化水素が生成する反応の平衡定数 K は，次式で与えられる。

$$K = \frac{[HI]^2}{[H_2][I_2]}$$

平衡状態では，正反応の反応速度 v_1 と逆反応の反応速度 v_2 が等しいので，

$$k_1[H_2][I_2] = k_2[HI]^2$$

よって，

$$\boldsymbol{K = \frac{[HI]^2}{[H_2][I_2]} = \frac{k_1}{k_2}}$$ （答）　◆

■4.4　化学平衡の移動

化学平衡が成り立っているときに，外部から反応物や生成物を加えてそれらの濃度を変化させると，いったんは化学平衡の状態からはずれるが，正反応または逆反応のどちらかが進んで，やがて初めとは異なる新しい平衡状態になる。これを**平衡の移動**または**平衡移動**という。平衡の移動は，温度や圧力を変化させたときにも起こる。

化学平衡は，濃度，圧力，温度などを変化させると，その影響をやわらげる向きに移動する。

これを，**ルシャトリエの原理**または**平衡移動の法則**という。

一般に，平衡定数は温度により変化し，吸熱反応のときは，温度を上げると平衡定数が大きくなり，反応は正反応の向きに進み，逆に，発熱反応のときは，温度を上げると平衡定数は小さくなり，逆反応の向きに反応が進む。触媒は，可逆反応の正逆のどちらの方向にも反応を速くし，速やかに平衡状態に到達さ

せるが，平衡を移動させない。

◆ 例題 3.18 ◆◆◆◆◆◆◆◆◆◆◆◆◆◆◆◆◆◆◆◆◆◆◆◆◆◆◆

窒素と水素から触媒を用いてアンモニアを合成する反応は，気体分子どうしの平衡反応であり，次の反応式にしたがう。

$$\mathbf{N_2 + 3H_2 \rightleftarrows 2NH_3 \qquad \Delta H = -92\ kJ}$$

平衡状態におけるアンモニアの生成率を上げるには，次の(1)，(2)の条件をどのように変化させるとよいか。

(1) 温度　　　(2) 圧力

◆◆◆◆◆◆◆◆◆◆◆◆◆◆◆◆◆◆◆◆◆◆◆◆◆◆◆◆◆◆◆◆◆◆◆◆◆

解　ルシャトリエの原理より，変化を和らげる方向に平衡が移動する。

(1) 右向きに $\Delta H < 0$ の発熱反応であるので温度が上がろうとするから，低温にする。

(2) 反応物4分子が生成物2分子に変わり，分子数が減少して圧力が下がろうとするから，高圧にする。 ◆

4.5　電離平衡と電離定数

強酸や強塩基では電離度が1であるから，pHの計算は容易であるが，弱酸や弱塩基の場合には，水溶液中でわずかにしか電離しないため，電離平衡を考慮してpHを計算する必要がある。

1価の弱酸をHAで表すと，電離平衡は次式で示される。

$$\mathrm{HA} \rightleftarrows \mathrm{H^+ + A^-}$$

この平衡の平衡定数を**酸解離定数**または**酸の電離定数**とよび，$\boldsymbol{K}_\mathrm{a}$ で表す。

$$\frac{[\mathrm{H^+}][\mathrm{A^-}]}{[\mathrm{HA}]} = \boldsymbol{K}_\mathrm{a}$$

まったく電離しないとしたときの酸の濃度を C[mol/L]，電離平衡が成り立っているときの電離度を α とすると，

$$[\mathrm{H^+}] = [\mathrm{A^-}] = \alpha C,\ [\mathrm{HA}] = (1-\alpha)C$$

であるから，酸解離定数 K_a は次のように表される。

$$K_a=\frac{(\alpha C)^2}{(1-\alpha)C}$$

電離度が極めて小さいときは，分母の α は1と比べて無視できるため，弱酸の電離平衡について，次式が得られる。

$$K_a \fallingdotseq \alpha^2 C$$

この関係式を用いると，弱酸の水素イオン濃度とpHは次のようになる。

$$[H^+]=\alpha C=K_a{}^{1/2}C^{1/2}$$

$$pH=(1/2)pK_a-(1/2)\log C$$

ここで，pK_a は**酸解離指数**といい，次式で与えられる。

$$pK_a=-\log K_a$$

◆ 例題 3.19 ◆◆◆◆◆◆◆◆◆◆◆◆◆◆◆◆◆◆◆◆◆◆◆◆◆◆◆◆

1.0 mol/L の酢酸水溶液の電離度 α と pH を，酸解離定数 $K_a=1.8\times10^{-5}$ [mol/L] を用いて求めよ。

◆◆◆◆◆◆◆◆◆◆◆◆◆◆◆◆◆◆◆◆◆◆◆◆◆◆◆◆◆◆◆◆◆◆◆

解　電離度が小さいとして近似式を用いると，

$\alpha=(K_a/C)^{1/2}=0.0042$（答）　　$pH=-\log\alpha C=2.4$（答）　◆

1価の弱塩基Bの水溶液の電離平衡は，次式で示される。

$$B+H_2O \rightleftarrows BH^++OH^-$$

この平衡については，次式が成り立つ。

$$K=\frac{[BH^+][OH^-]}{[B][H_2O]}$$

ここで，水の濃度 $[H_2O]$ は一定とみなすことができるので，次式で表される K_b も定数となり，これを**塩基解離定数**または**塩基の電離定数**という。

$$K_b=\frac{[BH^+][OH^-]}{[B]}$$

また，次式で与えられる pK_b を，**塩基解離指数**という。

$$pK_b=-\log K_b$$

第4章

単体と無機化合物

▶第1節　周期表と元素の分類◀

1.1　電子配置と周期表の構成

元素を原子番号と性質の類似性に着目して分類し，表の形にまとめたものが周期表であることは，既に第1章第1節1.6項で述べた。本章では，いろいろな単体や無機化合物を見ていくが，その前にそれらの系統的理解のよりどころとなる周期表について，もう少し詳しく解説しておこう。

周期表は，元素を原子番号の順に並べたものである。原子番号は中性の原子がもつ電子数と一致し，周期表における元素の序列は，原子のもつ電子数が増加する順序と一致している。電子は，第1章で学んだように，原子内の電子殻に配置されており，さらに細かく見ると，電子殻に属する軌道に収容されている。

電子殻には，原子核に近くエネルギーの低いものから順に序列がある。この序列には**主量子数** $n=1, 2, 3, \cdots$ が対応し，電子殻はその値によって分類されて，$n=1, 2, 3, 4, 5, 6, 7$ の順に，K殻，L殻，M殻，N殻，O殻，P殻，Q殻などとよばれる。

各電子殻には軌道が属しているが，その軌道は形状によって，s，p，d，f に分類される。**s軌道**は1個だけであるが，**p軌道**は3個，**d軌道**は5個，**f軌道**は7個ある。主量子数 n の電子殻に属する軌道の個数は n^2 である。一般に n^2 が $n^2=1+3+5+7+\cdots$ と書けることからわかるように，主量子数 n の電子殻には（s，p，d，f）のうち，左から n 番目までの軌道が属する。それらの軌道は，主量子数 n を先頭に添えて，ns，np，nd などと表す。電子殻に属する個々の軌道には，電子を2個まで収容することができる。したがって，主量子数 n の電子殻は最大 $2\times n^2$ 個の電子を収容することができる。例

表 4.1　電子殻と軌道

主量子数 n	電子殻	電子殻に属する軌道(軌道の数)	最大収容電子数
1	K	1s(1)	2
2	L	2s(1), 2p(3)	8
3	M	3s(1), 3p(3), 3d(5)	18
4	N	4s(1), 4p(3), 4d(5), 4f(7)	32

えば，$n=1$ の K 殻には 1s 軌道しか存在せず，最大 2 個まで電子を収容できる。$n=4$ の N 殻には，4s 軌道，4p 軌道，4d 軌道，4f 軌道の計 16 個の軌道が属し，最大 32 個まで電子を収容できる。以上の主量子数，電子殻，軌道，最大収容電子数の関係は表 4.1 にまとめられている。

原子内の電子が電子殻や軌道にどのように配置されるかを，原子の**電子配置**という。原子の電子配置は，原子がもつエネルギーによって異なる。原子が最も低いエネルギーをもつ状態を，原子の**基底状態**という。基底状態は，それ以上エネルギーを失うことがないので，安定した状態である。これに対して，光を吸収した原子のように，基底状態と比べて，より高いエネルギーをもつ原子の状態は，**励起状態**とよばれ，光を放出したり他の粒子にエネルギーを渡したりすることができるので，不安定である。

原子の基底状態は，エネルギーが最低の状態であるから，エネルギーの低い軌道から順に電子が配置されていると考えられる。実際にいろいろな原子を調べてみると，ほぼその通りになっており，電子が配置されて行く軌道の順序は，図 4.1 のようになっている。したがって，周期表において原子番号が進むにつれて，図 4.1 の矢印の順に電子が軌道に収容されて行く。

電子を次々に配置して行くとき，主量子数 n が 1 つ大きくなるところ（図 4.1 中の太い矢印の部分）では，最後の電子はエネルギーの高い軌道に入る。ここで，最後の電子が入る前の電子配置をもつ元素は**貴ガス元素**（原子番号 $Z=2$, 10, 18, 36, …），最後の電子が入った後の電子配置をもつ元素は**アルカリ金属元素**（原子番号 $Z=3$, 11, 19, 37, …）である。貴ガス元素は，電子が安定な軌道に入っているため，化学的にとくに安定である。一方，アルカリ金属元素は，最後に入った電子が，エネルギーの高い（不安定な）軌道に収

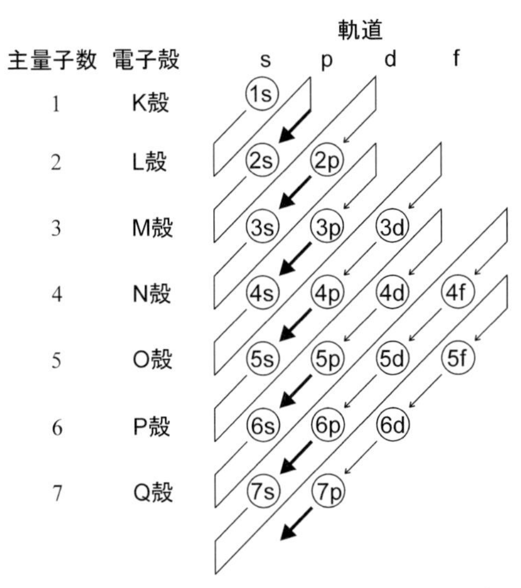

図4.1　軌道に電子が配置されていく順序

容されるため，電子を失って1価の陽イオンになりやすい。このことは，アルカリ金属元素の原子のイオン化エネルギーが特別に小さいことと関係している。

図4.1の順序で電子配置が構成されると，原子の基底状態の電子配置では，最外殻電子（**価電子**）の電子配置が類似したものが，同じ族の元素（**同族元素**）として，周期表に繰り返し現れる。

◆ 例題4.1 ◆◆◆◆◆◆◆◆◆◆◆◆◆◆◆◆◆◆◆◆◆◆◆◆◆◆◆◆◆◆◆

基底状態において，主量子数 n が4以下で np 軌道まで完全に電子が満たされている原子の電子配置を，各種類の軌道に何個ずつ電子が収容されているかを右肩に記し，次のような記号で表せ。

$$(1\mathrm{s})^a(2\mathrm{s})^b(2\mathrm{p})^c(3\mathrm{s})^d(3\mathrm{p})^e(3\mathrm{d})^f(4\mathrm{s})^g(4\mathrm{p})^h\cdots$$

また，それぞれの原子番号と元素記号を示せ。

◆◆◆◆◆◆◆◆◆◆◆◆◆◆◆◆◆◆◆◆◆◆◆◆◆◆◆◆◆◆◆◆◆◆◆

解

各種類の軌道が電子で満たされると，$(n\mathrm{s})^2$，$(n\mathrm{p})^6$，$(n\mathrm{d})^{10}$ となる。また，

全電子数が原子番号 Z に等しい。

（2p まで満たされた電子配置）$(1s)^2(2s)^2(2p)^6$

原子番号：$Z=2+2+6=10$，元素記号：Ne

（3p まで満たされた電子配置）$(1s)^2(2s)^2(2p)^6(3s)^2(3p)^6$

原子番号：$Z=2+2+6+2+6=18$，元素記号：Ar

（4p まで満たされた電子配置）$(1s)^2(2s)^2(2p)^6(3s)^2(3p)^6(3d)^{10}(4s)^2(4p)^6$

原子番号：$Z=2+2+6+2+6+10+2+6=36$，元素記号：Kr ◆

1.2　元素の分類

元素の化学的性質は，原子の電子配置において一番外側に配置される電子に大きく左右される。周期表（表見返し参照）における元素の分類について，既に第1章第1節 1.6 項で述べられているが，電子配置において最後に収容される電子が s，p，d，f 軌道のどれに収容されるかという観点からまとめ直すと表 4.2 のようになる。

s-ブロック元素と **p-ブロック元素**では，原子番号順に最外殻電子が1個ずつ増え，それに従い元素の性質も規則的に変化する。これら s-ブロック元素と p-ブロック元素を**典型元素**と呼ぶ。典型元素には，非金属元素と金属元素の両方がある。

一方，**d-ブロック元素**と **f-ブロック元素**では，ns 軌道に電子をもちながら，

表 4.2　ブロックによる元素の分類

ブロック	最後の電子が収容される軌道	周期表中での族
s-ブロック元素*	s 軌道	1 族と 2 族
p-ブロック元素	p 軌道	13 族から 18 族*まで
d-ブロック元素	d 軌道	f-ブロック元素を除いた 3 族から 12 族まで
f-ブロック元素	f 軌道	第 6 および第 7 周期の 3 族**

*　He は 18 族元素であるが s-ブロック元素として扱われる。

**周期表の欄外に別枠で示される元素群。トリウム Th は f 軌道に電子をもっていないが，性質の類似性から f-ブロック元素に分類する。同様に，ランタン La，アクチニウム Ac も f-ブロック元素に分類することが多い。この場合，f-ブロック元素はランタノイドとアクチノイドをあわせたものとなる。

$(n-1)$d 軌道や $(n-2)$f 軌道に電子が収められていく。ns 軌道は，$(n-1)$d 軌道や $(n-2)$f 軌道よりも，外側の電子殻に属するので，他の原子と化学結合を作る場合には ns 軌道の電子が価電子として働く。また，酸化を受ける際にも，先に ns 軌道から電子が失われるので低い酸化状態では，族にかかわらず似かよった酸化数を示す。このようなことから，d-ブロック元素，f-ブロック元素は典型元素に比べ族の個性が弱く，周期表の横方向で隣り合う元素間に類似性が見られる。d-ブロック元素では，さらに酸化が進み $(n-1)$d 軌道から電子が失われ，同一の元素でいくつもの酸化状態をとることが多い。

3 族から 12 族の元素，すなわち d-ブロック元素と f-ブロック元素を**遷移元素**と呼ぶ。遷移元素はすべて金属元素であり，**遷移金属元素**という呼び方もされる。遷移元素の単体金属は典型元素の金属に比べ，融点が高く，硬度や密度も大きい（各元素の単体の密度，融点，および沸点を，p.204，205 に示す）。

◆ 例題 4.2 ◆◆◆◆◆◆◆◆◆◆◆◆◆◆◆◆◆◆◆◆◆◆◆◆◆◆

次の元素は s-ブロック元素，p-ブロック元素，d-ブロック元素のどれに属するか。

$_{8}$O，$_{12}$Mg，$_{15}$P，$_{18}$Ar，$_{26}$Fe，$_{31}$Ga

◆◆◆◆◆◆◆◆◆◆◆◆◆◆◆◆◆◆◆◆◆◆◆◆◆◆◆◆◆◆◆◆◆◆◆

解　それぞれの元素がどの族に属しているかということと，表 4.2 に基づいて，判断できる。

O は 16 族，Mg は 2 族，P は 15 族，Ar は 18 族，Fe は 8 族，Ga は 13 族の元素であるので，O は p-ブロック元素，Mg は s-ブロック元素，P は p-ブロック元素，Ar は p-ブロック元素，Fe は d-ブロック元素，Ga は p-ブロック元素である。

（図 4.1 にしたがい電子を 1 つずつ軌道に配置していくと，次ページの表のようになる。このとき，最後の電子がどの軌道に入るかを見て判断してもよい。）

周期	1	2		3		4			
軌道	1s	2s	2p	3s	3p	4s	3d	4p	
$_{8}$O	2	2	4						p-ブロック元素
$_{12}$Mg	2	2	6	2					s-ブロック元素
$_{15}$P	2	2	6	2	3				p-ブロック元素
$_{18}$Ar	2	2	6	2	6				p-ブロック元素
$_{26}$Fe	2	2	6	2	6	2	6		d-ブロック元素
$_{31}$Ga	2	2	6	2	6	2	10	1	p-ブロック元素

◆

▶第2節　典型元素◀

■2.1　1族：水素(H)とアルカリ金属元素(Li, Na, K, Rb, Cs, Fr)

表4.3　水素とアルカリ金属元素の電子配置

$_{1}$H	$_{3}$Li	$_{11}$Na	$_{19}$K	$_{37}$Rb	$_{55}$Cs	$_{87}$Fr
$(1s)^1$	[He]$(2s)^1$	[Ne]$(3s)^1$	[Ar]$(4s)^1$	[Kr]$(5s)^1$	[Xe]$(6s)^1$	[Rn]$(7s)^1$

［He］などの表記は、元素記号で示した貴ガス原子の電子配置と同じ電子配置が、その右側に示した外殻の電子配置の内側にあることを意味する。貴ガス原子の電子配置は表4.12を参照のこと。

H（水素）

常温常圧下の単体はH_2分子で無色，無臭の気体である。H_2ガスは空気中の酸素と爆発的に反応する可能性があるので，取り扱いには注意を要する。とくに水素H_2と酸素O_2の体積比2:1の混合気体は，**爆鳴気**と呼ばれ，点火（または引火）すると多量の熱と爆音を出し水H_2Oになる。

H原子は陽子1個および電子1個からなる。Hは，電気陰性度2.1（ポーリングの値）で，非金属元素に分類される。Hがつくる結合の化学的性質は，相手の元素に左右される。一般に，Hは陰性の非金属元素と共有結合により分子を作る。その時のHの酸化数は+1である。この共有結合は相手元素の陰性の度合いに応じて極性をもち，水中で電離すると，**水素イオンH^+**を生じる。

$HCl \rightarrow H^+ + Cl^-$　　完全に電離する（強酸）

$H_2O \rightarrow H^+ + OH^-$　　ごくわずか電離する。$K_w = [H^+][OH^-] = 10^{-14}$

H_2S　→　$H^+ + HS^-$　　電離するが完全な電離には至らない

（弱酸 $pK_a = 7.02$）

Hと陽性の強いアルカリ金属やアルカリ土類金属元素からできる化合物では，Hは酸化数 −1 をとり，Heと同じ電子配置をもつ**水素化物イオン H^-** となる。そして，金属陽イオンとイオン結合で化合物をつくる。

TiやPdなどの遷移金属や合金が H_2 ガスを吸蔵してできる化合物は**金属状水素化物**あるいは**侵入型水素化物**と呼ばれる。これらは固体で元の金属に似た性質をもつ。これらには，H_2 ガスの吸蔵や脱離が可逆的にできるものがあり，水素の貯蔵に応用する研究が進められている。

その他に，H特有の結合として水素結合がある（第1章第2節2.3項(3)参照）。

◆ 例題 4.3 ◆◆◆◆◆◆◆◆◆◆◆◆◆◆◆◆◆◆◆◆◆◆◆◆◆◆◆

HとLi，C，Fの各元素からできる化合物とその化学結合について述べよ。

◆◆◆◆◆◆◆◆◆◆◆◆◆◆◆◆◆◆◆◆◆◆◆◆◆◆◆◆◆◆◆◆◆

解

水素化リチウム LiH：陽性の強いアルカリ金属元素Li（電気陰性度1.0）との水素化物であり，Li^+ イオンと H^- イオンとがイオン結合を形成している。

メタン CH_4：Hより陰性の元素C（電気陰性度2.5）との最も単純な水素化物であり，共有結合からなる。

フッ化水素 HF：陰性の強いハロゲン元素F（電気陰性度4.0）との水素化物であり，共有結合からなる（H–F共有結合には極性があり水中である程度 H^+ と F^- に電離し弱酸性を示す）。◆

アルカリ金属元素　Li（リチウム），Na（ナトリウム），K（カリウム），Rb（ルビジウム），Cs（セシウム），Fr（フランシウム）

貴ガスの電子配置の外側のs軌道に1個の価電子をもち，電気陰性度は小さい。原子番号が大きいほど陽性が強く，還元力が増し反応性も高い。また，原子半径は各周期内で一番大きい。単体は金属であるが，金属結合に関与する電子が少ないため，その金属結合は弱く，単体金属の密度は小さく，軟らかい

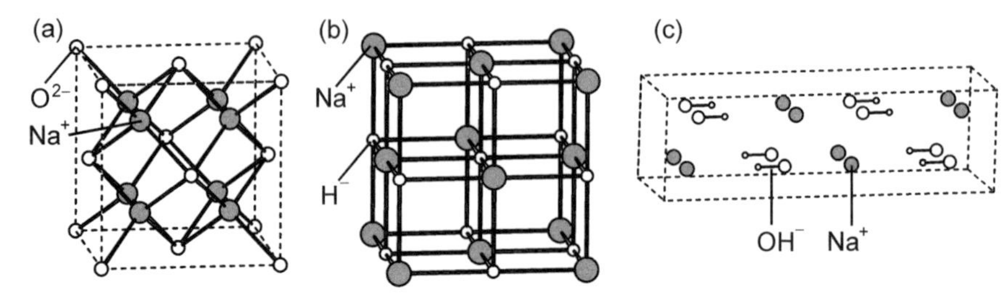

図 4.2　(a)Na_2O の結晶構造。(b)NaH の結晶構造（岩塩型構造）。
(c)水酸化ナトリウム NaOH の結晶構造（299.6 K 以下で見られる構造）。

(p.204，205 の表参照)。すべてのアルカリ金属元素の単体金属の結晶構造は体心立方格子（第1章第2節 2.4 項(4)参照）である。単体金属は水や空気に触れると反応するので，石油の中に入れて保存する。

アルカリ金属元素は，1価の陽イオン（無色）となり，陰性の強い元素とイオン結合をつくりやすい。酸化物 M_2O は，M^+（M＝Li，Na，K，Rb，Cs）と**酸化物イオン O^{2-}** とのイオン結合でできている化合物であり（図 4.2(a)），塩基性酸化物（第4章第2節 2.6 項参照）に分類される。

アルカリ金属元素は H よりも電気陰性度が小さいため，H とは M^+ と水素化物イオン H^- とのイオン結合でできた水素化物 MH をつくる。MH は金属 M と H_2 を高温下で直接反応させて得られる。MH の結晶構造は**岩塩型構造**（図 4.2(b)）と呼ばれ，H^- を Cl^- に置き換えると NaCl（岩塩）の結晶構造になる。MgO，CaO，AgCl をはじめ岩塩型構造をとる化合物は多い。MH は水 H_2O と激しく反応して H_2 と水酸化物 MOH を生じる。

水酸化物 MOH は，M^+ と**水酸化物イオン OH^-** とのイオン結合でできた化合物(図 4.2(c))であり，その水溶液は強い塩基性を示す。MOH は，固体でも水溶液でも，二酸化炭素 CO_2 を吸収して炭酸塩 M_2CO_3 を生じる。NaOH，KOH の固体は**潮解性**（空気中の水分を吸収し，次第に溶解していく現象）を示す。

アルカリ金属元素の炎色反応は，Li が紅色，Na が黄色，K が紫色，Rb が深赤色，Cs が青紫色を示す。Na，K は地殻にも含まれている。地殻の成分元素としての存在度は，高いものから O，Si，Al，H の順になっており，Na は5番目，K は9番目に位置している（表 4.4 参照）。

表 4.4　地殻における元素の存在度（原子数の百分率）

順位	1	2	3	4	5	6	7	8
元素	O	Si	Al	H	Na	Ca	Fe	Mg
存在度	60%	20%	6.3%	2.9%	2.6%	1.9%	1.9%	1.8%
順位	9	10	11	12	13	14	15	16
元素	K	Ti	P	F	Mn	C	S	Sr
存在度	1.4%	0.19%	0.070%	0.068%	0.036%	0.035%	0.017%	0.0089%

例題 4.4

アルカリ金属元素の単体金属と水との反応について述べよ。その反応性は，原子番号の変化とともに，どのように変わるか。

解　いずれの単体金属も水と反応し，水酸化物と水素を生成する。

$$2M + 2H_2O \rightarrow 2MOH + H_2\uparrow \qquad (M = Li,\ Na,\ K,\ Rb,\ Cs)$$

アルカリ金属元素は，原子番号の増大とともに陽性が増し還元力が強くなるため，反応性も激しくなる。Li では穏やかに，Na では激しく，K 以降では爆発的に反応する。

2.2　2族：アルカリ土類金属元素（Be，Mg，Ca，Sr，Ba，Ra）

表 4.5　2族元素の電子配置

$_{4}Be$	$_{12}Mg$	$_{20}Ca$	$_{38}Sr$	$_{56}Ba$	$_{88}Ra$
$[He](2s)^2$	$[Ne](3s)^2$	$[Ar](4s)^2$	$[Kr](5s)^2$	$[Xe](6s)^2$	$[Rn](7s)^2$

いずれも貴ガスの電子配置の外側の s 軌道に2個の価電子をもつ。Be，Mg と Ca，Sr，Ba，Ra の2つの元素群の間で化学的性質に若干の違いがある。とくに後者の4つの元素は互いの性格が非常に類似している。

2族元素の単体は銀白色の金属であり，アルカリ金属より硬く，密度も大きいが金属元素全般から見ると軟らかい金属である（p.204，205 の表参照）。単体金属の結晶構造は Be と Mg が六方最密構造，Ca と Sr が面心立方格子，Ba と Ra が体心立方格子をとる（第1章第2節 2.4 項(4)参照）。元素としての性質は，アルカリ金属元素についで陽性が強く，原子番号が大きいものほど陽性が強くなる。酸化数は +2 をとり 2 価の陽イオン（無色）になりやすい。

Be（ベリリウム），Mg（マグネシウム）

単体金属の表面は空気中で酸化され被膜ができるため，水とは反応しにくく，とくに Be は熱水でも反応しない。硫酸塩 MSO_4（M＝Be，Mg）は水に溶けるが，水酸化物 $M(OH)_2$ や炭酸塩 MCO_3 は水にほとんど溶けない。Be と Mg は炎色反応を示さない。金属 Be は電磁波の吸収能力が小さく，X 線管球の窓として利用される。Be は単体，化合物とも吸引した場合の毒性が高い。Mg は合金としての利用価値が高く，飛行機や自動車など広く利用されている。

Ca（カルシウム），Sr（ストロンチウム），Ba（バリウム）

水，酸素，ハロゲンと反応するが，反応性はアルカリ金属元素ほど激しくない。水酸化物は水に溶け強い塩基性を示すが，その溶解度は原子番号の順に増大する。炭酸塩と硫酸塩は水に溶けにくい。炭酸カルシウム $CaCO_3$ は，石灰石，大理石などの形で天然に広く存在する。石灰石はセメントの成分として使用されており，硫酸バリウム $BaSO_4$ は X 線診断の造影剤として用いられている。炎色反応は Ca が橙赤色，Sr が深赤色，Ba が淡緑色を示す。

例題 4.5

以下の操作で起こる化学反応を書け

1. 金属カルシウムと水とを接触させる
2. 石灰水（水酸化カルシウムの水溶液）に二酸化炭素を吹き込む
3. 上の水溶液にさらに二酸化炭素を吹き込む
4. 炭酸カルシウムの固体を加熱する
5. 炭酸カルシウムと塩酸とを接触させる
6. 酸化カルシウム（生石灰）と水とを接触させる。

解

1. $Ca+2H_2O \rightarrow Ca(OH)_2+H_2\uparrow$　水酸化カルシウム（消石灰）と水素が生成する。
2. $Ca(OH)_2+CO_2 \rightarrow CaCO_3+H_2O$　炭酸カルシウムの白色沈殿が析出する。この反応は，二酸化炭素の検出に用いられる。
3. $CaCO_3+H_2O+CO_2 \rightarrow Ca(HCO_3)_2$　炭酸カルシウムの白色沈殿は炭酸水素カルシウムとなって溶け無色の溶液になる。
4. $CaCO_3 \xrightarrow{\text{加熱}} CaO+CO_2$　酸化カルシウム（生石灰）と二酸化炭素が生じる。
5. $CaCO_3+2HCl \rightarrow CaCl_2+H_2O+CO_2$　塩化カルシウムと二酸化炭素を生じる。塩化カルシウムは，水によく溶け，潮解性を示し，乾燥剤によく用いられる。
6. $CaO+H_2O \rightarrow Ca(OH)_2$　発熱を伴う激しい反応を起こし水酸化カルシウムができる。◆

2.3　13族元素：B，Al，Ga，In，Tl

表4.6　13族元素の電子配置

$_{5}B$	$_{13}Al$	$_{31}Ga$
$[He](2s)^2(2p)^1$	$[Ne](3s)^2(3p)^1$	$[Ar](3d)^{10}(4s)^2(4p)^1$

$_{49}In$	$_{81}Tl$
$[Kr](4d)^{10}(5s)^2(5p)^1$	$[Xe](4f)^{14}(5d)^{10}(6s)^2(6p)^1$

いずれも貴ガスの電子配置の外側のｓ軌道に2個，ｐ軌道に1個の計3個の価電子をもつ。

B（ホウ素）

Bは電気陰性度が2.0で非金属元素に分類される。単体は黒色金属光沢をもった固体で，室温で金属と絶縁体の中間の電気の通しやすさをしめす**半導体**である。単体には3種類の構造があり，いずれも20面体構造のB_{12}を含むが，20面体どうしが互いに連結した非常に複雑な構造となっている（図4.3(a)）。

Bは3価の陽イオンになるのに必要なイオン化エネルギーが高いため，イオ

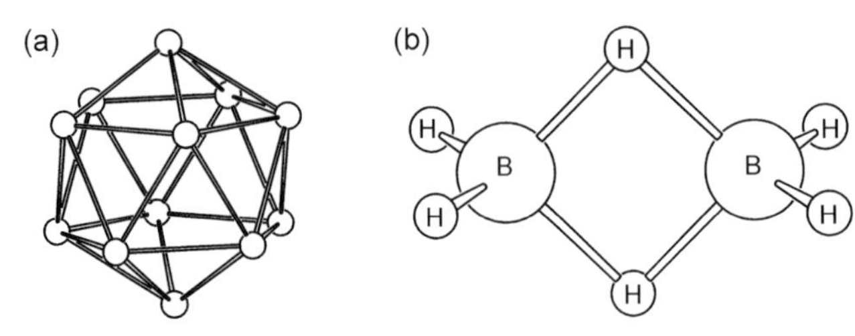

図 4.3　(a) ホウ素の単体（β 三方晶ホウ素）結晶中に見られる B_{12} の 20 面体構造。
(b) ジボラン B_2H_6 の構造（2 個の B 原子を結ぶ B-H-B の部分が 3 中心 2 電子結合）。

ン結合よりも共有結合をつくりやすく，3 個の価電子がそれぞれ他の原子の価電子と共有電子対を形成し BX_3 で表わされる化合物をつくる。ただし，最も単純な水素化物は BH_3 ではなく**ジボラン B_2H_6** である。ジボラン分子の全ての共有結合に電子を 2 個ずつ割り当てようとすると，分子全体で電子が足りなくなるため，ジボランは**電子不足化合物**と呼ばれる。ジボラン分子の中央にある B-H-B 結合は，2 個の電子が 3 つの原子核を結んでいるため，**3 中心 2 電子結合**と呼ばれる。ジボラン分子は，3 中心 2 電子結合を 2 つもっている（図 4.3 (b)）。

◆ 例題 4.6 ◆◆◆◆◆◆◆◆◆◆◆◆◆◆◆◆◆◆◆◆◆◆◆◆◆◆◆◆

オルトホウ酸 $B(OH)_3$（一般に**ホウ酸**と言われているもの。H_3BO_3 とも書く。図 4.4）を水に溶かすと弱酸性（$pK_a = 9.24$）を示すが，オルトホウ酸自らは H^+ を放出しない。オルトホウ酸の酸としての機能はどのように説明されるか。

◆◆◆◆◆◆◆◆◆◆◆◆◆◆◆◆◆◆◆◆◆◆◆◆◆◆

解　$B(OH)_3$ 分子は B 原子の周囲に共有電子対を 3 つもつ。ここにもう 1 つ電子対が加わると，B 原子の周囲の電子配置は，Ne と同じ貴ガスの電子配置になる。このため，$B(OH)_3$ は電子対を受け入れることのできるルイスの酸（第 3 章第 2 節 2.2 項参照）で

図 4.4　オルトホウ酸の構造式

ある。$B(OH)_3$ は水中で OH^- に対しルイスの酸として働き $B(OH)_3+H_2O \rightarrow B(OH)_4^-+H^+$ の反応を起こす。その結果水溶液は酸性を示す。◆

Al（アルミニウム）

Al は O，Si についで 3 番目に地殻に多く存在する元素である（表 4.4 参照）。雲母，長石，ボーキサイト，氷晶石の成分として天然に存在する。鉱石資源として有用なのは，ボーキサイト（$Al_2O_3 \cdot nH_2O$），氷晶石（Na_3AlF_6）である。

単体は白銀色の軟らかい金属で，結晶構造は面心立方格子をとり，電気抵抗は Ag，Cu についで小さい。金属 Al は，氷晶石を融解した中に酸化アルミニウムを溶かしそれを電気分解して得られ，構造材として重要である。金属 Al は希塩酸や水酸化ナトリウムに水素を発生して溶ける。このように酸にもアルカリにも反応し水素を発生する金属を**両性金属**という。空気に触れると，金属 Al の表面に強固な酸化皮膜ができ，それが内部を保護するので水とは反応しにくくなる。この状態を**不動態**という（Be，Mg の単体表面の酸化皮膜（p.120）も不導態である）。アルマイトはアルミニウムの表面を電解酸化して不動態化させたものである。

Al の一般的な酸化数は +3 で，イオン結合とともに共有結合もよく形成する。Al の酸化物の中で代表的なものは **α-アルミナ Al_2O_3**（無色）であり，天然にはコランダム（鋼玉）として産出する。α-アルミナの構造は，コランダム構造とよばれ，Cr_2O_3，Fe_2O_3 をはじめ +3 価の遷移元素の酸化物にもよく見られる（図 4.5）。コランダム中の Al^{3+} の一部が Cr^{3+} に置き換わったものがルビー（赤色）である。

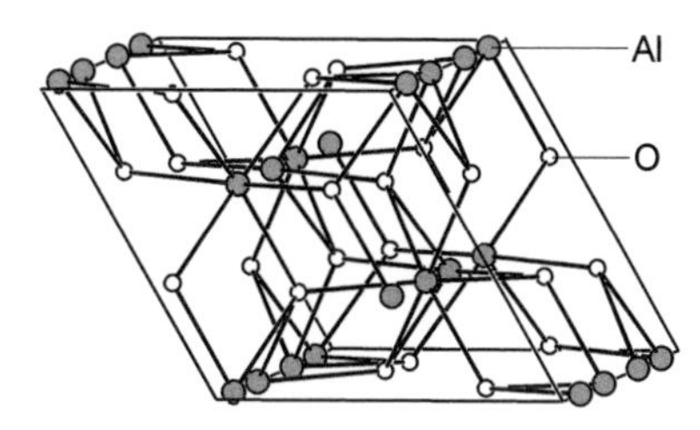

図 4.5　α-アルミナ Al_2O_3 の結晶構造

◆ 例題 4.7 ◆◆◆◆◆◆◆◆◆◆◆◆◆◆◆◆◆◆◆◆

金属 Al と希塩酸および水酸化ナトリウム水溶液との化学反応式を書け。

◆◆◆◆◆◆◆◆◆◆◆◆◆◆◆◆◆◆◆◆◆◆◆◆◆◆◆◆

解　金属 Al は両性金属で酸にもアルカリにも反応する。

$2Al+6HCl \rightarrow 2AlCl_3+3H_2\uparrow$。希硫酸とも同様の反応 $2Al+3H_2SO_4 \rightarrow Al_2(SO_4)_3+3H_2\uparrow$ をする。

$2Al+2NaOH+6H_2O \rightarrow 2Na[Al(OH)_4]+3H_2\uparrow$。この反応は $2Al+2NaOH \rightarrow 2NaAlO_2+H_2\uparrow$ と書かれることもある。

両性金属には Al の他に Zn，Sn，Pb，Sb などがある。

$Zn+2HCl \rightarrow ZnCl_2+H_2\uparrow$，$Zn+H_2SO_4 \rightarrow ZnSO_4+H_2\uparrow$

$Zn+2NaOH+2H_2O \rightarrow Na_2[Zn(OH)_4]+H_2\uparrow$ ($Zn+2NaOH \rightarrow Na_2ZnO_2+H_2\uparrow$) ◆

2.4　14族元素：C，Si，Ge，Sn，Pb

表4.7　14族元素の電子配置

$_{6}C$	$_{14}Si$	$_{32}Ge$
$[He](2s)^2(2p)^2$	$[Ne](3s)^2(3p)^2$	$[Ar](3d)^{10}(4s)^2(4p)^2$

$_{50}Sn$	$_{82}Pb$
$[Kr](4d)^{10}(5s)^2(5p)^2$	$[Xe](4f)^{14}(5d)^{10}(6s)^2(6p)^2$

いずれも s 軌道に2個，p 軌道に2個の計4個の価電子をもつ。C，Si は非金属元素であるが，Ge は非金属と金属の中間的な性質を示す。Ge の単体は灰白色のダイヤモンド構造をとる半導体である。Ge よりもさらに陽性が強い Sn，Pb は金属に分類される。Ge，Sn，Pb においてよく見られる酸化数は +2 と +4 である。Sn^{2+} の水溶液は穏やかな還元剤である（表3.5参照）。

C（炭素）

C は4価の陽イオンにはなりにくく，共有結合をつくりやすい。C-C 共有結合の結合エネルギーが高いため，C 原子どうしの共有結合による鎖状の構造をよく形成する。この鎖状の構造の形成は単結合だけでなく多重結合でも起こる。C のこのような性質は，きわめて多様な有機化合物の世界が生まれる原因となっている（第5章，第6章を参照）。単体として，黒鉛（石墨，グラファイト），ダイヤモンド，無定形炭素の他に，フラーレン，カーボンナノチューブやグラフェンなど，近年になって発見されたものもある（図1.9参照）。

主要な酸化物は**一酸化炭素 CO** と**二酸化炭素（炭酸ガス）CO_2** で，両者とも常温常圧で気体である。CO は有機物の不完全燃焼の際に発生する。CO は，有毒で，水にはあまり溶けない。CO は還元力をもち，製鉄用の溶鉱炉内ではコークスから発生する CO が還元剤として働いている。

$$Fe_2O_3 + 3CO \rightarrow 2Fe + 3CO_2$$

CO_2 は水にわずかに溶ける。溶けた水，すなわち CO_2 水溶液（炭酸水）は弱い酸性を示す。

$$CO_2 + H_2O \rightleftarrows H_2CO_3$$

$$H_2CO_3 \rightleftarrows H^+ + HCO_3^- \qquad pK_a = 6.35$$

$$HCO_3^- \rightleftarrows H^+ + CO_3^{2-} \qquad pK_a = 10.33$$

炭酸 H_2CO_3 では，C を中心にして O が 3 つ結合し，そのうちの 2 つの O に H が結合している。O に結合した H が H^+ として電離して，酸の性質が現れる。このように，中心の原子に O が結合し，さらにその O に結合している H が電離する酸を**オキソ酸（酸素酸）**という。炭酸 H_2CO_3 のほか，硫酸 H_2SO_4，硝酸 HNO_3，リン酸 H_3PO_4 も，オキソ酸である。一方，塩酸 HCl のように O を含まない酸を**水素酸**という。

Si（ケイ素）

Si は O についで 2 番目に地殻中の存在度が高い元素である（表 4.4 参照）。非金属元素に分類され，C と同様に酸化数 +4 をとり共有結合をつくる。単体は，灰色の金属光沢をもったダイヤモンドと同形構造の結晶で半導体である。しかし，Si-O 共有結合が極めて強いため，天然では単体として産出することはなく，**二酸化ケイ素 SiO_2** や**ケイ酸塩**の鉱物として広く多量に存在し，地殻の主成分をなしている。いずれの化合物においても，1 つの Si^{4+} が正四面体形に 4 つの O^{2-} に囲まれた構造（SiO_4^{4-}，図 4.6(a)）が基本となっている。ここで O^{2-} は結合を 2 本もつことができるので 2 つの Si^{4+} 間をつなぐことができる。このため，SiO_2 やケイ酸塩では，多様な立体構造が形成される。

SiO_2 は図 4.6(b) に示すように，すべての O^{2-} が 2 つの Si^{4+} 間を連結した構造をもつ。SiO_2 は，温度により安定な構造が異なっており，870℃以下では石英（水晶），870℃から 1470℃の間ではトリジマイト，1470℃から 1710℃（融

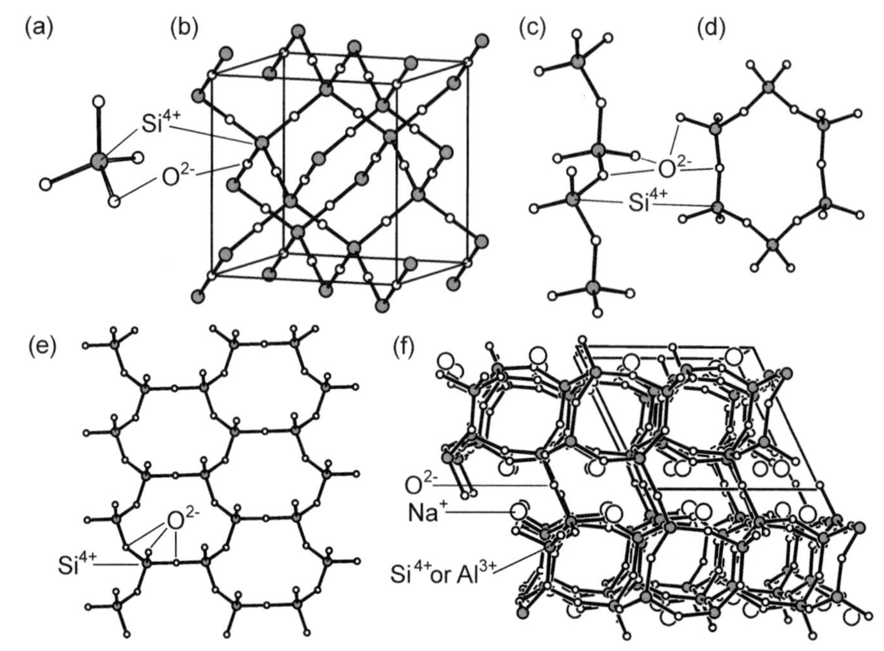

図 4.6　Si^{4+} と O^{2-} がつくる構造。(a) ざくろ石 $Mg_3Al_2(SiO_4)_3$ 中の孤立した $SiO_4{}^{4-}$　(b) SiO_2 クリストバライト（高温型）の結晶構造　(c) 透輝石 $CaMg(SiO_3)_2$ 中に見られる鎖状の $(SiO_3)_n{}^{2n-}$　(d) 緑柱石 $Al_2Be_3Si_6O_{18}$ 中に見られる環状の $(SiO_3)_n{}^{2n-}$　(e) パイロフィライト $Al_2(Si_4O_{10})(OH)_2$ 中に見られる面状の $(Si_2O_5)_n{}^{2n-}$　(f) 曹長石 $NaAlSi_3O_8$ の結晶構造（Al^{3+} がところどころ4つの Si^{4+} のうちの1つと置き換わっている）

点）の間ではクリストバライトが安定な構造である。

ケイ酸塩でも $SiO_4{}^{4-}$ の四面体が構造の基本となっている。しかし Si^{4+} と O^{2-} がつくる構造には，ざくろ石 $Mg_3Al_2(SiO_4)_3$ 中に見られるように，$SiO_4{}^{4-}$ がそのまま孤立した形で含まれているもの（図 4.6(a)），連結して鎖状の構造になったもの（図 4.6(c)），連結して環状の構造になったもの（図 4.6(d)），連結して面状の構造になったもの（図 4.6(e)）があり多様である。これらの Si^{4+} と O^{2-} がつくる構造では，2つの Si^{4+} 間を連結しない O^{2-} が存在し，そのため O^{2-} の数が多くなり，構造体は負電荷を帯び陰イオンとなっている。ケイ酸塩では，この負電荷を相殺するために Al^{3+}，Fe^{2+}，Ca^{2+}，

Mg^{2+}, Na^{+}, K^{+} などの金属イオン（表 4.4 参照）が，Si^{4+} と O^{2-} がつくる構造のすきまに，成分として入っている。

ケイ酸塩のうち，Si^{4+} と O^{2-} がつくる構造に含まれる Si^{4+} の一部が，Al^{3+} に置き換わったものを**アルミノケイ酸塩**という。地殻に一番多い鉱物はアルミノケイ酸塩の一種の長石である。長石の仲間には曹長石（$NaAlSi_3O_8$, 図 4.6(f)），灰長石（$CaAl_2Si_2O_8$），カリ長石（$KAlSi_3O_8$）などがあり，これらは混ざり合って存在することが多い。

2.5　15 族元素：N, P, As, Sb, Bi

表 4.8　15 族元素の電子配置

${}_{7}N$	${}_{15}P$	${}_{33}As$
$[He](2s)^2(2p)^3$	$[Ne](3s)^2(3p)^3$	$[Ar](3d)^{10}(4s)^2(4p)^3$

${}_{51}Sb$	${}_{83}Bi$
$[Kr](4d)^{10}(5s)^2(5p)^3$	$[Xe](4f)^{14}(5d)^{10}(6s)^2(6p)^3$

いずれも s 軌道に 2 個，p 軌道に 3 個の計 5 個の価電子をもつ。

N（窒素）

N は F, O についで大きな電気陰性度をもつ元素である。N の酸化数は −3 から +5 までであるが，そのような価数のイオンになるには大きなエネルギーが必要である。そのため，N は共有結合をつくることが多い。天然には，大気の主成分として N_2 分子の形で存在する。N_2 分子は強固な三重結合をもち化学的に極めて不活性である。

N の代表的な水素化物である**アンモニア** $\mathbf{NH_3}$（図 4.7(a)）は常温で刺激性

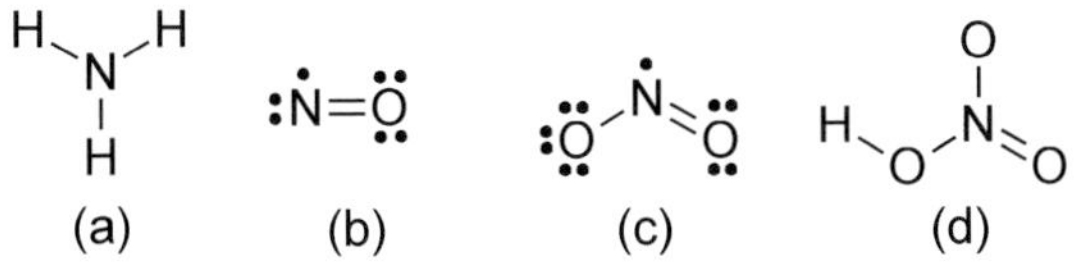

(a)　(b)　(c)　(d)

図 4.7　(a)アンモニア NH_3　(b)一酸化窒素 NO
(c)二酸化窒素 NO_2　(d)硝酸 HNO_3

の無色の気体である。高温高圧下で鉄を主成分とした触媒（第3章第4節4.2項参照）を用い，空気の分留から得たN_2と石油のクラッキングから得たH_2を反応させて製造する（**ハーバー・ボッシュ法**）。NH_3は窒素肥料，硝酸，尿素製品などの原料として使用される。

Nの酸化物は多く知られている。**一酸化窒素NO**（図4.7(b)）は，無色の気体で，酸性雨の原因物質の1つであり，また生体内で生理活性を示す。O_2と反応して**二酸化窒素NO_2**（図4.7(c)）となる。NO_2は褐色の気体で，2つのNO_2が結合したN_2O_4（無色）と平衡をなしている。NOとNO_2は不対電子をもつラジカルである（第1章第2節2.2項(1)参照）。

Nの代表的なオキソ酸として**硝酸HNO_3**（図4.7(d)）がある。硝酸は無色の液体で，NH_3を白金触媒存在下で空気中の酸素で酸化してNOとし，さらに空気中で酸化してNO_2にした後，これを水と反応させて製造する（**オストワルト法**）。HNO_3は，肥料，火薬，医薬品，染料等の製造に用いられる。市販されている硝酸は約68%の硝酸水溶液で強い酸化力をもつ強酸である。

◆ 例題4.8 ◆◆◆◆◆◆◆◆◆◆◆◆◆◆◆◆◆◆◆◆◆◆◆◆◆◆◆◆◆◆

オストワルト法でアンモニアから硝酸を製造する過程の化学反応式を書け。また，この過程で現れる窒素化合物中の窒素の酸化数を求めよ。

◆◆◆

解　白金触媒を使ってNH_3を空気酸化する過程は，$4NH_3+5O_2 \rightarrow 4NO+6H_2O$。触媒は実際には反応に関与し反応速度を高めるが，反応の前後のみを見た場合反応式にはあらわれない。NOを空気中の酸素で酸化する過程は，$2NO+O_2 \rightarrow 2NO_2$。$NO_2$と水との反応は，$3NO_2+H_2O \rightarrow 2HNO_3+NO$。なお，ここでできたNOは前段階の酸化反応に戻される。

Nの酸化数は，Oの酸化数を-2，Hの酸化数を$+1$として算出する（第3章第3節3.2項参照）。以下すべてNの酸化数をxとする。

NH_3：$x+3\times(+1)=0$より$x=-3$。

NO：$x+(-2)=0$より$x=+2$。

NO_2：$x+2\times(-2)=0$より$x=+4$。

HNO_3：$(+1)+x+3\times(-2)=0$より$x=+5$。 ◆

P（リン）

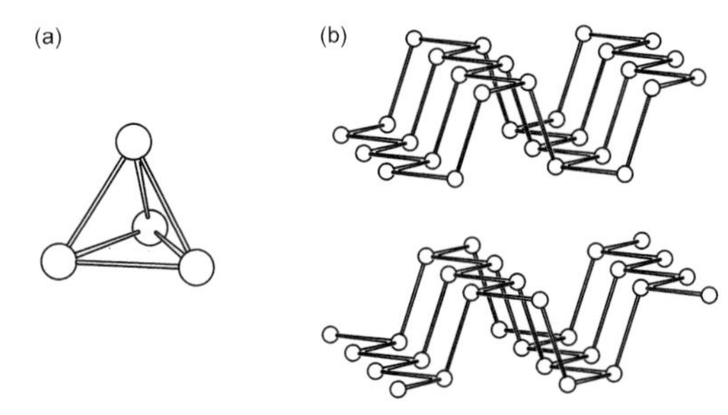

図 4.8　(a)黄リン中に見られる正四面体構造の P_4 分子　(b)黒リンの結晶構造

Pによく見られる酸化数は -3，$+3$，$+5$ である。PはNと同様に共有結合をつくりやすい。天然にはリン灰石（アパタイトとも呼ばれる。基本的な化学組成は $Ca_5F(PO_4)_3$ であるが Ca^{2+}，F^- の部分は他のイオンと置き換わることが多い）などリン酸塩の形で産出する。ヒドロキシアパタイト（F^- の部分が OH^- のもの）は歯や骨の主要構成物質でもある。

リンの主な同素体には**黄リン（白リン）**，**黒リン**，**赤リン**などがある。黄リン（図 4.8(a)）は，白ロウ状の固体で猛毒である。暗所で発光する。空気中で自然発火し，水につけて保存する。黒リン（図 4.8(b)）は，金属光沢をもつ灰色の固体で半導体である。同素体の中では最も安定なものである。赤リンは赤褐色の固体であるが黒リンのような規則正しい結晶構造をもたない。

Pの代表的な酸化物として**六酸化四リン P_4O_6**（図 4.9(a)）と**十酸化四リン P_4O_{10}**（図 4.9(b)）がある。P_4O_6 は三酸化リンとも呼ばれる。無色の揮発性液体（融点 23.8℃，沸点 175℃）で，黄リンを酸素不足の状態で燃焼させると

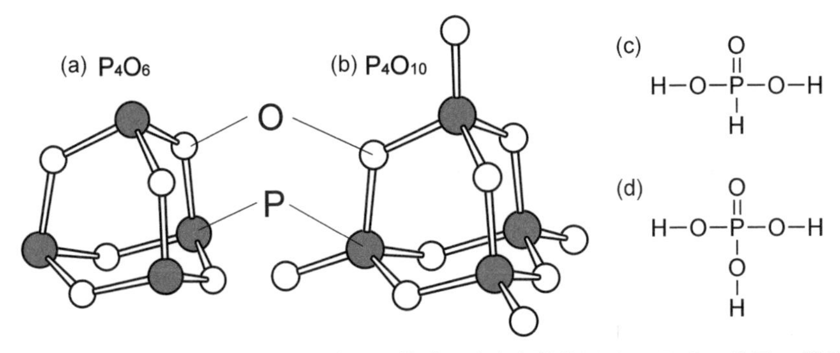

図 4.9　(a)六酸化四リン P_4O_6 分子の構造，(b)十酸化四リン P_4O_{10} 分子の構造，(c)亜リン酸 H_3PO_3 の構造式，(d)オルトリン酸 H_3PO_4 の構造式

50%ほどの収率で得られる。水に溶かすと**亜リン酸 H_3PO_3**（図4.9(c)）になる。P_4O_{10} は五酸化リンとも呼ばれ，黄リンを燃焼させたときの主成分である。固体で，吸湿性が強く，化学実験でよく乾燥剤として使われる。水に溶かしたものの主成分は**オルトリン酸**（単に**リン酸**と呼ばれることが多い）**H_3PO_4**（図4.9(d)）である。

2.6　16族元素：O，S，Se，Te，Po

表4.9　16族元素の電子配置

$_{8}$O	$_{16}$S	$_{34}$Se
[He]$(2s)^2(2p)^4$	[Ne]$(3s)^2(3p)^4$	[Ar]$(3d)^{10}(4s)^2(4p)^4$

$_{52}$Te	$_{84}$Po
[Kr]$(4d)^{10}(5s)^2(5p)^4$	[Xe]$(4f)^{14}(5d)^{10}(6s)^2(6p)^4$

いずれもｓ軌道に2個，ｐ軌道に4個の計6個の価電子をもつ。すなわち，貴ガスの電子配置から電子が2つ不足した電子配置をもつ。一般に，O，S，Se，Teは非金属元素に，Poは金属元素に分類されるが，SeとTeには金属的な性質も見られ，Seの単体のひとつである**金属セレン**（**灰色セレン**）とTeの単体は半導体である。

O（酸素）

同素体として**酸素 O_2** と**オゾン O_3** がある。O_2 は常温常圧下で無色，無臭の気体で，大気の組成の21%をなす。また，Oは元素として地殻中で最も存在度が高く，鉱物の成分として存在する（表4.4参照）ほか，水の形でも多量に存在する。

Oは，Fについで電気陰性度の大きな元素であり，化学的に活性でHe，Ne，Ar，Kr以外のすべての元素と化合物，すなわち**酸化物**をつくる。燃焼は酸素による酸化反応が激しい形であらわれたものである。他元素との結合は，**酸化物イオン O^{2-}** によるイオン結合や，単結合や二重結合による共有結合まで幅広い。MgO，CaOのような金属酸化物はイオン結合による酸化物，CO_2，SO_2 などは共有結合による酸化物分子である。これらの酸化物は塩基性酸化物，酸性酸化物，両性酸化物に分類される。

塩基性酸化物は，水に溶けると OH^- を生じ，酸と反応して塩を生じる。アルカリ金属，アルカリ土類金属，低い酸化状態にある遷移元素の酸化物などイオン結合でできた酸化物に多い。

$Na_2O+H_2O \rightarrow 2NaOH$　　$Na_2O+2HCl \rightarrow 2NaCl+H_2O$

$CaO+H_2O \rightarrow Ca(OH)_2$　　$CaO+2HCl \rightarrow CaCl_2+H_2O$

$MnO+H_2SO_4 \rightarrow MnSO_4+H_2O$　　$CrO+H_2SO_4 \rightarrow CrSO_4+H_2O$

酸性酸化物は，水に溶けるとオキソ酸として働き，塩基と反応して塩を生じる。非金属性元素の酸化物や高い酸化状態にある遷移元素の酸化物など共有結合でできた酸化物に多い。

$CO_2+H_2O \rightarrow H_2CO_3$　　$CO_2+2NaOH \rightarrow Na_2CO_3+H_2O$

$SO_2+H_2O \rightarrow H_2SO_3$　　$SO_2+2NaOH \rightarrow Na_2SO_3+H_2O$

$3NO_2+H_2O \rightarrow 2HNO_3+NO$　　$P_4O_{10}+6H_2O \rightarrow 4H_3PO_4$

$SiO_2+2NaOH \rightarrow 2NaSiO_3+H_2O$　　$CrO_3+H_2O \rightarrow H_2CrO_4$

両性酸化物は，酸化物自身やその水酸化物が，強酸に対しては弱塩基，強塩基に対しては弱酸としてふるまう。イオン結合と共有結合の中間の化学結合をもつ酸化物に多い。

$ZnO+H_2SO_4 \rightarrow ZnSO_4+H_2O$　　$ZnO+2NaOH+H_2O \rightarrow Na_2[Zn(OH)_4]$

$Zn(OH)_2+H_2SO_4 \rightarrow ZnSO_4+2H_2O$　　$Zn(OH)_2+2NaOH \rightarrow Na_2[Zn(OH)_4]$

$Al_2O_3+6HCl \rightarrow 2AlCl_3+3H_2O$　　$Al_2O_3+2NaOH+3H_2O \rightarrow 2Na[Al(OH)_4]$

$Al(OH)_3+3HCl \rightarrow AlCl_3+3H_2O$　　$Al(OH)_3+NaOH \rightarrow Na[Al(OH)_4]$

O のもう 1 つの同素体**オゾン O_3** は，O 原子が 3 つ折れ線状につながった構造の分子（$\angle$O-O-O$=117.8°$）である。うす青色の気体で特有の悪臭があり，O_2 よりも強い酸化力をもつ。O_2 中での無声放電，空気の紫外線照射や X 線照射で発生する。

◆ 例題 4.9 ◆◆◆◆◆◆◆◆◆◆◆◆◆◆◆◆◆◆◆◆◆◆◆◆◆◆◆◆◆◆◆◆

以下の化合物を塩基性酸化物，酸性酸化物，両性酸化物に分類せよ。

CO_2　K_2O　ZnO　SiO_2　SO_3　CrO_3　BaO

◆◆◆◆◆◆◆◆◆◆◆◆◆◆◆◆◆◆◆◆◆◆◆◆◆◆◆◆◆◆◆◆◆◆◆◆◆◆

解

塩基性酸化物：K_2O，BaO

酸性酸化物：CO_2，SiO_2，SO_3，CrO_3

両性酸化物：ZnO ◆

S（硫黄）

Sの単体として**斜方晶系硫黄**（α硫黄，図4.10(a)），**単斜晶系硫黄**（β硫黄，γ硫黄），**カテナ硫黄（ゴム状硫黄）**など多くの同素体がある。天然には単体の他に，硫化物，硫酸塩などの鉱物，水素化物 H_2S（硫化水素），酸化物 SO_2（二酸化硫黄，気体は亜硫酸ガスとも呼ばれる）など多様な形で存在する。よく見られるSの酸化数は -2，$+4$，$+6$ であるが，**硫化物イオン S^{2-}** によるイオン結合は硫化ナトリウム Na_2S（図4.10(b)）など陽性の強い金属の硫化物でのみ見られ，多くの場合共有結合をつくる。Sは単結合でつながった構造をつくりやすい。カテナ硫黄は鎖状に，斜方晶系硫黄，単斜晶系硫黄は環状にS原子どうしが共有結合でつながった構造をもつ。

代表的なオキソ酸に**硫酸 H_2SO_4**（図4.10(c)）がある。製法は，酸化バナジウム(V)V_2O_5 を触媒に用い SO_2 を空気酸化して SO_3 に変え，これを濃硫酸

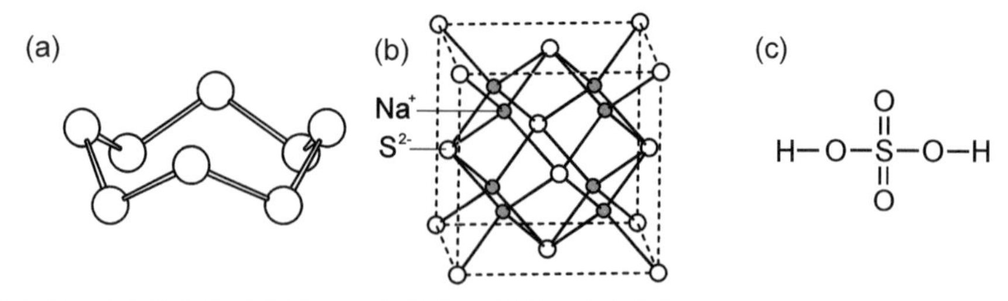

図4.10　(a)斜方晶系硫黄中の硫黄 S_8 の構造。(b)硫化ナトリウム Na_2S の結晶構造。酸化ナトリウム Na_2O(図4.2(a))と同形の構造である。(c)硫酸 H_2SO_4 の構造式。

中の水と反応させ H_2SO_4 とする（接触式）。硫酸は無色の粘性のある液体である。紡織，製紙，食品加工，薬品，金属の精錬など多くの用途をもつ。市販の濃硫酸は濃度約96%の水溶液で密度は約1.84 g cm^{-3} である。不揮発性で，水と混合すると発熱する。また吸湿性があり乾燥剤として使われる。熱濃硫酸は強い酸化力をもつ。

◆ 例題 4.10 ◆◆◆◆◆◆◆◆◆◆◆◆◆◆◆◆◆◆◆◆◆◆◆◆◆◆

次の化合物中の硫黄の酸化数を求めよ。

(1) 硫化カリウム K_2S　(2) 亜硫酸カリウム K_2SO_3　(3) 硫酸 H_2SO_4

◆◆◆◆◆◆◆◆◆◆◆◆◆◆◆◆◆◆◆◆◆◆◆◆◆◆◆◆◆◆◆◆◆◆

解　Sの酸化数を x とする（酸化数の計算については第3章第3節3.2項を参照）。

(1) Kは陽性の強い元素で +1 価のイオンとなり酸化数は +1 をとる。
　よって $(+1)\times2+x=0$ より $x=-2$。

(2) Kの酸化数は +1，Oの酸化数は −2。
　よって $(+1)\times2+x+(-2)\times3=0$ より $x=+4$。

(3) Hの酸化数は +1，Oの酸化数は −2。
　よって $(+1)\times2+x+(-2)\times4=0$ より $x=+6$。 ◆

2.7　17族元素：ハロゲン族元素（F，Cl，Br，I，At）

表 4.10　17族元素の電子配置

$_{9}F$	$_{17}Cl$	$_{35}Br$
[He]$(2s)^2(2p)^5$	[Ne]$(3s)^2(3p)^5$	[Ar]$(3d)^{10}(4s)^2(4p)^5$

$_{53}I$	$_{85}At$
[Kr]$(4d)^{10}(5s)^2(5p)^5$	[Xe]$(4f)^{14}(5d)^{10}(6s)^2(6p)^5$

いずれもs軌道に2個，p軌道に5個の計7個の価電子をもつ。これは貴ガスの電子配置から電子が1つ不足した電子配置である。このため，ハロゲン族元素は，電子を1つ取り入れて貴ガスの電子配置と同じ電子配置を完成させようとする傾向，すなわち陰性が強い。陽性の強い金属元素とはイオン結合をつ

くりやすく，非金属元素とは共有結合をつくりやすい。単体は2原子分子，F_2，Cl_2，Br_2，I_2 であるが，反応性が高いため天然には存在しない。単体は $F_2>Cl_2>Br_2>I_2$ の順に酸化力が強く反応性も高い（第3章第3節3.3項参照）。

F（フッ素）

Fは最も電気陰性度の大きな元素で，非常に反応性が高い。酸化数は，単体の場合の0を除いて，常に -1 である。単体 F_2 分子は気体である。F-F結合は非共有電子対間の反発のため比較的弱く（F-F結合の結合エネルギーは153 kJ/mol，他のハロゲン単体の結合エネルギーは表3.2を参照），このことも F_2 分子の高い反応性の要因となっている。

Cl（塩素）

Clは天然にはアルカリ金属またはアルカリ土類金属の塩化物として岩塩鉱床に，また海水中に塩化物イオン Cl^- として多く存在する。通常の酸化数は -1 であるが，オキソ酸には酸化数 $+1$，$+3$，$+5$，$+7$ のものがある（表4.11参照）。単体 Cl_2 は緑色の気体である。

Br（臭素）

Brは天然には塩素と同様に岩塩鉱床や海水中に含まれて存在するが，塩素ほど多量には存在しない。通常，酸化数は -1 をとる。単体の Br_2 は，非金属元素の中ではただ一つ，室温で液体（暗赤色）である。

I（ヨウ素）

Iの通常の酸化数は -1 である。単体の I_2 は幾分金属光沢をもった暗紫色の固体（図1.11）で，水に対する溶解度は高くないが，四塩化炭素 CCl_4，二硫化炭素 CS_2 などの非極性溶媒や有機溶媒には良く溶ける。

ハロゲン族元素の水素化物，**フッ化水素 HF**，**塩化水素 HCl**，**臭化水素 HBr**，**ヨウ化水素 HI**，は共有結合でできた分子である。HCl，HBr，HI は

表 4.11　主なハロゲン族元素のオキソ酸とハロゲン原子の酸化数

酸化数 +1	酸化数 +3	酸化数 +5	酸化数 +7
次亜塩素酸 $HClO$ 次亜臭素酸 $HBrO$ 次亜ヨウ素酸 HIO	亜塩素酸 $HClO_2$ 亜臭素酸 $HBrO_2$	塩素酸 $HClO_3$ 臭素酸 $HBrO_3$ ヨウ素酸 HIO_3	過塩素酸 $HClO_4$ 過臭素酸 $HBrO_4$ メタ過ヨウ素酸 HIO_4 オルト過ヨウ素酸 H_5IO_6

気体（無色）であるが，HF のみ水素結合のため液体（無色，融点 −83℃，沸点 19.5℃）である。これらは水中では水素酸として働く。それぞれの水溶液は**フッ化水素酸**，**塩酸**，**臭化水素酸**，**ヨウ化水素酸**である。HF は H–F 結合が極めて強いため（表 3.2 参照）H^+ の電離が抑えられ酸としては弱い。酸の強さは，HF＜HCl＜HBr＜HI の順になっており，それらの酸解離指数は，$pK_a = 3.2,\ -8,\ -9,\ -10$ となっている。

ハロゲン族元素のオキソ酸は多く，それらの中心にあるハロゲン原子は種々の正の酸化数をとる。主なものを表 4.11 にあげる。一般に不安定で，酸化力をもつ。酸の強さは，ハロゲン原子の酸化数の増大とともに強くなる。

◆ 例題 4.11 ◆◆◆◆◆◆◆◆◆◆◆◆◆◆◆◆◆◆◆◆◆◆◆◆◆◆◆◆◆

以下の操作で起こる化学反応を書け。

(1) 塩化ナトリウムと二酸化マンガンの混合物に硫酸を滴下する。

(2) 臭化ナトリウムの水溶液に塩素ガスを通す。

(3) ヨウ化カリウムの水溶液に臭素を加える。

(4) 水に塩素ガスを溶かす。

◆◆◆◆◆◆◆◆◆◆◆◆◆◆◆◆◆◆◆◆◆◆◆◆◆◆◆◆◆◆◆◆◆◆◆◆◆

解

(1) $2NaCl + MnO_2 + 2H_2SO_4 \rightarrow Cl_2\uparrow + Na_2SO_4 + MnSO_4 + 2H_2O$

（実験室での Cl_2 ガスの製法の1つ。塩素より強い酸化力をもつ MnO_2 が酸化剤として働いている。）

(2) $2NaBr + Cl_2 \rightarrow 2KCl + Br_2$

（塩素の酸化力が臭素より勝るので臭素イオンは酸化される。）

(3) $2KI + Br_2 \rightarrow 2KBr + I_2$

（臭素の酸化力がヨウ素より勝るのでヨウ素イオンは酸化される。）

(4)　$Cl_2+H_2O \rightarrow HClO+HCl$

（いわゆる**塩素水**と呼ばれるもので，溶けたCl_2が一部水と反応して次亜塩素酸 HClO と塩化水素 HCl が生じる。この反応は平衡反応で逆方向にも進む。なお，次亜塩素酸は分解しやすく，その際に酸化作用を示す。塩素系漂白剤はこれを利用している。塩素系漂白剤に塩酸を含む酸性洗剤を混ぜると塩素ガスが発生して危険であるが，それは上記の反応の逆反応による。）◆

2.8　18族元素：貴ガス族元素（He，Ne，Ar，Kr，Xe，Rn）

表 4.12　18 族元素の電子配置

$_{2}$He	$_{10}$Ne	$_{18}$Ar
$(1s)^2$	$[He](2s)^2(2p)^6$	$[Ne](3s)^2(3p)^6$
$_{36}$Kr	$_{54}$Xe	$_{86}$Rn
$[Ar](3d)^{10}(4s)^2(4p)^6$	$[Kr](4d)^{10}(5s)^2(5p)^6$	$[Xe](4f)^{14}(5d)^{10}(6s)^2(6p)^6$

貴ガス族元素は，貴ガスの電子配置の安定性のため化学的に不活性で，後述するような例を除き，一般に他の元素とは結合をつくらず，単原子分子としてふるまう。常温常圧で，すべて気体である。

He（ヘリウム）

He は常圧下では 0 K 付近まで冷却しても固体にならず，液体であることから極低温での物性を研究するときの冷却材，冷媒として重要である。化合物をつくらないことと揮発性が高いことから，地球上での存在度は低い。地球内部でアクチノイドなどの不安定な原子核が自発的に壊れて他の原子核に変化する際に生じ，天然ガス中から採取されている。

Ar（アルゴン）

Ar は貴ガス族元素の中では存在度が高く，大気中に体積比で約 0.93% 存在する。液体空気の分留により得る。化学的に不活性なことを利用して，不安定化合物の取り扱い時や溶接，製錬の際の保護用ガス，電球の封入ガスとして使われる。

一般に貴ガス族元素は他の元素と化合物をつくらないが，原子番号の大きいKr，Xeでは，イオン化エネルギーが低下するため（第1章第1節1.5項(2)参照），FやOのような陰性の強い元素とXeF_2，XeF_4，XeF_6，XeO_4，KrF_2のような化合物をつくる。

▶第3節　遷移元素◀

3.1　遷移元素イオンによる金属錯体の形成

遷移元素（遷移金属元素）の特徴の1つに，遷移元素イオンが**金属錯体**あるいは**金属錯イオン**と呼ばれる化合物をよく形成することがあげられる。金属錯体は，遷移元素イオンに**配位子**が配位結合（第1章第2節2.2項(1)参照）で結びついてできたものである。ここで，遷移元素イオンがルイスの酸，配位子がルイスの塩基である（第3章第2節2.2項参照）。配位子は非共有電子対をもつ化合物で，図4.11に示したようなイオンや中性の分子，あるいは分子がイオンになったものなど多くのものがある。

金属錯体において遷移元素イオンのもつ配位結合の数を**配位数**という。金属錯体は，配位数と配位結合の幾何学的配置に応じて，図4.12に示したような**直線2配位構造**，**正四面体4配位構造**，**平面4配位構造**，**正八面体6配位構造**など独特の立体構造をもつ。配位子の中には配位結合する箇所を複数もつものがあり，その場合は配位子の数は配位数よりも少なくなる。金属錯体の化合物名において，配位子の数は，図4.11に示したような配位子名の前に，ジ，テ

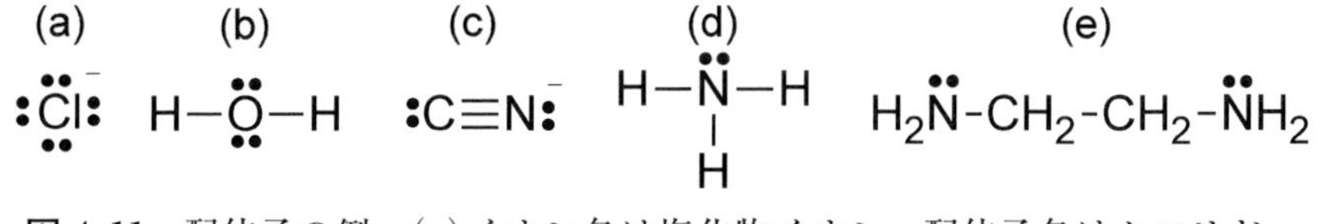

(a) $:\ddot{\underset{..}{Cl}}:^-$　(b) $H-\ddot{\underset{..}{O}}-H$　(c) $:C\equiv N:^-$　(d) $H-\ddot{N}(-H)-H$　(e) $H_2\ddot{N}-CH_2-CH_2-\ddot{N}H_2$

図4.11　配位子の例。(a)イオン名は塩化物イオン，配位子名はクロリド。(b)水分子，配位子名はアクア。(c)シアン化物イオン，配位子名はシアニド。(d)アンモニア分子，配位子名はアンミン。(e)配位子名はエチレンジアミン，enと略記。配位箇所を2つもつ。

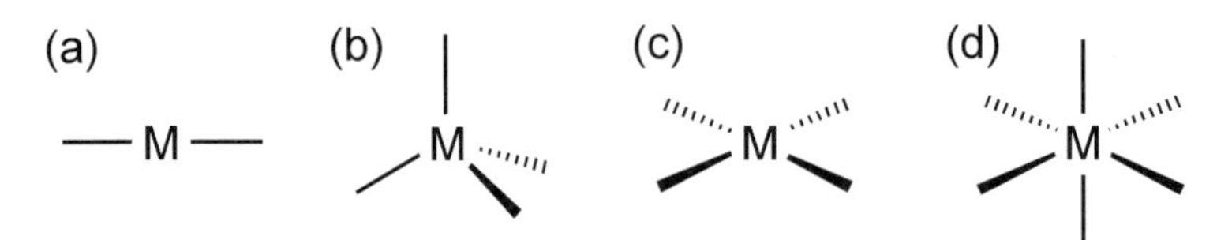

図 4.12　金属錯体の立体構造。M は金属イオン，M から出ている線は配位結合をあらわす。(a)直線 2 配位構造，(b)正四面体 4 配位構造，(c)平面 4 配位構造，(d)正八面体 6 配位構造。

トラ，ヘキサなどの接頭語をつけて表される。ジ，テトラ，ヘキサは，それぞれ配位子の数が 2，4，6 であることを示す。

このような金属錯体も含めて遷移元素の化合物の特徴として，いろいろな色をもつものが多いこと，および興味深い磁気的性質をもつものが多いことがあげられる。

3.2　第 4 周期の遷移元素（Sc から Zn まで），11 族元素（Cu，Ag，Au）および 12 族元素（Zn，Cd，Hg）

表 4.13　第 4 周期の遷移元素および 11 族，12 族元素の電子配置

$_{21}$Sc	$_{22}$Ti	$_{23}$V	$_{24}$Cr
[Ar](3d)^1(4s)^2	[Ar](3d)^2(4s)^2	[Ar](3d)^3(4s)^2	[Ar](3d)^5(4s)^1
$_{25}$Mn	$_{26}$Fe	$_{27}$Co	$_{28}$Ni
[Ar](3d)^5(4s)^2	[Ar](3d)^6(4s)^2	[Ar](3d)^7(4s)^2	[Ar](3d)^8(4s)^2
$_{29}$Cu	$_{47}$Ag	$_{79}$Au	
[Ar](3d)^{10}(4s)^1	[Kr](4d)^{10}(5s)^1	[Xe](4f)^{14}(5d)^{10}(6s)^1	
$_{30}$Zn	$_{48}$Cd	$_{80}$Hg	
[Ar](3d)^{10}(4s)^2	[Kr](4d)^{10}(5s)^2	[Xe](4f)^{14}(5d)^{10}(6s)^2	

Sc から Zn までの第 4 周期の遷移元素は 4s 軌道に電子を 2 個もちながら，3d 軌道に順次電子が収容される過程の元素群である。この序列でいくと Cr と Cu の電子配置は 3d 軌道にそれぞれ 4 個と 9 個となるべきであるが，実際には 4s 軌道に 1 個そして 3d 軌道にそれぞれ 5 個と 10 個となっている。これ

は，d軌道がちょうど半分満たされた状態および完全に満たされた状態が原子として安定なので，4s軌道から電子を1個移して，そのような状態をとるためである。Cuと同様の電子配置がAg，Auにおいても見られる。

Sc（スカンジウム）

Scの単体金属は遷移金属中で一番密度（2.99 g cm^{-3}）が小さい。空気中で表面が酸化され，熱水や酸に溶ける。Scは酸化数 +3 をとることが多く，Alに類似した化学的性質をもつ。

Ti（チタン）

Tiの地殻中での存在度は，全元素中の10番目であり，遷移元素の中ではFeについで高い（表4.4参照）。単体金属およびその合金は，強度，耐食性に優れ，比較的軽量であるため，航空機や化学装置の構造材などに広く用いられる。

Tiの酸化数は，+2，+3 などもあるが多く見られるのは +4 である。酸化物 TiO_2（二酸化チタン）には，**ルチル**（金紅石。図4.13(a)），ブルッカイト，アナターゼ（図4.13(b)）の3つの結晶構造が知られている。ルチルの結晶構造は**ルチル型構造**と呼ばれ，CrO_2，MnO_2 をはじめ +4 価の遷移金属の酸化

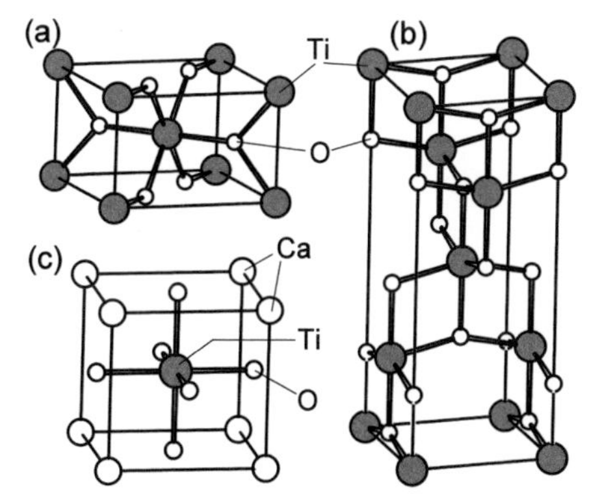

図4.13　(a)ルチル TiO_2 の結晶構造。(b)アナターゼ TiO_2 の結晶構造。(c)ペロブスカイト $CaTiO_3$（灰チタン石）の結晶構造。

物によく見られる構造である。ルチルは白色の顔料や化粧品材料として利用されている。最近，アナターゼの表面でおこる光分解反応など光触媒としての作用を取り入れた建物外壁材やコーティング剤が開発され実用化している。酸化チタン(Ⅳ)バリウム $BaTiO_3$（チタン酸バリウムともよばれる）は強誘電体として知られている。$BaTiO_3$ は**ペロブスカイト型構造**（図 4.13(c)）と呼ばれる結晶構造をとるが，その構造が歪むことにより強誘電性があらわれる。この性質はコンデンサーなどに利用される。

V（バナジウム）

Vの単体金属は，Tiと同様に硬く，室温で水，アルカリ，非酸化性の酸には侵されず耐食性がある。Feと混ぜたもの（バナジウム鋼）は延性や衝撃性が高く，ばねや切削器具に用いられている。Vの酸化数は −1 から +5 までいろいろ知られているが，普通に見られるのは +2 から +5 で，+4 が最も一般的な酸化数である。いろいろな酸化数のVの酸化物があるが，中でも酸化バナジウム(Ⅴ) V_2O_5 は硫酸製造の際の酸化触媒として重要である。海産物の「ほや」の血液には，バナジウムが含まれている。

Cr（クロム）

Crの単体金属は，塩酸や希硫酸にはたやすく溶けるが，硝酸や王水には不動態となり溶けない。ステンレス鋼などの各種合金のほか，めっきに用いられている。Crの酸化数として −2 から +6 まで知られているが，重要な状態は +2 と +3 である。水中では Cr^{2+} は Cr^{3+} に酸化されやすく**ヘキサアクアクロム(Ⅲ)イオン $[Cr(H_2O)_6]^{3+}$**（紫色）となっている。

いろいろな酸化数のCrの酸化物が知られている。+3 価の Cr_2O_3 は α-アルミナと同構造のコランダム型構造をとる両性酸化物である。研磨剤や顔料（緑色）としての用途がある。+4 価の CrO_2 はルチル型構造をとる。強磁性を示し磁気テープなどの磁性材料として使われる。最高酸化数 +6 価の CrO_3 は，CrO_4 の四面体形が連続した共有結合による分子の化合物（図 4.14(a)）で，毒性が強い。CrO_3 は，酸性酸化物で容易に水に溶け酸性を示す。このとき生じるイオン種は，pH=6 以上では**クロム酸イオン CrO_4^{2-}**（黄色。図 4.14

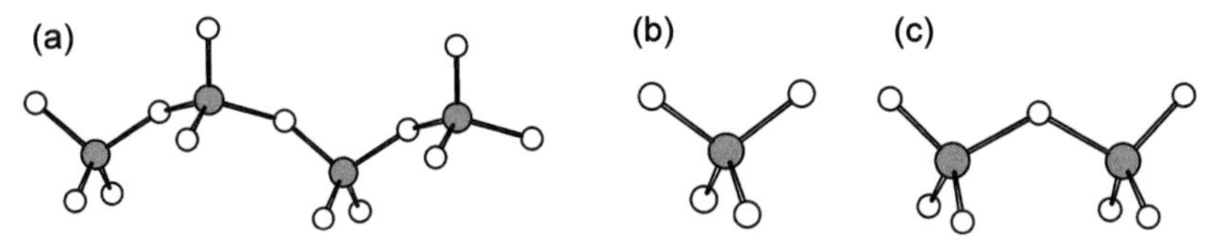

図 4.14　(a)CrO_3 の結晶中に見られる CrO_4 四面体の連続構造，(b)CrO_4^{2-} の構造，(c)$Cr_2O_7^{2-}$ の構造。

(b)）であるが，CrO_4^{2-} は pH＝2〜6 では $HCrO_4^-$ となり，これは**ニクロム酸イオン $Cr_2O_7^{2-}$**（オレンジ色。図 4.14(c)）と平衡状態にある。

$$2HCrO_4^- \leftrightarrows Cr_2O_7^{2-} + H_2O$$

$Cr_2O_7^{2-}$ は酸性条件下で強力な酸化剤である（表 3.5 参照）。

Mn（マンガン）

Mn は遷移元素の中では，Fe，Ti についで地殻中の存在度が高い（表 4.4 参照）。主要な鉱物は，軟マンガン鉱（MnO_2，ルチル構造をもつ），ハウスマン鉱（Mn_3O_4，スピネル型構造と呼ばれる結晶構造をもち，酸化数 +2 と +3 の 2 種類の Mn が含まれている）などの酸化物で，硫酸に溶かし出し電気分解で単体金属を得る。単体金属の化学的性質は Fe に似ているが，機械的には Fe よりも硬くもろい。比較的陽性が強く非酸化性の酸に容易に溶ける。

Mn の酸化数として −3 から最高酸化状態の +7 までのすべての酸化数が知られているが，最も安定なものは +2 で，多くの塩や金属錯体がある。水中では水分子を配位子とした金属錯イオンである**ヘキサアクアマンガン(Ⅱ)イオン $[Mn(H_2O)_6]^{2+}$**（淡いピンク色）の形で存在する。これは酸性水中では酸化されにくいが，塩基性下では容易に酸化され**二酸化マンガン MnO_2** となる。最高酸化数 +7 の化合物として**過マンガン酸イオン MnO_4^-** の塩（濃赤紫色）が多く知られている。これらは，**マンガン酸イオン MnO_4^{2-}**（(暗緑色）の塩基性溶液を電気分解にかけ，その時に陽極でおこる酸化反応を利用して作られる。MnO_4^- は酸性下で強い酸化剤として働く（表 3.5 参照)。MnO_4^-，MnO_4^{2-} の構造は CrO_4^{2-} と同様の正四面体構造である。

Fe（鉄）

Feは原子核の安定性が高いため宇宙での存在度は全元素中9番と高い。地殻中での存在度も，全元素中7番目で遷移元素の中では一番高い（表4.4参照）。主な鉱物は，赤鉄鉱（Fe_2O_3，コランダム型構造をとる），磁鉄鉱（Fe_3O_4，スピネル型構造の一種である逆スピネル型構造をとり，酸化数 +2 と +3 の2種類のFeが含まれている），褐鉄鉱（FeO(OH)）などである。

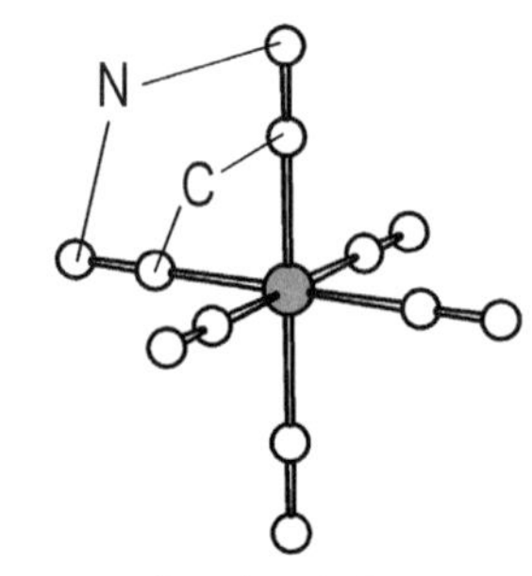

図 4.15　$[Fe(CN)_6]^{3-}$ の構造。$[Fe(CN)_6]^{4-}$ も同形の構造をもつ。

単体金属は，白銀色で金属光沢をもち，それほど硬いわけではない。反応性が高く，細かい粉末状態では発火性がある。水分を含む空気中では，表面は速やかに水和された酸化物（錆）となる。この酸化物は不動態皮膜とはならず腐食は進行する。単体金属は，非酸化性の酸には溶けるが，濃硝酸に対しては不動態となる。単体金属は768℃より低い温度で強磁性を示す。

多く見られるFeの酸化状態は +2 と +3 である。代表的な金属錯イオンとしてFeが +2 価の**ヘキサシアニド鉄(Ⅱ)酸イオン $[Fe(CN)_6]^{4-}$**（黄色），+3 価の**ヘキサシアニド鉄(Ⅲ)酸イオン $[Fe(CN)_6]^{3-}$**（橙色）がある。両者とも CN^- 配位子のC原子がFeに八面体6配位構造で配位している（図4.15）。$[Fe(CN)_6]^{4-}$ は Fe^{3+} の，一方 $[Fe(CN)_6]^{3-}$ は Fe^{2+} の検出に用いられ，それぞれプルシアンブルー，ターンブルーと言われる濃紺色沈殿の生成で確認をおこなうが，これらの沈殿は $Fe_4[Fe(CN)_6]_3 \cdot xH_2O$ (x=1～16) の組成をもつ同一の化合物である。

Co（コバルト）

Coは，天然にはNiやCuに伴って産出する。鉱石として，$CoAs_2$（スクッテルド鉱），CoAsS（輝コバルト鉱）が主要なものである。単体金属は，希塩酸，希硝酸に溶け，1117℃より低い温度で強磁性を示す。

よく見られるCoの酸化数は +2 と +3 であるが，コバルトの塩では +2 が最も普通である。塩の水和物および水溶液は**ヘキサアクアコバルト(Ⅱ)イオン**

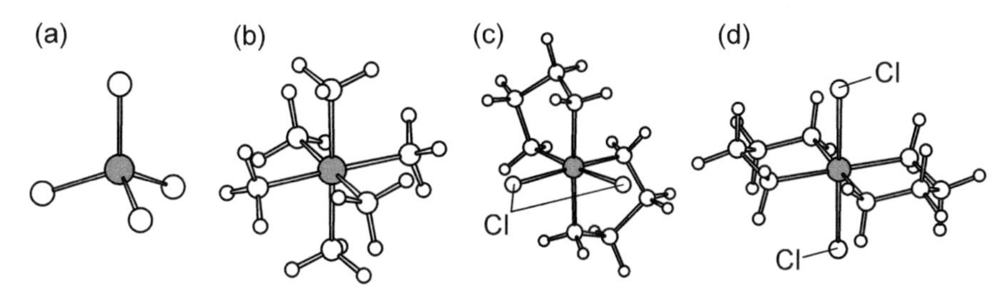

図 4.16　(a) $[CoCl_4]^{2-}$ テトラクロリドコバルト(Ⅱ)酸イオン，(b) $[Co(NH_3)_6]^{3+}$，(c) *cis*-$[CoCl_2(en)_2]^+$ シス-ジクロリドビスエチレンジアミンコバルト(Ⅲ)イオン，(d) *trans*-$[CoCl_2(en)_2]^+$ トランス-ジクロリドビスエチレンジアミンコバルト(Ⅲ)イオン。(c)と(d)は同じ組成であるが配位子の空間的配置が異なる。すなわち幾何異性体の関係にある。ジとビスは両者とも配位子の数が2であることを意味する接頭語である。ビスは，ジを使うと他の配位子名と混同してしまう場合に，それを避けるために使われる。

$[Co(H_2O)_6]^{2+}$(淡紅色)を含む。酸化数 +3 の $[Co(H_2O)_6]^{3+}$ は酸性溶液中では容易に還元され $[Co(H_2O)_6]^{2+}$ となるが，アンモニアが配位した金属錯体**ヘキサアンミンコバルト(Ⅲ)イオン $[Co(NH_3)_6]^{3+}$**(黄色。図 4.16(b))はかなり安定である。昔より，塩化物イオン Cl^-，アンモニア NH_3，エチレンジアミン en をはじめ多くの配位子を用いて Co の金属錯体が合成，研究されてきた(図 4.16)。

Ni（ニッケル）

Ni は Fe とともに地球中心部にはかなりの量があると考えられている。天然には，NiS (針ニッケル鉱)，NiAs (紅ヒニッケル鉱) などとして存在する。単体金属は，Fe よりも空気や水に侵されにくい。希酸には溶けるが，濃硝酸に対しては不動態となる。ステンレス鋼材，耐食性，耐熱性のニッケル合金の原料，めっきなどに使用される。単体金属は 904℃ より低い温度で強磁性を示す。

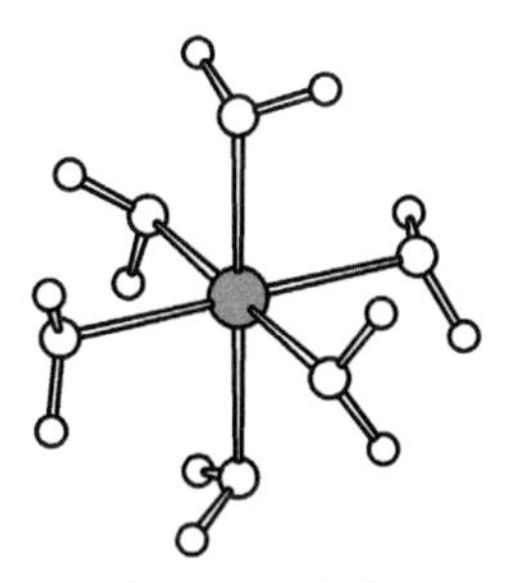

図 4.17　$[Ni(H_2O)_6]^{2+}$ の構造

普通に見られる Ni の酸化数は +2 である。他に強い配位子を含まない水溶液中では**ヘキサアクアニッケル(Ⅱ)イオン $[Ni(H_2O)_6]^{2+}$**（緑色。図 4.17）として存在する。また，$Ni(NO_3)_2 \cdot 6H_2O$，$NiSO_4 \cdot 6H_2O$ などのニッケル塩水和物の結晶中でも Ni^{2+} は $[Ni(H_2O)_6]^{2+}$ の形で存在する。

Cu（銅）

Cu は天然には自然銅，硫化物 $CuFeS_2$（黄銅鉱），Cu_2S（輝銅鉱），酸化物 Cu_2O（赤銅鉱）などの形で存在する。単体金属は，赤銅色で軟らかく延性に富む。Ag についで高い電気，熱の伝導性をもつ。塩酸には不溶であるが，硝酸，熱濃硫酸など酸化性の酸には溶け Cu^{2+} となる。

Cu は満たされた 3d 軌道とその外側の 4s 軌道に 1 個の電子をもつ。この 4s 軌道の 1 個の電子が失われるとアルカリ金属元素と同じ酸化数 +1 となるが，そのためのイオン化エネルギーはアルカリ金属より高いので，銅とアルカリ金属との類似性は小さい。さらにもう 1 つ電子を取り除くためのイオン化エネルギーはアルカリ金属元素よりも小さいため，Cu の酸化数には +1 と +2 があるが，+2 が主要な酸化数となっている。水溶液中での Cu^+ と Cu^{2+} の間の平衡は Cu^{2+} 側に大きく偏っており，水溶液中で主に存在するのは水和した Cu^{2+} イオン（青色）である。

Ag（銀）

天然には，自然銀や輝銀鉱（Ag_2S）などの硫化物の鉱物，Pb，Cu，Zn など他金属の硫化物鉱石中に微量含まれるかたちで産出する。単体金属は白銀色である。延性，展性は Au についで大きく，電気と熱の伝導度は金属中で最大である。

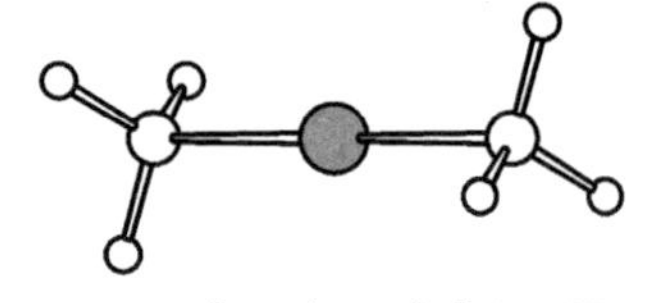

図 4.18　$[Ag(NH_3)_2]^+$ の構造

化合物中で普通に見られる Ag の酸化数は +1 であるが容易に還元されて金属 Ag になる。**塩化銀 AgCl** や**臭化銀 AgBr** などは，光に対して敏感で，分解をおこし金属 Ag を生じて黒色に変色する。銀塩写真はこれを利用したものである。AgCl をはじめ Ag の塩には水に不溶なものが多い。**ジシアニド銀(Ⅰ)酸イオン $[Ag(CN)_2]^-$**（無色），**ジアンミン銀(Ⅰ)イオン $[Ag(NH_3)_2]^+$**（無色。図 4.18）など直線 2 配位構造の錯イオンを作る傾向が強い。

Au（金）

自然金や砂金として多く産出する。単体金属は金属中最も延性，展性に富み，Ag，Cu につぐ電気伝導性をもつ。空気中の酸素や水とは反応しないが，王水（濃塩酸と濃硝酸の体積比 3：1 の混合溶液）に溶けて**テトラクロリド金(Ⅲ)酸イオン $[AuCl_4]^-$**（黄色。図 4.19）となる。

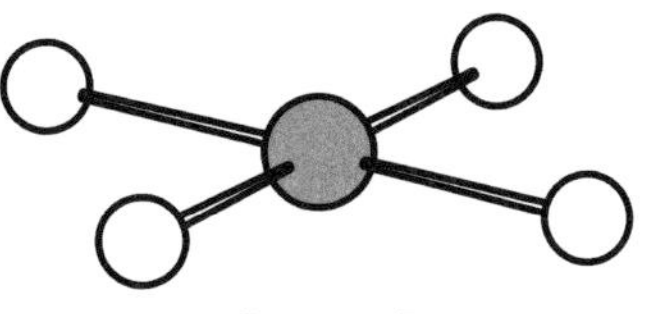

図 4.19　$[AuCl_4]^-$ の構造

よく見られる Au の酸化数は +1 と +3 である。水中での Au^+ と Au^{3+} 間の平衡は Au^{3+} に大きく傾いている。酸化数 +1 の状態はヨウ化金 AuI，シアン化金 AuCN など水に不溶の化合物やジシアニド金(Ⅰ)酸イオン $[Au(CN)_2]^-$（無色，直線 2 配位構造）などの金属錯イオンでのみ見られる。酸化数 +3 の化合物に，酸化物 Au_2O_3，塩化物 Au_2Cl_6 や平面 4 配位構造の錯イオン $[AuCl_4]^-$，テトラシアニド金(Ⅲ)酸イオン $[Au(CN)_4]^-$（無色）などがある。

Zn（亜鉛），Cd（カドミウム），Hg（水銀）

12 族元素（Zn，Cd，Hg）は遷移元素に含まれないとすることもあるが，金属錯体を形成しやすいなど遷移元素に共通する特徴をもつ。12 族元素の単体金属は周期表中近くの遷移元素金属と比べると陽性が強く，低融点で柔らかい。Zn と Cd は青みを帯びた白銀色の金属，Hg は常温で金属光沢を持つ液体状態の金属である。

12 族元素は，満たされた $(n-1)$d 軌道の外側に位置する ns 軌道の 2 個の電子が容易に失われるので酸化数 +2 をとる。Zn と Cd の化学的性質はよく似ているが，Hg はそれらとはかなり異なる。Hg では**塩化水銀(Ⅰ) Hg_2Cl_2**（甘汞，カロメル）などの化合物で酸化数 +1 をとる。Hg_2Cl_2 は Hg と Hg の間に結合をもつ Cl-Hg-Hg-Cl の直線状の分子である。なお，Hg の塩化物には酸化数 +2 の**塩化水銀(Ⅱ) $HgCl_2$**（昇汞）もある。これも Cl-Hg-Cl の直線状の分子である。

◆ 例題 4.12 ◆◆◆◆◆◆◆◆◆◆◆◆◆◆◆◆◆◆◆◆◆◆◆◆◆◆◆

配位数がそれぞれ 2，4，6 の金属錯体の構造を，中心に位置する金属イオンに着目して説明し，化合物の例をあげよ。

◆◆◆◆◆◆◆◆◆◆◆◆◆◆◆◆◆◆◆◆◆◆◆◆◆◆◆◆◆◆◆◆◆

解

配位数 2（直線 2 配位構造）例：$[Ag(NH_3)_2]^+$, $[Ag(CN)_2]^-$, $[Au(CN)_2]^-$

配位数 4（正四面体 4 配位構造と平面 4 配位構造）

正四面体 4 配位の例：$[CoCl_4]^{2-}$，$[FeCl_4]^-$，$[NiCl_4]^{2-}$，$[Zn(CN)_4]^{2-}$，$[Cd(CN)_4]^{2-}$

平面 4 配位構造の例：$[AuCl_4]^-$, $[Au(CN)_4]^-$, $[Ni(CN)_4]^{2-}$, $[PtCl_4]^{2-}$

配位数 6（正八面体 6 配位構造）　例：$[Fe(CN)_6]^{4-}$，$[Fe(CN)_6]^{3-}$，$[Cr(H_2O)_6]^{3+}$，$[Mn(H_2O)_6]^{2+}$，$[Co(H_2O)_6]^{2+}$，$[Ni(H_2O)_6]^{2+}$，$[Co(NH_3)_6]^{3+}$，*cis*-$[CoCl_2(en)_2]^+$，*trans*-$[CoCl_2(en)_2]^+$ ◆

3.3　ランタノイド

ランタノイドには，ランタン $_{57}$La，セリウム $_{58}$Ce，プラセオジム $_{59}$Pr，ネオジム $_{60}$Nd，プロメチウム $_{61}$Pm，サマリウム $_{62}$Sm，ユウロピウム $_{63}$Eu，ガドリニウム $_{64}$Gd，テルビウム $_{65}$Tb，ジスプロシウム $_{66}$Dy，ホルミウム $_{67}$Ho，エルビウム $_{68}$Er，ツリウム $_{69}$Tm，イッテルビウム $_{70}$Yb，ルテチウム $_{71}$Lu の原子番号 57 から 71 までの 15 種の元素が含まれる。

ランタノイドは**希土類**元素（ランタノイドにスカンジウム Sc とイットリウム Y を合わせた元素群）として，酸化物（土）の中の混合物として存在が知られていた。ただし，地殻中の存在量は少ないとは限らない。Pm は安定な同位体をもたない元素なので例外であるが，一番存在度の低い Tm でさえ Ag や Au よりも多く存在する。ランタノイドの各元素は，シュウ酸塩やフッ化物として他の元素と分離した後，イオン交換法などでランタノイド相互の分離をおこなって得る。

ランタノイドは f-ブロック元素に分類され，原子の電子配置では，6s 軌道に電子をもちながら 4f 軌道（元素によっては 5d 軌道にも）に順次電子が収容されている。陽性が強く，酸化数 +3 をとり，酸化物や金属錯体中で 3 価の陽イオンとなることが多い。ただしCe，Tm は +4 価を，Sm，Eu，Yb は +2 価もとりやすい。ランタノイドの金属錯体は配位数7，8，9など大きな配位数を普通にとる（図4.20）。

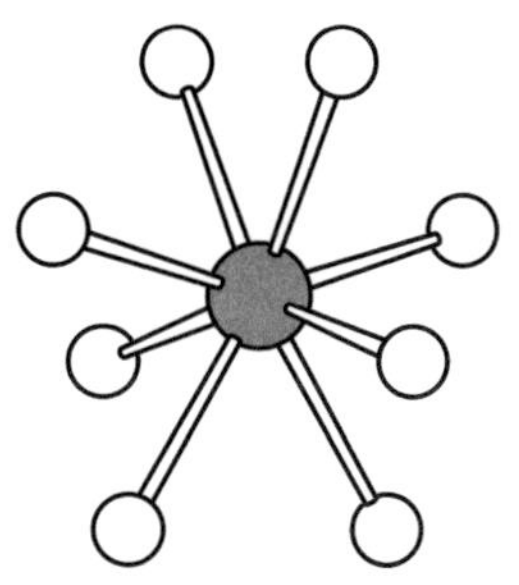

図 4.20　オクタアクアガドリニウム(Ⅲ)イオン $[Gd(H_2O)_8]^{3+}$ に見られる8配位構造。オクタは配位子数が8であることをあらわす。図中 H_2O の H は省略されている。

光学的性質，蛍光性，磁性などで興味深い特性を持つものが多く，La，Ce，Pr，Nd，Yb などがガラスの着色剤や光学素材に，Ce がガラスの研磨剤に，Nd，Sm，Dy が磁石に，Eu，Ce，Tb が蛍光体に，Gd や Tb が X 線写真用フィルムの感度をあげるための増感剤に，Nd，Er などが固体レーザーに，Pr，Er，Tm が光通信ファイバーの光の増幅に，Eu，Gd，Dy が原子炉材料に，La，Ce，Sm などが超伝導体にといろいろと利用されている。

3.4　アクチノイド

アクチノイドには，アクチニウム $_{89}Ac$，トリウム $_{90}Th$，プロトアクチニウム $_{91}Pa$，ウラン $_{92}U$，ネプツニウム $_{93}Np$，プルトニウム $_{94}Pu$，アメリシウム $_{95}Am$，キュリウム $_{96}Cm$，バークリウム $_{97}Bk$，カリホルニウム $_{98}Cf$，アインスタイニウム $_{99}Es$，フェルミウム $_{100}Fm$，メンデレビウム $_{101}Md$，ノーベリウム $_{102}No$，ローレンシウム $_{103}Lr$ の原子番号 89 から 103 までの 15 種の元素が含まれる。

アクチノイドは f-ブロック元素に分類され，原子の電子配置において，7s 軌道に電子をもちながら 5f 軌道（元素によっては 6d 軌道にも）に順次電子が収容されている元素群である。アクチノイドの原子核は不安定で，それぞれ固有の**半減期**† で壊れ，他の元素の原子核に変わる。天然のアクチノイドで地球誕生時から現在まで存続し得ているのは半減期の長い ^{232}Th(1.41×10^{10} 年)，^{235}U(7.13×10^{8} 年)，^{238}U(4.51×10^{9} 年) に限られる。Np 以降は原子核の反応により人工的に作られた元素である。

◆ 例題 4.13 ◆◆◆◆◆◆◆◆◆◆◆◆◆◆◆◆◆◆◆◆◆◆◆◆

遷移元素の特徴を述べよ。

◆◆◆◆◆◆◆◆◆◆◆◆◆◆◆◆◆◆◆◆◆◆◆◆◆◆◆◆◆◆◆◆◆◆

解

金属元素である。

典型元素に比べて族の個性が弱く，周期表中の近隣の元素で似たような性質を示す。

1つの元素が，低い酸化数から高い酸化数までいろいろな酸化数をとることが多いが，低い酸化状態では，族にかかわらず似た酸化数を示す。

金属錯体をつくりやすい。

いろいろな色をもつ化合物が多い。

興味深い磁気的性質をもつ化合物が多い。 ◆

---

† 半減期：不安定な原子核が壊れていく際，原子の数が半分に減少するまでの時間。例えば，^{238}U の場合，4.51×10^9 年たつと ^{238}U 原子の数は初めの数の 1/2 になる。さらに 4.51×10^9 年たつと初めの数の 1/4 になる。この時 ^{238}U 原子核は，^{4}He 原子核を放出し ^{234}Th 原子核に変化する。^{4}He 原子核は α 粒子と呼ばれ，α 粒子を放出して原子核が変化する現象を，**α 壊変**あるいは **α 崩壊**という。

第5章

有 機 化 合 物

▶第1節　有機化合物の特徴と分類◀

炭素原子は4個の価電子をもち，水素原子，酸素原子，窒素原子など様々な原子と共有結合を形成する。さらに炭素原子どうしでも次々と共有結合をつくって鎖状に連結し，また，2個の原子間で二重結合や三重結合を形成したり，環状に連結することもできる。このような炭素原子のもつ特異な性質のため，炭素原子を骨格として構成される化合物の種類はきわめて多い。

一般に，炭素原子を含む化合物を**有機化合物**といい，それ以外の化合物を**無機化合物**という。ただし，一酸化炭素や二酸化炭素，あるいは炭酸塩などは無機化合物に分類されている。有機化合物という言葉は，近代化学が成立した19世紀初頭において，「生命に由来する物質」という意味で用いられた。当時は，有機化合物は生命の助けがなければつくり出せないと考えられていた。しかし，無機化合物のシアン酸アンモニウム NH_4OCN の加熱によって有機化合物の尿素 $(NH_2)_2CO$ が得られることが発見されたことから，生命と関わりのない鉱物などに由来する無機化合物からでも有機化合物が合成できることがわかり，現在では，有機化合物という言葉の当初の意味は失われている。

1.1　有機化合物の特徴

有機化合物の種類はきわめて多いが，それを構成する元素の種類は，炭素のほか水素，酸素，窒素，硫黄など比較的少ない。一般に，有機化合物は分子からできており，比較的少数の原子から構成されているものでは，融点や沸点が低い。水に溶けにくいものが多く，アルコールやエーテルなどの有機溶媒に溶けやすいものが多い。有機化合物は燃えやすく，完全燃焼すると，主に二酸化炭素 CO_2 と水 H_2O を生じる。

1.2　有機化合物の構造

最も基本的な有機化合物は，炭素と水素だけからできている**炭化水素**である。炭化水素から水素原子が1個とれてできる原子団を**炭化水素基**といい，R- で表わす。一方，有機化合物に含まれる原子または原子団のうちで，その化合物に特有の物理的，化学的性質を与えるものを**官能基**という。一般に，有機化合物は，炭化水素基と官能基の組み合わせによってつくられている。例えば，エタノールは C_2H_6O の分子式をもつが，炭化水素基 C_2H_5- と官能基 -OH が結びついたものである。官能基をとり出して表示した化学式を用いると，有機化合物の構造や性質を理解しやすい。このような化学式を**示性式**という。エタノールを示性式で表わすと，C_2H_5OH となる。

1.3　有機化合物の分類

有機化合物の構造がわかると，それに基づいて有機化合物を分類することができる。分類の方法は，化合物の骨格をつくる炭化水素の構造による分類と，化合物がもつ官能基による分類に大別される。このような分類は，多数の有機化合物の構造や性質を体系的に理解するために役立つ。

(1) 構造に基づく分類

- **骨格による分類**　炭素原子が鎖状に結合しているものを**鎖式化合物**という。鎖式化合物は，**脂肪族化合物**ともよばれる。一方，炭素原子が環状に連結した構造をもつものを**環式化合物**という。n 個の原子から構成される環をもつ環式化合物は，n 員環化合物とよばれる。
- **炭素原子間の多重結合の有無による分類**　炭素原子間の結合がすべて単結合で形成され，炭素-炭素二重結合や三重結合を含まないものを**飽和化合物**といい，炭素原子間に二重結合や三重結合を含むものを**不飽和化合物**という。
- **芳香環の有無による分類**　ベンゼン C_6H_6（p.174 参照）がもつ3個の二重結合を含む六員環は**芳香環**，あるいは**ベンゼン環**とよばれ，その環構造に由来する特有の性質を示す。芳香環をもつ有機化合物を**芳香族化合物**という。芳香族化合物は環式化合物に含まれる。一方，環式化合物のうちで，芳香族化合物がもつ特有の性質を示さないものは，**脂環式化合物**とよばれる。

(2) 官能基に基づく分類

代表的な官能基，およびその官能基をもつ有機化合物の一般的な名称を例とともに表 5.1 に示した。官能基は，その基を含む有機化合物に共通する特有の性質を与える。たとえば，炭化水素基 R- に官能基であるヒドロキシ基 -OH が結合した有機化合物 ROH は，アルコールとよばれ，ナトリウム Na と反応して水素 H_2 を発生するなどの OH 基に由来する性質を共通にもつ。

表 5.1　官能基による有機化合物の分類

官能基名		化合物の名称	化合物の例と示性式
ヒドロキシ基	$-OH$	アルコール フェノール類	エタノール　C_2H_5OH フェノール　C_6H_5OH
エーテル結合[1]	$-O-$	エーテル	ジエチルエーテル　$C_2H_5OC_2H_5$
ホルミル基	$-C(H)=O$	アルデヒド	アセトアルデヒド　CH_3CHO
ケトン基	$>C=O$	ケトン	アセトン　CH_3COCH_3
カルボキシ基	$-C(OH)=O$	カルボン酸	酢酸　CH_3COOH
エステル結合	$-C(O-)=O$	エステル	酢酸エチル　$CH_3COOC_2H_5$
ニトロ基	$-NO_2$	ニトロ化合物	ニトロベンゼン　$C_6H_5NO_2$
アミノ基	$-NH_2$	アミン	アニリン　$C_6H_5NH_2$
アミド結合	$-C(NH-)=O$	アミド	アセトアニリド　$CH_3CONHC_6H_5$
アゾ基	$-N=N-$	アゾ化合物	アゾベンゼン　$C_6H_5NNC_6H_5$
スルホ基	$-SO_3H$	スルホン酸	ベンゼンスルホン酸　$C_6H_5SO_3H$

1) 酸素原子に結合した炭化水素基 R を含めて RO- を官能基とする場合もある。RO- は一般にアルコキシ基とよばれ，代表的なものとして CH_3O- メトキシ基，CH_3CH_2O- エトキシ基がある。

◆ 例題 5.1 ◆◆◆◆◆◆◆◆◆◆◆◆◆◆◆◆◆◆◆◆◆◆◆◆◆◆◆

次の有機化合物(1)～(4)はいずれも自然界に存在する化合物である。それぞれ，鎖式飽和化合物，鎖式不飽和化合物，脂環式化合物，芳香族化合物のいずれであるか。また，それぞれに含まれる官能基を指摘し，その名称を述べよ。

(1) CHO, O-CH$_3$, OH（ベンゼン環）　(2) $NH_2CH_2CH_2SO_3H$　(3) $CH_3(CH_2)_7CH{=}CH(CH_2)_7COOH$　(4) CH_3, OH, $CH(CH_3)_2$（シクロヘキサン環）

◆◆◆◆◆◆◆◆◆◆◆◆◆◆◆◆◆◆◆◆◆◆◆◆◆◆◆◆◆◆◆◆◆◆◆◆◆◆

解

(1)芳香族化合物。ヒドロキシ基，エーテル結合，ホルミル基をもつ。(2)鎖式飽和化合物。アミノ基，スルホ基をもつ。(3)鎖式不飽和化合物。カルボキシ基をもつ。炭素-炭素二重結合も特有の性質を示すので，官能基に含めることが多い。(4)脂環式化合物。ヒドロキシ基をもつ。

[参考] (1)はバニリン。ラン科の植物バニラの果実などに含まれ，アイスクリームなどの香料として利用されている。(2)はタウリン。動物の心臓や肝臓などに存在し多くの生体内反応に関与するほか，健康飲料に添加されている。(3)はオレイン酸。オリーブ油などの油脂の構成成分である。(4)はメントール。ハッカ油に含まれ，強い香りと清涼な味をもち，香料や鎮痛剤として多用されている。脂環式化合物は，炭素原子や水素原子が省略されて骨格だけで表記されることが多い。◆

1.4　異性体

分子式は同じでも，構造が違うために異なった性質をもつ化合物を**異性体**という。特に，原子の結合のしかたが異なることによって生じる異性体を，**構造異性体**という。また，同じ構造式で示されるが，原子あるいは原子団の空間的な配置が異なることによって生じる異性体を，**立体異性体**という。異性体の分類と化合物の例を図 5.1 に示す。

・構造異性体　構造異性体には，炭素骨格の結合のしかたが異なる**骨格異性体**，官能基の種類が異なる**官能基異性体**，および官能基が結合している位置が

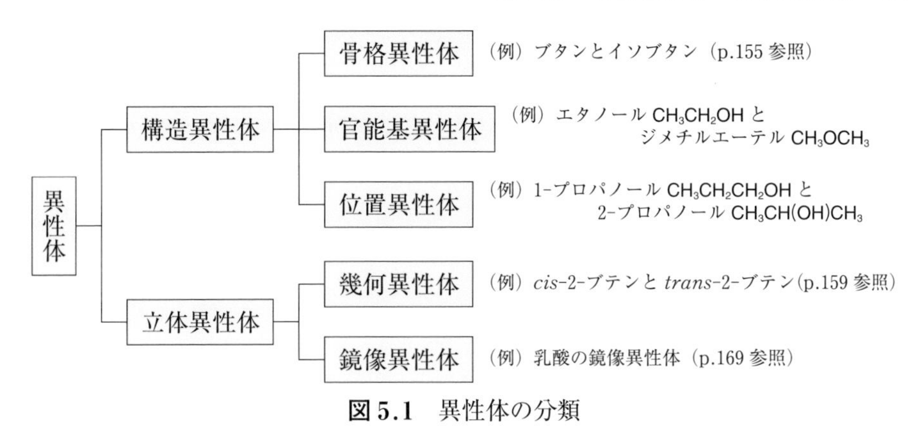

図 5.1　異性体の分類

異なる**位置異性体**がある。

・**立体異性体**　立体異性体には，二重結合の周りの原子あるいは原子団の配置の違いによって生じる**幾何異性体**（シス-トランス異性体），および炭素原子に結合した4個の原子あるいは原子団がすべて異なる場合に生じる**鏡像異性体**（光学異性体）がある。

◆ 例題 5.2 ◆◆◆◆◆◆◆◆◆◆◆◆◆◆◆◆◆◆◆◆◆◆◆◆◆◆◆◆◆◆◆

分子式が C_3H_6O で表わされる化合物のすべての異性体の構造式を書け。

◆◆◆◆◆◆◆◆◆◆◆◆◆◆◆◆◆◆◆◆◆◆◆◆◆◆◆◆◆◆◆◆◆◆◆◆

解　鎖式不飽和アルコールが3種類（(a)～(c)），鎖式不飽和エーテルが1種類(d)，脂環式アルコールが1種類(e)，酸素原子を環に含む脂環式エーテルが2種類（(f)，(g)），および脂肪族アルデヒド(h)と脂肪族ケトン(i)の計9種類の構造異性体が存在する。このうち，(c)には幾何異性体，(f)には鏡像異性体が存在する。

(a) $CH_2{=}CHCH_2OH$　(b) $CH_2{=}C(OH){-}CH_3$　(c) $CH_3CH{=}CHOH$　(d) $CH_2{=}CHOCH_3$

(e) OH　(f) CH_3, O　(g) O　(h) CH_3CH_2CHO　(i) $CH_3{-}C({=}O){-}CH_3$ ◆

［参考］炭素-炭素二重結合をつくる炭素原子にヒドロキシ基 -OH が結合した構造 -CH=C(OH)- は不安定であり，OH 基の水素原子が他方の炭素原子に移動して，炭素-酸素二重結合をもつ構造 $-CH_2C(=O)-$ に変わる反応が起こりやすい。このため，(b)，(c)は，すぐにそれぞれ安定な異性体である(i)，(h)に変化してしまう。

▶第2節　脂肪族炭化水素◀

脂肪族炭化水素は，有機化合物の中で最も基本となる化合物である。石油や天然ガスの主成分であり，燃料として我々の生活に役立っているほか，合成樹脂や合成繊維など様々な有機材料の原料として重要な化合物である。

2.1　飽和炭化水素

単結合のみからなる鎖状の炭化水素は，**アルカン**とよばれる。**メタン** CH_4 は最も簡単なアルカンであり，天然ガスの主成分などとして自然界に広く存在する。アルカンは炭素が増えるに従って，エタン C_2H_6，プロパン C_3H_8，ブタン C_4H_{10}，ペンタン C_5H_{12} などとよばれている。このようにアルカンは無数に存在するが，その分子式は，炭素原子数を n とすると C_nH_{2n+2} の一般式で表わされる。分子式が同じ一般式で表わされ，メチレン基 $-CH_2-$ の数だけが異なる一群の化合物を，**同族体**という。同族体の性質は互いに類似しており，炭素原子数 n の増加にともなって，沸点などの物理的性質は規則的に変化する場合が多い。

(1) アルカンの構造

メタン CH_4 は全体として正四面体の構造をとっており，正四面体の中心に炭素原子が位置し，水素原子は正四面体の各頂点に位置している。**エタン** C_2H_6 または CH_3CH_3 は，メ

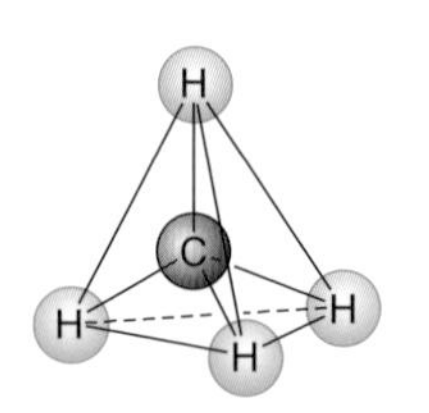

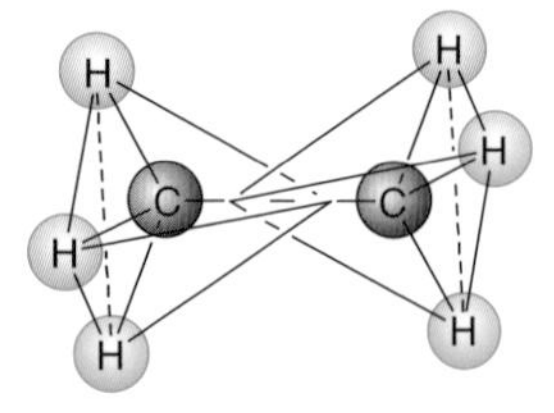

図5.2　メタンとエタンの立体構造

タンの正四面体構造が2個連結した形の立体構造をとっている（図5.2）。アルカンは，すべてこのような正四面体構造の炭素原子から形成されている。

一般式 C_nH_{2n+2} の $n=1\sim3$ までのアルカンはそれぞれ1種類ずつしか存在しないが，ブタン C_4H_{10} では2種類の構造異性体（骨格異性体）が存在する。構造異性体は異なった性質を示す。たとえば，構造異性体の沸点を比較すると，一般に，枝分かれした構造をもつ異性体の方が，直鎖状の構造をもつ異性体よりも低い。

$CH_3CH_2CH_2CH_3$

ブタン
沸点 −0.5℃

$$\begin{array}{c} CH_3 \\ | \\ CH_3CHCH_3 \end{array}$$

イソブタン
（2-メチルプロパン）
沸点 −12℃

アルカンの構造異性体の数は，炭素原子数 n の増加に伴って急激に増大する。たとえば，$n=5$ では3個，$n=6$ では5個であるが，$n=7$ では9個，$n=10$ では75個の構造異性体が存在する。

◆ 例題5.3 ◆◆◆◆◆◆◆◆◆◆◆◆◆◆◆◆◆◆◆◆◆◆◆◆◆◆◆

ヘキサン C_6H_{14} の5種類の構造異性体の構造式を書け。

◆◆◆◆◆◆◆◆◆◆◆◆◆◆◆◆◆◆◆◆◆◆◆◆◆◆◆◆◆◆◆◆◆◆◆

解

$CH_3CH_2CH_2CH_2CH_2CH_3$

$$\begin{array}{l} CH_3CH_2CH_2CHCH_3 \\ \qquad\qquad\quad\ | \\ \qquad\qquad\ \ CH_3 \end{array}$$

$$\begin{array}{l} CH_3CH_2CHCH_2CH_3 \\ \qquad\quad\ \ | \\ \qquad\quad CH_3 \end{array}$$

$$\begin{array}{l} \qquad\qquad\ CH_3 \\ \qquad\qquad\quad | \\ CH_3CH_2CCH_3 \\ \qquad\qquad\quad | \\ \qquad\qquad\ CH_3 \end{array}$$

$$\begin{array}{l} \qquad\ CH_3 \\ \qquad\quad | \\ CH_3CHCHCH_3 \\ \qquad\qquad\quad | \\ \qquad\qquad CH_3 \end{array}$$

◆

(2) アルカンの性質と反応

アルカンの融点や沸点は，炭素原子数の増大にともなって高くなる。直鎖状のアルカンでは1 atm，20℃において，炭素原子数が1～4は気体，5～15は液体であり，16以上は固体である。水にほとんど溶けないが，エーテルやベンゼンなどの有機溶媒には溶ける。

アルカンは，後に述べる官能基をもつ様々な有機化合物と比較して，きわめて反応性の低い安定な化合物である。室温付近では，酸・塩基や酸化剤・還元剤などとは反応しにくい。しかし，アルカンを空気中で点火すると激しく燃焼し，多量の熱の発生をともなって二酸化炭素 CO_2 と水 H_2O が生じる。

$$CH_4(g) + 2O_2(g) \rightarrow CO_2(g) + 2H_2O(\ell) \quad \Delta H = -892\ kJ/mol$$

また，アルカンを塩素 Cl_2 と混合して紫外線を照射すると，アルカンの水素原子が塩素原子で置き換わった化合物が生成する。このように，分子中の原子あるいは原子団が他の原子や原子団で置き換わる反応を，**置換反応**という。たとえば，メタン CH_4 と塩素の混合気体に紫外線を照射すると，クロロメタン CH_3Cl が塩化水素 HCl とともに生成する。

$$CH_4 + Cl_2 \xrightarrow{\text{光}} CH_3Cl + HCl$$

塩素が十分にあれば，塩素原子による置換反応が次々と進行し，ジクロロメタン CH_2Cl_2，クロロホルム $CHCl_3$，四塩化炭素 CCl_4 が生成する。

◆ 例題 5.4 ◆◆◆◆◆◆◆◆◆◆◆◆◆◆◆◆◆◆◆◆◆◆◆◆◆◆◆◆

ブタン $CH_3CH_2CH_2CH_3$ と塩素を混合し紫外線を照射した後，生成物を分離すると2種類の一塩素置換反応生成物 **A** および **B** が得られた。**A** はさらに2種類の鏡像異性体に分離することができた。**A** および **B** の構造式を書け。

◆◆◆◆◆◆◆◆◆◆◆◆◆◆◆◆◆◆◆◆◆◆◆◆◆◆◆◆◆◆◆◆◆◆◆

解　**A**：$CH_3CH_2CH(Cl)CH_3$（CHの炭素にClが結合）　**B**：$CH_3CH_2CH_2CH_2Cl$ ◆

(3) シクロアルカン

炭素原子が環状に連結した構造をもつ飽和炭化水素は，脂環式化合物に分類され，**シクロアルカン**と総称される。シクロアルカンの分子式は，C_nH_{2n} $(n \geqq 3)$ の一般式で表わされる。n が5以上のシクロアルカンでは，アルカンと同様に炭素原子は正四面体構造をとっており，また化学的性質もアルカンと類似している。**シクロヘキサン** C_6H_{12} はベンゼン C_6H_6 から合成され，ナイロンの原料に用いられる。ハッカの香気成分であるメントール（p.152 参照）や血液中に多量に含まれるコレステロールなど，シクロヘキサン骨格をもつ有機化合物は自然界にも多くみられる。

(4) 石油，石炭，天然ガス

石油や石炭，天然ガスは種々の炭化水素の混合物であり，地中深く埋もれた太古の植物や動物の遺骸が熱や圧力によって分解されて生成したものと考えられている。これらは，**化石燃料**とよばれ人類にとって主要なエネルギー源であるとともに，重要な炭素資源でもある。

地下から産出した未精製の石油は，**原油**とよばれる。原油は精留塔によって沸点の違いにより分離され，それぞれの性質に適した用途に利用される（表5.2）。

石炭は，様々な構造をもつ芳香族化合物が連結した高分子化合物と推定されている。空気を遮断して石炭を熱分解すると，石炭ガス，コークス，コールタールが得られる。石炭ガスの主成分は，水素，メタン，一酸化炭素であり，工業用燃料として用いられる。コークスは炭素を主成分とする固体であり，鉄鉱石の還元などに利用される。コールタールは多種類の芳香族化合物を含む液体であり，ナフタレンなど様々な芳香族化合物が分離され，それぞれ染料や医薬品の原料として用いられる。

表5.2　原油の蒸留による分離

留出分の名称	沸点(℃)	炭素数	用途の例
石油ガス	＜ 30	C_1〜C_4	家庭用燃料
ナフサ (粗製ガソリン)	30〜200	C_4〜C_{12}	乗用車の燃料， エチレンなどの原料
灯油	200〜300	C_{12}〜C_{15}	石油ストーブの燃料
軽油	300〜400	C_{15}〜C_{25}	ディーゼルエンジンの燃料
重油	＞400	＞C_{25}	船の燃料， 低沸点アルカンの原料[1)]

1) 触媒を用いた熱分解（クラッキング）や，水素との反応により，炭素数の少ないアルカンに変換される。これにより，ガソリンなどの利用価値の高い製品が増産される。

天然ガスの主成分はメタンであり，少量のエタンやプロパンが含まれている。冷却圧縮により液化され，液化天然ガス（LNG）として輸送される。天然ガスは，都市ガスや化学工業の原料として用いられる。

2.2　不飽和炭化水素

炭素-炭素二重結合を含む鎖式不飽和炭化水素を，**アルケン**とよぶ。最も簡単なアルケンは，**エチレン** $CH_2=CH_2$ である。エチレンは**エテン**ともよばれ，様々な化学製品の原料として工業的に重要な化合物である。エチレンのひとつの水素原子がメチル基 CH_3- に置き換わった化合物 $CH_3CH=CH_2$ は，**プロペン**とよばれる。プロペンは，慣用的にプロピレンとよばれており，やはり合成樹脂の原料などとして重要な化合物である。アルケンの分子式は，C_nH_{2n} $(n \geqq 2)$ の一般式で表わされる。

また，炭素-炭素三重結合を含む鎖式不飽和炭化水素は，**アルキン**とよばれ，一般式 $C_nH_{2n-2}(n \geqq 2)$ で表わされる。**アセチレン** $CH \equiv CH$ は最も簡単なアルキンであり，工業原料のほか，古くから照明や溶接用の燃料として用いられている。

(1) アルケンの立体構造

エチレンは平面構造をもつ分子である。エチレンの二重結合を形成する2個の炭素原子と，それらに結合している2個の水素原子は，同一平面上に存在する（図5.3）。エチレンの炭素-炭素結合距離は1.34 Å であり，エタンの炭素-炭素結合距離1.54 Å と比べてかなり短い。

アルケンに含まれる炭素-炭素二重結合では，2組の電子対が2個の炭素原

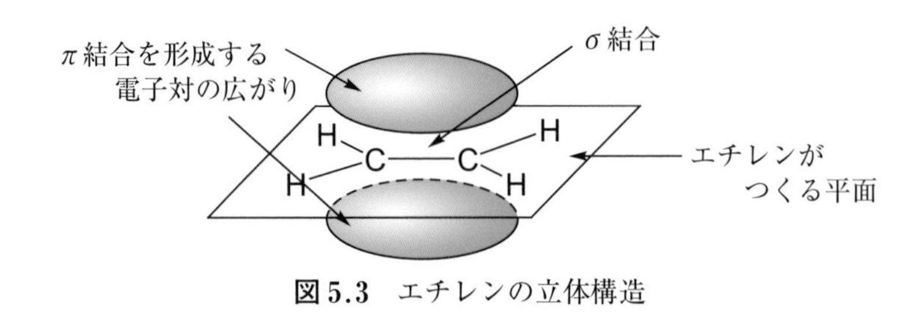

図5.3　エチレンの立体構造

子に共有されているが，電子対の共有され方がそれぞれの組で異なっている。1組の電子対は主に炭素–炭素結合軸に沿って存在して2個の炭素原子に共有されており，このような電子対による結合を **$\boldsymbol{\sigma}$**（シグマ）**結合**という。炭素–水素結合や，アルカンの炭素–炭素単結合も σ 結合である。もう1組の電子対は，アルケンがつくる平面の上下方向に広がって存在して，2個の炭素原子に共有されている。このような電子対による結合を **$\boldsymbol{\pi}$**（パイ）**結合**という。アルケンの二重結合は，σ 結合と π 結合からできている（図5.3）。

アルケンの二重結合の結合軸の回りに回転が起こると π 結合が切断されるため，通常の温度では二重結合は回転しない。このため，たとえば，2–ブテン $CH_3CH{=}CHCH_3$ では，メチル基 CH_3 が二重結合に対して同じ側にあるシス体と，反対側にあるトランス体が立体異性体として存在する。このような異性体を**幾何異性体**あるいは**シス–トランス異性体**という。

シス体
cis–2–ブテン
沸点4℃

トランス体
trans–2–ブテン
沸点1℃

(2) アルケンの製法と反応

エチレンやプロペンは，工業的にはナフサの熱分解で製造される。これらは化学工業の原料として重要であり，エチレンからはエタノール，アセトアルデヒド，塩化ビニルなどが合成され，プロペンは2–プロパノールやアセトンなどの製造に用いられている。

実験室では，アルケンはアルコールから，ヒドロキシ基 –OH と水素原子 H を水分子として脱離させることによって合成される。たとえば，エタノールと濃硫酸の混合物を約170℃に加熱すると，酸が触媒として働き，エタノールから水分子が脱離してエチレンが生成する。

$$CH_3CH_2OH \rightarrow CH_2{=}CH_2 + H_2O$$

1個の分子から2個の原子または原子団が取り出される反応を，**脱離反応**という。特に，取り出される分子が水の場合には，**脱水反応**とよばれる。脱離反応によって不飽和結合をもつ化合物が生成する。

◆ 例題 5.5 ◆◆◆◆◆◆◆◆◆◆◆◆◆◆◆◆◆◆◆◆◆◆◆◆

2-ペンタノール $CH_3CH_2CH_2CH(OH)CH_3$ の脱水反応によって生成する可能性のあるアルケンの構造式とその化合物名を書け。

◆◆◆◆◆◆◆◆◆◆◆◆◆◆◆◆◆◆◆◆◆◆◆◆◆◆◆◆◆◆◆◆◆◆

解　ヒドロキシ基の結合している炭素とそれに隣接している炭素の間に二重結合が形成されるので，生成するアルケンには2種類の構造異性体，1-ペンテンと2-ペンテンが考えられる。さらに，2-ペンテンにはシス体とトランス体があるので，生成する可能性があるアルケンは以下の3種類である。

$CH_3CH_2CH_2CH{=}CH_2$

1-ペンテン

CH_3CH_2 と CH_3 が $C{=}C$ の同じ側，H と H が同じ側

cis-2-ペンテン

CH_3CH_2 と CH_3 が $C{=}C$ の反対側（上に CH_3CH_2, H；下に H, CH_3）

trans-2-ペンテン ◆

アルケンはアルカンと比べて反応性が高い。これは，π 結合をつくっている電子が σ 結合の電子に比べて，炭素原子核による束縛がゆるく，不安定なためである。たとえば，アルケンを臭素 Br_2 と反応させると，二重結合をつくる炭素原子に臭素原子が結合し，π 結合が開裂した化合物が得られる。この反応は臭素の赤褐色の消失を伴うので，アルケンの検出に利用されている。

$$CH_2{=}CH_2 \quad + \quad Br_2 \quad \rightarrow \quad CH_2BrCH_2Br$$

1,2-ジブロモエタン

また，アルケンに，白金 Pt やニッケル Ni を触媒として水素 H_2 を反応させると，二重結合をつくる炭素原子にそれぞれ水素原子が結合して，アルカンが得られる。これらの反応のように，不飽和結合の原子に他の原子または原子団が結合する反応を，**付加反応**という。付加反応によって不飽和化合物は飽和化合物に変換される。

エチレンやプロペンを，触媒の存在下に適当な温度，圧力条件で反応させると，多数の分子の間で次々と付加反応が起こり，ポリエチレンやポリプロピレンが生成する。このような反応を**付加重合**という。生成物は，エチレンやプロペンが単位となって繰り返し結合した構造をもち，分子量が1万を超える巨大な化合物である。このような化合物は，高分子化合物とよばれる。高分子化合物については，第6章で詳しく述べる。

(3) アルキンの立体構造

アセチレン CH≡CH は直線構造をもつ分子である。一般に，アルキンでは，三重結合を形成している2個の炭素原子と，それらの炭素原子に結合している2個の原子は一直線上に存在する。アルキンの三重結合は，1個の σ 結合と2個の π 結合からできている。アセチレンの炭素-炭素結合距離は 1.20 Å であり，エチレンの炭素-炭素二重結合の距離 1.34 Å よりさらに短い。

(4) アセチレンの製法と反応

アセチレンは無色の気体（沸点 −82℃）であり，工業的にはアルカンの熱分解で製造されている。実験室では，炭化カルシウム（カルシウムカーバイド）CaC_2 に水を作用させると得られる。

$$CaC_2 \ + \ 2H_2O \ \rightarrow \ CH{\equiv}CH \ + \ Ca(OH)_2$$

◆ 例題 5.6 ◆◆◆◆◆◆◆◆◆◆◆◆◆◆◆◆◆◆◆◆◆◆◆◆◆◆◆◆◆

0℃，1 atm で 168 mL のアセチレンを発生させるためには，何 g の炭化カルシウムが必要か。原子量は C＝12，Ca＝40 とする。

◆◆◆◆◆◆◆◆◆◆◆◆◆◆◆◆◆◆◆◆◆◆◆◆◆◆◆◆◆◆◆◆◆◆◆◆◆

解　アセチレン 1 mol は，0℃，1 atm では 22.4 L であり，炭化カルシウムの式量は 64 なので，アセチレンを 168 mL 発生させるのに必要な炭化カルシウムは，

$$\frac{0.168\ \mathrm{L}}{22.4\ \mathrm{L/mol}} \times 64\ \mathrm{g/mol} = 0.48\ \mathrm{g}$$

となる。◆

アセチレンも不飽和結合をもつので，アルケンと同様に付加反応を起こす。たとえば，臭素 Br_2 を反応させると段階的に2分子の臭素が付加して，1, 1, 2, 2-テトラブロモエタン $CHBr_2CHBr_2$ が得られる。

アセチレンに，硫酸水銀(Ⅱ)$HgSO_4$ を触媒として水 H_2O と反応させると水の付加反応が進行し，ビニルアルコール CH_2=CHOH が生成する。ビニルアルコールは不安定で，すぐに安定な異性体であるアセトアルデヒド CH_3CHO に変化する。また，塩化水銀(Ⅱ)$HgCl_2$ を触媒に用いると塩化水素

HCl の付加反応が起こり，塩化ビニル CH_2=CHCl が生成する。アセトアルデヒドや塩化ビニルは化学工業の原料として用いられるため，かつてはこれらの反応は工業的に重要な反応であったが，現在では，いずれも水銀塩を用いないエチレンを原料とする製造法が開発されている。

▶第3節　酸素を含む脂肪族化合物◀

脂肪族炭化水素に酸素原子が結合すると，その結合のしかたによって様々な化合物ができる。アルコールは C–O–H 結合をもち，エーテルは C–O–C 結合をもつ化合物である。また，炭素原子と酸素原子は二重結合をつくることができ，アルデヒド，ケトン，カルボン酸などの化合物を与える。これらの化合物の酸素原子を含む部分は，すべて官能基であり，その化合物に特有の性質を与えている。

■3.1　アルコール

脂肪族炭化水素の水素原子が**ヒドロキシ基** –OH に置き換わった構造の化合物を**アルコール**という。

最も簡単なアルコールは**メタノール** CH_3OH である。メタノールは，工業的には酸化亜鉛(Ⅱ)ZnO と酸化クロム(Ⅲ)Cr_2O_3 の混合物を触媒として，一酸化炭素 CO と水素 H_2 から製造されている。メタノールは，ホルムアルデヒドなど様々な有機化合物の原料として工業的に重要な化合物である。

ひとつ炭素鎖がのびた**エタノール** CH_3CH_2OH は，グルコースなどから酵母菌による発酵（**アルコール発酵**）によって生成し，酒類に含まれて飲料となるほか，溶剤や消毒薬などにも用いられて我々の生活に深く関わっている。工業的にはデンプンや糖蜜を原料としてアルコール発酵による方法か，あるいはリン酸 H_3PO_4 と二酸化ケイ素 SiO_2 を触媒としてエチレンに水を付加する方法で製造されている。

(1) アルコールの分類

アルコールは分子に含まれるヒドロキシ基の数によって，一価アルコール，二価アルコール，三価アルコールなどに分類される。二価以上のアルコールを**多価アルコール**という。メタノールやエタノールは一価アルコールである。代表的な二価アルコールに，**エチレングリコール** $CH_2(OH)CH_2OH$ がある。エチレングリコールはエチレンの酸化により合成され，合成繊維や合成樹脂の原料や不凍液の成分として用いられている。**グリセリン** $CH_2(OH)CH(OH)CH_2(OH)$ は代表的な三価アルコールであり，油脂（p.172 参照）をつくる成分として自然界に広く存在する。粘度の高い液体であり，ニトログリセリンの製造に用いられるほか，合成樹脂や医薬品の原料として多用される。

一般にアルコールは，ROH と表わすことができる。メタノールやエタノールのように脂肪族炭化水素基 R- の炭素数が少ないものを**低級アルコール**，炭素数が多いものを**高級アルコール**という。また，アルコールは，ヒドロキシ基が結合している炭素原子が何個の炭素原子と結合しているかによっても分類される。1 個の場合を**第一級アルコール**，2 個の場合を**第二級アルコール**，3 個の場合を**第三級アルコール**という。アルコールの級数によって，酸化されやすさなどの反応性に違いがみられる。

◆ 例題 5.7 ◆◆◆◆◆◆◆◆◆◆◆◆◆◆◆◆◆◆◆◆◆◆◆◆◆◆◆◆◆

鎖状飽和炭化水素基をもつ一価アルコールの一般式は $C_nH_{2n+1}OH$ で表わされる。n が 1 および 2 の場合にはそれぞれ 1 種類のアルコールしかないが，$n=3$ 以上になると構造異性体が存在する。$n=4$ のブタノールにおけるすべての構造異性体の構造式を示せ。また，それぞれを第一級，第二級，第三級アルコールに分類せよ。

◆◆◆◆◆◆◆◆◆◆◆◆◆◆◆◆◆◆◆◆◆◆◆◆◆◆◆◆◆◆◆◆◆◆

解　以下に示す 4 種類の異性体が存在する。それぞれのアルコールの慣用名を構造式の下に記した（括弧内は，国際純正・応用化学連合が設定している命名法に基づく名称）。*n*，*sec*，*tert* はそれぞれノルマル，セカンダリー，ターシャリーと読む。*n*-ブチルアルコールとイソブチルアルコールは第一級，*sec*-ブチルアルコールは第二級，*tert*-ブチルアルコールは第三級アルコールに分類される。

$CH_3CH_2CH_2CH_2OH$	$CH_3CH(CH_3)CH_2OH$	$CH_3CH_2CH(CH_3)OH$	$(CH_3)_3C\text{-}OH$
n-ブチルアルコール（1-ブタノール）	イソブチルアルコール（2-メチル-1-プロパノール）	*sec*-ブチルアルコール（2-ブタノール）	*tert*-ブチルアルコール（2-メチル-2-プロパノール）

◆

(2) アルコールの性質

アルコールはヒドロキシ基 -OH によって分子間で水素結合を形成することができるため，分子間に大きな相互作用をもつ。このため，同程度の分子量をもつ炭化水素に比べて，沸点や融点はかなり高い。また，水とも水素結合を形成できるため，水に対する溶解性も高いが，炭素数が多くなると水に溶けにくくなる。アルコールの OH 基は水溶液中で電離しないので，水溶液は中性である。

また，アルコールは OH 基に由来する特有の反応性を示す。アルコールはナトリウム Na と反応して水素 H_2 を発生し，ナトリウムアルコキシド RO^-Na^+ を生じる。

$$2ROH \quad + \quad 2Na \quad \rightarrow \quad 2RO^-Na^+ \quad + \quad H_2\uparrow$$

アルコールは，酸性溶液中の二クロム酸カリウム $K_2Cr_2O_7$ などによって酸化される。酸化によって，OH 基が結合している炭素原子上の水素（α-水素）が失われる。第一級アルコール RCH_2OH が酸化されるとアルデヒド RCHO となるが，アルデヒドはさらに酸化を受けてカルボン酸 RCOOH となる。第二級アルコール RR′CHOH を酸化すると，ケトン RR′C=O が得られる。第三級アルコール RR′R″COH は，α-水素をもたないので酸化されない。

◆ 例題 5.8 ◆◆◆◆◆◆◆◆◆◆◆◆◆◆◆◆◆◆◆◆◆◆◆◆◆◆◆◆◆◆◆

アルコール **A** を硫酸酸性溶液中，二クロム酸カリウムと反応させると，2-ペンタノン $CH_3CH_2CH_2COCH_3$ が得られた。**A** の構造式を書け。

◆◆◆

解　**A**：$CH_3CH_2CH_2CH(OH)CH_3$（2-ペンタノール）

◆

エチレンの製法で述べたように，アルコールを濃硫酸とともに加熱すると，脱水反応が進行してアルケンが生成する。この反応において，反応温度が低い場合には2分子のアルコールから1分子の水が脱離して，エーテルが生成する。たとえば，エタノールを濃硫酸とともに130℃に加熱すると，ジエチルエーテルが生成する。この反応のように，2分子の官能基から水などの分子が脱離して2分子が結合する反応を，**縮合反応**という。

$$2CH_3CH_2OH \xrightarrow[130℃]{\text{濃硫酸}} CH_3CH_2OCH_2CH_3 + H_2O$$

エタノール　　　　　　ジエチルエーテル

3.2　エーテル

2個の炭化水素基R-，R′-が酸素原子と結合した構造をもつ化合物R-O-R′を**エーテル**という。エーテルは，**エーテル結合** -O- を官能基としてもつ化合物である。エーテルは同じ炭素数をもつ一価アルコールの構造異性体（官能基異性体）である。アルコールと異なってOH基をもたないので，分子間で水素結合を形成することができず，異性体のアルコールに比べて沸点がかなり低く，水に対する溶解性も低い。また，反応性に乏しく，ナトリウムNaや酸化剤とも反応しない。

最も重要なエーテルは**ジエチルエーテル** $CH_3CH_2OCH_2CH_3$ であり，単にエーテルとよばれることもある。ジエチルエーテルは揮発性の液体（沸点35℃）であり，きわめて引火性が高く，麻酔作用をもつ。エタノールの縮合反応によって合成され，有機化合物を抽出するための溶媒や様々な有機化学反応の溶媒として利用されている。

3.3　カルボニル化合物

炭素原子と酸素原子間に二重結合をもつ原子団 >C=O を**カルボニル基**といい，カルボニル基をもつ化合物を**カルボニル化合物**という。カルボニル基に水素原子が1個結合した原子団 -CH=O を**ホルミル基**といい，ホルミル基をもつ化合物を**アルデヒド**という。また，カルボニル基に2個の炭化水素基R-，R′-が結合した化合物RR′C=Oは，**ケトン**とよばれる。

(1) アルデヒド

アルデヒドは一般式 RCHO（R– は水素原子あるいは炭化水素基）で表わされ，第一級アルコール RCH_2OH の酸化によって合成される。アルデヒドは酸化されてカルボン酸 RCOOH になりやすいため，還元性を示す。たとえば，試験管中で，アルデヒドをアンモニア水を加えた硝酸銀水溶液と反応させると，アルデヒドによって銀(Ⅰ)イオンが還元され，試験管の内壁に銀 Ag が析出する。この反応を，**銀鏡反応**という。また，**フェーリング液**とよばれる硫酸銅(Ⅱ)と酒石酸ナトリウムカリウムの混合水溶液にアルデヒドを加えて加熱すると，銅(Ⅱ)イオンが還元されて酸化銅(Ⅰ)Cu_2O の赤色沈殿が生成する。これらの反応は，ホルミル基の検出反応に用いられている。

最も簡単なアルデヒドは，**ホルムアルデヒド** HCHO である。ホルムアルデヒドは刺激臭のある気体（沸点 −19℃）であり，水によく溶ける。工業的には銅 Cu あるいは白金 Pt を触媒としてメタノールを空気酸化することによって製造され，合成樹脂や様々な有機化合物の合成原料として重要な化合物である。近年，住宅建材から室内に発生する揮発性化学物質が健康障害を引き起こす「シックハウス症候群」が問題になっているが，ホルムアルデヒドはその原因物質のひとつとされている。ホルムアルデヒドの約 40％の水溶液は**ホルマリン**とよばれ，殺菌剤や動物標本の保存液として用いられている。

アセトアルデヒド CH_3CHO は，エタノールを二クロム酸カリウム $K_2Cr_2O_7$ で酸化することによって合成される。工業的には，かつてはアセチレンを原料としてつくられていたが，現在は，塩化パラジウム(Ⅱ)$PdCl_2$ と塩化銅(Ⅱ)$CuCl_2$ を触媒として，エチレンを酸素により直接酸化して製造されている。この方法は**ワッカー法**とよばれている。アセトアルデヒドは，酢酸 CH_3COOH など様々な有機化合物の合成原料として用途が広い。

(2) ケトン

ケトンは一般式 RR′C=O（R–，R′– は炭化水素基）で表わされ，第二級アルコール RR′CHOH の酸化によって合成される。ケトンは同じ炭素数をもつアルデヒドと構造異性体の関係にあるが，酸化されにくく還元性を示さない。

2 個のメチル基 CH_3– が結合したケトン $(CH_3)_2C=O$ は**アセトン**とよばれ，

有機溶媒として重要な化合物である。アセトンは芳香のある液体（沸点56℃）であり，水によく溶ける。2-プロパノール $(CH_3)_2CHOH$ を二クロム酸カリウムで酸化することによって合成されるほか，酢酸カルシウム $Ca(CH_3COO)_2$ を加熱分解することによっても得られる。

$$Ca(CH_3COO)_2 \rightarrow (CH_3)_2C{=}O + CaCO_3$$

工業的には，プロペンを直接酸化することによって製造され，また，クメン法によってフェノールを製造するときにフェノールとともに得られる（p.177参照）。

アセトンの水溶液にヨウ素 I_2 と水酸化ナトリウム NaOH 水溶液を加えて加熱すると，ヨードホルム CHI_3 の黄色沈殿が生じる。この反応は**ヨードホルム反応**とよばれ，アセトンのほか，アセトアルデヒドやエタノールなど CH_3CO- あるいは $CH_3CH(OH)-$ の構造をもつ化合物では同様の反応が起こる。ヨードホルム反応は，有機化合物がこれらの構造をもつかどうかを調べるための反応として有用である。

◆ 例題 5.9 ◆◆◆◆◆◆◆◆◆◆◆◆◆◆◆◆◆◆◆◆◆◆◆◆◆◆◆◆◆◆

分子式 $C_5H_{10}O$ をもつカルボニル化合物のうち，フェーリング液を還元する化合物の構造式をすべて書け。また，ヨードホルム反応を示す化合物の構造式をすべて書け。

◆◆◆◆◆◆◆◆◆◆◆◆◆◆◆◆◆◆◆◆◆◆◆◆◆◆◆◆◆◆◆◆◆◆◆◆◆

解　分子式 $C_5H_{10}O$ をもつカルボニル化合物には，以下に示すように4種類のアルデヒド（(a)～(d)）と3種類のケトン（(e)～(g)）がある。フェーリング液を還元する化合物はすべてのアルデヒド（(a)～(d)）が該当し，ヨードホルム反応を示す化合物は，CH_3CO- の構造をもつ(e)および(g)が該当する。

(a) $CH_3CH_2CH_2CH_2CHO$

(b) $CH_3CH_2CH(CH_3)CHO$

(c) $CH_3CH(CH_3)CH_2CHO$

(d) $CH_3-C(CH_3)_2-CHO$

(e) $CH_3CH_2CH_2-C(=O)-CH_3$

(f) $CH_3CH_2-C(=O)-CH_2CH_3$

(g) $CH_3CH(CH_3)-C(=O)-CH_3$

◆

3.4　カルボン酸

カルボニル基$>C=O$にヒドロキシ基$-OH$が結合した構造をもつ官能基$-COOH$を**カルボキシ基**とよび，カルボキシ基をもつ化合物を**カルボン酸**という。カルボン酸の一般式は$RCOOH$（R- は水素原子あるいは炭化水素基）と表わされ，カルボキシ基に由来する特有の性質を示す。

最も簡単なカルボン酸は，**ギ酸**$HCOOH$である。ギ酸は刺激臭のある液体（沸点101℃）で，ホルムアルデヒド$HCHO$の酸化によって合成される。ギ酸は分子中にホルミル基$-CH=O$の構造をもつので還元性を示し，銀鏡反応やフェーリング液の還元など，アルデヒドとしての性質を示す点で他のカルボン酸と異なっている。

炭化水素基としてメチル基CH_3-をもつカルボン酸CH_3COOHが，**酢酸**である。食酢の中に3〜5%含まれており，我々の生活に関わりの深い化合物である。エタノールから酢酸菌による発酵（酢酸発酵）によって得られるほか，アセトアルデヒドの酸化によっても合成される。酢酸ビニル$CH_2=CHOCOCH_3$や様々な医薬品の原料，および溶剤などとして，工業的にも重要な化合物である。酢酸の融点は17℃であり，純度の高い酢酸は，冬季には凝固するため**氷酢酸**とよばれる。

(1) カルボン酸の分類

カルボン酸は分子内に含まれるカルボキシ基の数によって，モノカルボン酸（一価カルボン酸），ジカルボン酸（二価カルボン酸），トリカルボン酸（三価カルボン酸）などに分類される。ギ酸や酢酸はモノカルボン酸である。特に，鎖式炭化水素基をもつモノカルボン酸を**脂肪酸**という。炭化水素基が単結合だけからなる脂肪酸は**飽和脂肪酸**とよばれ，一般式$C_nH_{2n+1}COOH$で表わされる。炭化水素基に不飽和結合を含む脂肪酸は，**不飽和脂肪酸**とよばれる。脂肪酸は炭素数によっても分類され，酢酸のように炭素数の少ない脂肪酸は**低級脂肪酸**，炭素数の多いものは**高級脂肪酸**とよばれる。

「脂肪酸」の名称は，高級脂肪酸が動植物の油脂から初めて単離されたことに由来している。油脂から得られる代表的な高級脂肪酸を表5.3に示した。自然界に存在する脂肪酸は直鎖状の炭化水素基をもち，炭素数16と18のものが

表5.3　代表的な高級脂肪酸

名称	炭素数	示性式	融点(℃)
パルミチン酸	16	$CH_3(CH_2)_{14}COOH$	63
ステアリン酸	18	$CH_3(CH_2)_{16}COOH$	69
オレイン酸	18	$CH_3(CH_2)_7CH{=}CH(CH_2)_7COOH$	13
リノール酸	18	$CH_3(CH_2)_4CH{=}CHCH_2CH{=}CH(CH_2)_7COOH$	−5

多く，また不飽和脂肪酸の二重結合はシス体のものが多い。

代表的なジカルボン酸として，シュウ酸 HOOC–COOH やアジピン酸 $HOOC(CH_2)_4COOH$ がある。不飽和ジカルボン酸 HOOCCH=CHCOOH には幾何異性体が存在し，シス体は**マレイン酸**，トランス体は**フマル酸**とよばれている。

また，ヒドロキシ基 –OH をもつカルボン酸を**ヒドロキシ酸**という。**乳酸** $CH_3CH(OH)COOH$ は，代表的なヒドロキシ酸である。乳酸は動物の筋肉の中に含まれるほか，グルコースなどを原料として乳酸菌による発酵（乳酸発酵）によって生成する。ヨーグルトなど様々な発酵食品に含まれており，我々にとって身近な化合物である。

乳酸の中央の炭素原子には，CH_3，H，OH，COOH と異なる4個の原子あるいは原子団が結合している。このような炭素原子を，**不斉炭素原子**とよぶ。乳酸について図5.4に示したように，不斉炭素原子を1個もつ分子では，原子あるいは原子団の空間的配置が異なる2種類の立体異性体が存在する。これらは互いに重ね合わせることができないが，一方を鏡に映すとその鏡像が他方と一致する，いわば右手と左手の関係にある。このような立体異性体を，**鏡像異性体**あるいは**光学異性体**という。乳酸のそれぞれの鏡像異性体は，(+)-あるいは(S)-乳酸，および(−)-あるいは(R)-乳酸とよばれている。これらは，同一の沸点，融点をもつが，生体に対して異なった作用を示す。

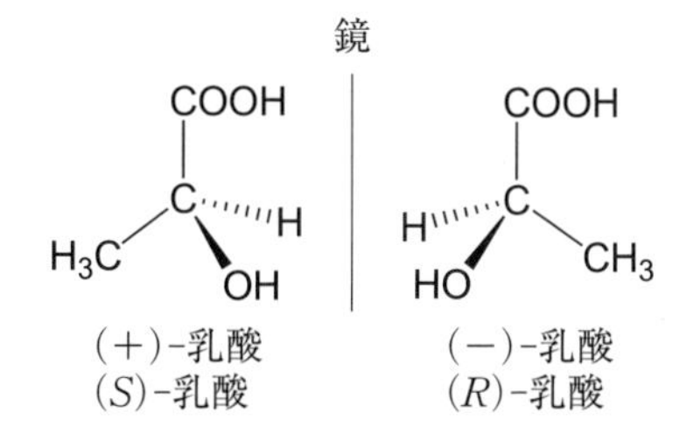

図5.4　乳酸の鏡像異性体
▬は紙面手前に向かう結合を表わす
⋯⋯は紙面後方に向かう結合を表わす

(2) カルボン酸の性質

カルボキシ基は強い水素結合を形成することができるので，同程度の分子量をもつ他の有機化合物に比べて融点や沸点が高い。炭素数の少ないカルボン酸は水によく溶けるが，炭素数が多くなるにつれて水に溶けにくくなる。

カルボン酸はその名前のとおり酸性を示すという点で，有機化合物の中でも際立った特徴をもつ化合物である。水溶液中ではわずかに電離して，弱い酸性を示す。水に溶けにくいカルボン酸も，水酸化ナトリウムなど塩基の水溶液を加えると，塩をつくって水に溶けるようになる。

$$RCOOH + NaOH \rightarrow RCOO^-Na^+ + H_2O$$

カルボン酸は弱酸であるが，炭酸より強い酸である。したがって，カルボン酸に炭酸塩や炭酸水素塩を反応させると，二酸化炭素が発生する。また，カルボン酸の塩に塩酸を加えると，カルボン酸が遊離する。

◆ 例題 5.10 ◆◆◆◆◆◆◆◆◆◆◆◆◆◆◆◆◆◆◆◆◆◆◆◆◆◆

酢酸と炭酸水素ナトリウムとの反応の化学反応式を書け。また，生成した酢酸ナトリウムに塩酸を加えると酢酸が遊離する。その反応を化学反応式で表わせ。

◆◆◆◆◆◆◆◆◆◆◆◆◆◆◆◆◆◆◆◆◆◆◆◆◆◆◆◆◆◆◆

解　$CH_3COOH + NaHCO_3 \rightarrow CH_3COO^-Na^+ + CO_2 + H_2O$

$CH_3COO^-Na^+ + HCl \rightarrow CH_3COOH + NaCl$　◆

(3) 酸無水物

2 個のカルボキシ基から 1 個の水分子が脱離して生成する -C(=O)-O-C(=O)- の構造をもつ化合物を，**カルボン酸無水物**または**酸無水物**という。酸無水物を水と反応させると**加水分解**が起こり，カルボン酸にもどる。

無水酢酸 $(CH_3CO)_2O$ は酢酸の無水物であり，酢酸を十酸化四リン P_4O_{10} などの脱水剤と反応させると得られる。カルボキシ基がないため，水に溶けにくく，酸性を示さない。アセテート繊維（p.190 参照）の製造に用いられるほか，医薬品や染料の原料として重要な化合物である。

不飽和ジカルボン酸 HOOCCH=CHCOOH のうち，シス体のマレイン酸を160℃程度に加熱すると，ひとつの分子がもつ2個のカルボキシ基から1分子の水が脱離して，環状の構造をもつ酸無水物，**無水マレイン酸**が生成する。しかし，トランス体のフマル酸では，2個のカルボキシ基が遠く離れて位置しているため，分子内の酸無水物は生成しない。

マレイン酸 —加熱, $-H_2O$→ 無水マレイン酸

3.5　エステルと油脂

カルボン酸 RCOOH のカルボキシ基の水素原子を炭化水素基 R′- で置き換えた化合物 RCOOR′ を**エステル**という。エステルは，**エステル結合** -C(=O)-O- を官能基としてもつ化合物である。エステルは，カルボン酸 RCOOH とアルコール R′OH が脱水縮合した構造をもつ。エステルは自然界に広く存在しており，特に，酢酸エチル $CH_3COOCH_2CH_3$ のような低分子量のエステルは，果実などの揮発性芳香成分となっている。動植物の体内に存在する油脂も，エステル結合をもった化合物である。

(1) エステルの製法と反応

一般にエステルは，カルボン酸とアルコールの縮合反応によって合成される。たとえば，酢酸とエタノールの混合物に少量の濃硫酸を加えて加熱すると，酢酸エチルが生成する。

$$CH_3COOH \quad + \quad CH_3CH_2OH \quad \rightarrow \quad CH_3COOCH_2CH_3 \quad + \quad H_2O$$

このような酸とアルコールの縮合反応を，**エステル化**という。この反応では酸が触媒として働いている。一方，エステルに希硫酸を加えて加熱するとエステル化の逆反応が進行し，カルボン酸とアルコールが生成する。この反応を，**エステルの加水分解**という。

$$CH_3COOCH_2CH_3 \quad + \quad H_2O \quad \rightarrow \quad CH_3COOH \quad + \quad CH_3CH_2OH$$

このように，酸を触媒とするエステル化は可逆的な反応である。したがって，この反応はカルボン酸やアルコールが全て消費されるまで進行することは

なく，反応がある程度進むと化学平衡（p.105 参照）に到達する。このため，エステルを収率よく合成するには，同時に生成する水を取り除くなどの方法によって，化学平衡をエステル生成の方向に移動させる必要がある。

酢酸エチルは，無水酢酸とエタノールを反応させても得られる。このような酸無水物とアルコールからエステルが生成する反応は，不可逆反応である。

$$(CH_3CO)_2O \;+\; CH_3CH_2OH \;\rightarrow\; CH_3COOCH_2CH_3 \;+\; CH_3COOH$$

また，エステルに水酸化ナトリウムなどの強塩基の水溶液を加えて加熱すると，エステルの加水分解が進行してアルコールが生成する。塩基を用いたエステルの加水分解を，**けん化**という。

◆ 例題 5.11 ◆◆◆◆◆◆◆◆◆◆◆◆◆◆◆◆◆◆◆◆◆◆◆◆◆◆◆◆

酢酸エチルの水酸化ナトリウムによるけん化の化学反応式を書け。塩基を用いたエステルの加水分解は，酸を触媒とする反応と異なって不可逆反応となる。その理由を説明せよ。

◆◆◆◆◆◆◆◆◆◆◆◆◆◆◆◆◆◆◆◆◆◆◆◆◆◆◆◆◆◆◆◆◆◆

解

$$CH_3COOCH_2CH_3 \;+\; NaOH \;\rightarrow\; CH_3COO^-Na^+ \;+\; CH_3CH_2OH$$

塩基性条件のため，生成したカルボン酸は塩 $CH_3COO^-Na^+$ となる。カルボン酸塩には OH 基がなくアルコールと脱水反応を起こすことができないため，反応は不可逆となる。 ◆

（2）油脂

動植物の体内に広く存在する**油脂**は，三価アルコールのグリセリンと 3 分子の高級脂肪酸とのエステルであり，**トリグリセリド**ともよばれる。飽和の炭化水素基を多く含む油脂は，炭化水素基に不飽和結合をもつ油脂より融点が高い。常温で固体の油脂を**脂肪**，液体のものを**脂肪油**という。

脂肪油にニッケル Ni を触媒として水素を反応させると，脂肪油の炭化水素基に含まれる炭素-炭素不飽和結合に水素が付加して飽和の炭化水素基となるため，油脂の融点が高くなる。このようにして得られた油脂を**硬化油**とよび，マーガリンなどの製造に用いられる。

◆ 例題 5.12 ◆◆◆◆◆◆◆◆◆◆◆◆◆◆◆◆◆◆◆◆◆◆◆◆◆◆◆◆

高級脂肪酸に由来する部分がリノール酸 $C_{17}H_{31}COOH$ のみからなる油脂がある。この油脂 43.9 g をニッケル Ni を触媒として水素と完全に反応させ，ステアリン酸 $C_{17}H_{35}COOH$ のみからなる油脂に変えるためには，0℃，1 atm の水素が何 L 必要か。原子量は H=1，C=12，O=16 とする。

◆◆◆◆◆◆◆◆◆◆◆◆◆◆◆◆◆◆◆◆◆◆◆◆◆◆◆◆◆◆◆◆◆◆◆◆

解　油脂の構造式は

$$\begin{array}{l} CH_2OCOC_{17}H_{31} \\ | \\ CHOCOC_{17}H_{31} \\ | \\ CH_2OCOC_{17}H_{31} \end{array}$$

と表わされる。

分子式は $C_{57}H_{98}O_6$ となり，分子量は 878 である。リノール酸は分子内に2個の二重結合をもつので，油脂 1 mol に対して 6 mol の水素が付加する。したがって，油脂 43.9 g に付加する水素の体積は 0℃，1 atm で，

$$\frac{43.9\ \mathrm{g}}{878\ \mathrm{g/mol}} \times 6 \times 22.4\ \mathrm{L/mol} = 6.72\ \mathrm{L}$$

となる。◆

(3) セッケンと合成洗剤

油脂に水酸化ナトリウムなどの強塩基の水溶液を加えて加熱すると，けん化が進行し，グリセリンと高級脂肪酸の塩が得られる。ここで得られた高級脂肪酸の塩を**セッケン**という。

セッケンは，たとえば $C_nH_{2n+1}COO^-Na^+$ のような構造式をもち，疎水基である炭化水素基 C_nH_{2n+1}- と，親水基であるイオン化したカルボキシ基 $-COO^-$ を併せもつ化合物である。セッケン分子を水に加えると，Na^+ は水中にほぼ均一に溶解するが，高級脂肪酸イオン部は会合してミセル（p.67 参照）をつくる。ここに少量の油を加えてよく振ると，油はミセルに取り込まれて水中に分散する。このような現象を，**乳化**という。セッケンによって，繊維に付着した油汚れも同様の機構で水中に分散されるため，セッケンは洗浄作用を示す。

セッケンは，弱酸であるカルボン酸のナトリウム塩であるから，水中では塩の加水分解（p.84 参照）により弱い塩基性を示す。このため，塩基に弱い動物性繊維の洗濯には使用できない。また，高級脂肪酸のカルシウム塩やマグネ

シウム塩は水に溶けにくいので，Ca^{2+} や Mg^{2+} を含む硬水中では洗浄力が落ちる。

このようなセッケンの欠点を克服するため，様々な**合成洗剤**が開発されている。代表的なものとして，硫酸ドデシルナトリウムあるいはドデシルベンゼンスルホン酸ナトリウムがある。これらはいずれもセッケンと同様，疎水性の炭化水素基と親水性のイオン構造からなる陰イオン部をもっている。また，強酸のナトリウム塩なので，その水溶液は中性であり，カルシウム塩やマグネシウム塩の水に対する溶解性も高く，硬水中でも洗浄力が落ちない。

$CH_3(CH_2)_{11}OSO_2^-\ Na^+$

硫酸ドデシルナトリウム

$CH_3(CH_2)_{11}-C_6H_4-SO_3^-\ Na^+$

ドデシルベンゼンスルホン酸ナトリウム

▶第4節　芳香族化合物◀

ベンゼンは C_6H_6 の分子式をもち六員環構造をもつ不飽和炭化水素であるが，その物理的，化学的性質はアルケンとは著しく異なっている。ベンゼンに含まれる環構造を芳香環，あるいはベンゼン環とよび，この環構造をもつ化合物を芳香族化合物という。ベンゼンの水素原子を，炭化水素基や様々な官能基で置き換えた化合物も，すべて芳香族化合物である。「芳香族」の名称は，19世紀において自然界から単離されたバニリン（p.152参照）などの良い香りをもつ物質にベンゼン環を含むものが多かったことに由来している。しかし，現在の分類上の「芳香族」は，物質の香気とは全く関係がない。

■4.1　芳香族炭化水素

芳香族炭化水素は，芳香族化合物の骨格をつくる化合物である。最も簡単な芳香族炭化水素が，**ベンゼン** C_6H_6 である。ベンゼンは無色の液体（沸点80℃）であり，水に溶けにくい。発がん性が認められており，自動車の排気ガスに含まれ大気に排出されるため，ガソリンのベンゼン許容濃度は厳しく制限されている。ベンゼンの水素原子が脂肪族炭化水素基に置換された構造をもつ芳香族炭化水素を，アルキルベンゼンとよぶ。**トルエン** $C_6H_5CH_3$ は代表的なアルキルベンゼンであり，染料や香料の原料として，また溶剤として広く用いられている。ベンゼンの 2 個の水素原子がメチル基 CH_3- で置き換わったものを，**キシレン** $C_6H_4(CH_3)_2$ という。

また，ベンゼン環は六角形の一辺を共有することによって連結し，縮合環構造とよばれる構造をとることができる。このような環構造をもつ化合物を**多環芳香族化合物**といい，ナフタレン $C_{10}H_8$ をはじめとする多様な化合物が含まれる（p.177 参照）。

(1) 芳香族炭化水素の構造

ベンゼンは平面構造の分子であり，6 個の炭素原子は正六角形を形成している。炭素-炭素結合距離は 1.39 Å であり，単結合と二重結合の中間の長さとなっている。

エチレンと同様にベンゼンの構造式を記述すると，六角形は 6 個の σ 結合と 3 個の π 結合で表現され，単結合と二重結合が交互に描かれる構造式となる（図 5.5 (a)）。この構造式は，ベンゼンに対してはじめて環構造を提唱したケクレ（1829～1896）の名をとり，**ケクレ構造**とよばれている。しかし，単結合と二重結合の結合距離が異なることを考えると，この構造はベンゼンの正六角形構造を正しく表現してないことがわかる。実は，ベンゼンをはじめとする芳香族化合物がもつ六員環では，単結合と二重結合の明確な区別があるわけではなく，二重結合を形成する π 結合は特定の炭素-炭素間に存在せずに，6 本の炭素原子間の結合に均等に分布していると考えられている。言い換えると，π 結合を形成する電子対は特定の 2 個の炭素原子に共有されるのではなく，6 個の電子が 6 個の炭素原子に共有された状態となっている。

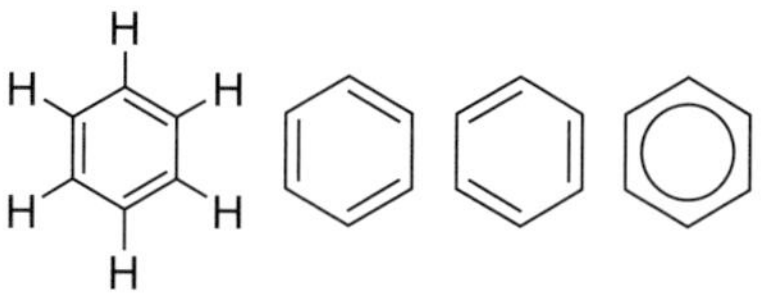

(a)　(b)　(c)　(d)

図 5.5　ベンゼンの構造式

電子が特定の結合に束縛されずに，分子全体を動き回って多くの原子核の影響を受けることを，電子の**非局在化**という。電子が非局在化することにより，分子は安定になる。芳香族化合物のもつ著しい安定性や特異な性質は，芳香環における電子の非局在化に由来している。

ベンゼンは，以上のような特異な構造を考慮して，図 5.5(b)のように表記される。水素原子は省略されることが多い。単結合と二重結合の位置を入れ換えた(c)は(b)と同等であり，どちらを用いてもよい。また，ベンゼンは，電子の非局在化を意識して図 5.5(d)のように描かれることもある。

ベンゼンの 6 個の水素原子はすべて等価なので，ひとつの水素原子を炭化水素基 X で置換した化合物 C_6H_5X は 1 種類しか存在しない。しかし，2 個の水素原子が炭化水素基 X，Y で置換された化合物 C_6H_4XY では，炭化水素基の位置によって構造異性体（位置異性体）が存在する。隣接する位置に 2 個の置換基をもつものを *o*-体（**オルト体**），2 個の置換基が 1 個の水素原子をはさんで位置するものを *m*-体（**メタ体**），ベンゼン環の向かい合った位置に置換基をもつものを *p*-体（**パラ体**）という。

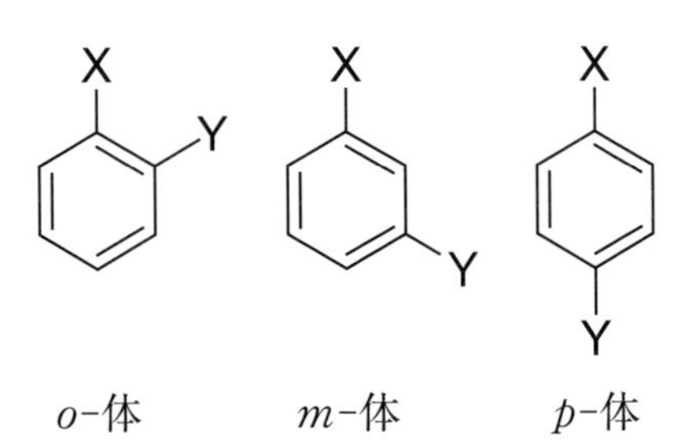

(2) 芳香族炭化水素の性質と反応

芳香族炭化水素は，π 結合の電子が非局在化しているため，アルケンとは著しく異なった反応性を示す。芳香族炭化水素は，アルケンのような付加反応は起こしにくく，置換反応を起こしやすい。これは，付加反応では安定な芳香環が破壊されるのに対して，置換反応では維持されるためである。

ベンゼンに濃硝酸と濃硫酸を加えて加熱すると，ベンゼン環の水素原子がニトロ基 $-NO_2$ で置換され，ニトロベンゼンが得られる。この置換反応を**ニトロ化**という。また，ベンゼンに濃硫酸を加えて加熱すると，水素原子がスルホ基 $-SO_3H$ で置換され，ベンゼンスルホン酸が得られる。一方，ベンゼンに鉄 Fe や塩化鉄(Ⅲ) $FeCl_3$ を触媒として塩素 Cl_2 を反応させると，水素原子が塩

NO_2　　SO_3H　　Cl

ニトロベンゼン　　ベンゼンスルホン酸　　クロロベンゼン

素原子に置換され，クロロベンゼンが生成する。これらの置換反応はいずれも，芳香族炭化水素から官能基をもつ芳香族化合物を合成するために重要な反応であり，医薬品，染料，爆薬などの製造において工業的にも多用されている。

芳香族炭化水素に付加反応を行わせるには，アルケンの場合よりも激しい反応条件を必要とする。ベンゼンに白金 Pt あるいはパラジウム Pd を触媒として高温・高圧下で水素 H_2 と反応させると，水素の付加反応が進行して，シクロヘキサン C_6H_{12} が得られる。また，ベンゼンに紫外線を照射しながら塩素 Cl_2 を作用させると，1, 2, 3, 4, 5, 6-ヘキサクロロシクロヘキサン $C_6H_6Cl_6$ が得られる。

(3) 多環芳香族化合物

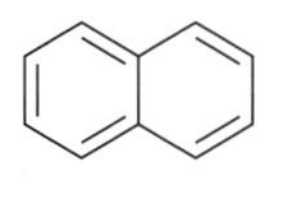
ナフタレン

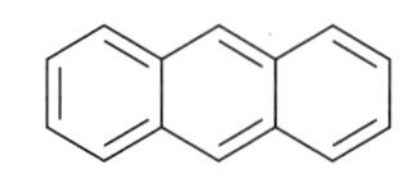
アントラセン

コールタールには，ベンゼン環が連結した縮合環構造をもつ様々な多環芳香族化合物が含まれている。**ナフタレン** $C_{10}H_8$ は代表的な多環芳香族炭化水素であり，2個のベンゼン環が連結した構造をもつ。ナフタレンは昇華しやすい結晶であり，無水フタル酸や合成染料の原料として用いられるほか，防虫剤としても使用される。**アントラセン** $C_{14}H_{10}$ は3個のベンゼン環が連結した構造をもつ多環芳香族炭化水素であり，合成染料の原料に使われる。

4.2　酸素を含む芳香族化合物

(1) フェノール類

芳香族炭化水素の芳香環の水素原子がヒドロキシ基 -OH に置き換わった構造の化合物を，**フェノール類**という。**フェノール** C_6H_5OH は石炭酸ともよばれ，ベンゼンの水素原子が OH 基に置換した化合物であり，強い殺菌作用がある。フェノールは，合成樹脂の原料として重要な化合物であり，工業的には，プロペンとベンゼンから**クメン法**とよばれる方法によってアセトンとともに合成されている。

トルエン $C_6H_5CH_3$ の芳香環の水素原子を OH 基に置換した化合物 $C_6H_4(CH_3)OH$ は**クレゾール**とよばれる。また，ナフタレンの水素原子を OH

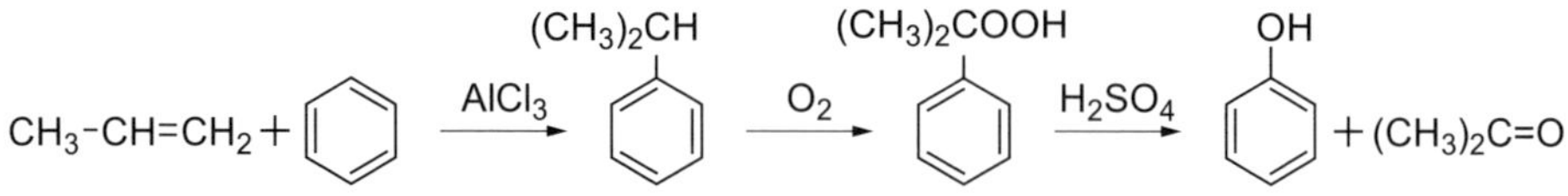

$$CH_3\text{-}CH{=}CH_2 + \text{(ベンゼン)} \xrightarrow{AlCl_3} \text{(クメン)} \xrightarrow{O_2} \text{(クメンヒドロペルオキシド)} \xrightarrow{H_2SO_4} \text{(フェノール)} + (CH_3)_2C{=}O$$

プロペン　ベンゼン　クメン（イソプロピルベンゼン）　クメンヒドロペルオキシド　フェノール　アセトン

基に置換した化合物 $C_{10}H_7OH$ を**ナフトール**という。

◆ 例題 5.13 ◆◆◆◆◆◆◆◆◆◆◆◆◆◆◆◆◆◆◆◆◆◆◆◆◆◆◆◆◆◆◆◆

クレゾール $C_6H_4(CH_3)OH$，およびナフトール $C_{10}H_7OH$ には，それぞれ何種類の構造異性体（位置異性体）があるか。それらの構造式を書け。

◆◆◆◆◆◆◆◆◆◆◆◆◆◆◆◆◆◆◆◆◆◆◆◆◆◆◆◆◆◆◆◆◆◆◆◆◆◆◆

解　以下に示すように，クレゾールとナフトールには，それぞれ3個，2個の構造異性体がある。

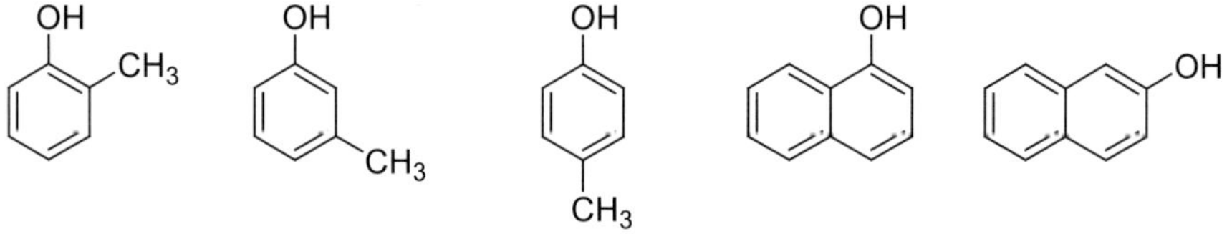

o-クレゾール　*m*-クレゾール　*p*-クレゾール　1-ナフトール　2-ナフトール ◆

フェノール類は，OH 基に特有の性質を示す。しかし，相当する脂肪族化合物であるアルコールと異なり，フェノール類は弱いながら酸性を示す。このため，フェノール類は，水酸化ナトリウムなどの強塩基と反応して**フェノキシド**とよばれる塩を生成する。フェノール類の酸性は炭酸より弱いため，フェノキシドの水溶液に二酸化炭素を通じると，フェノール類が遊離する。

$$\underset{\text{ナトリウムフェノキシド}}{C_6H_5O^-Na^+} + CO_2 + H_2O \rightarrow \underset{\text{フェノール}}{C_6H_5OH} + NaHCO_3$$

また，フェノール類に塩化鉄(Ⅲ)$FeCl_3$ の水溶液を加えると，紫色や青色に呈色する。この反応は，フェノール類の検出に用いられている。

(2) 芳香族カルボン酸

芳香族炭化水素の芳香環の水素原子がカルボキシ基 -COOH に置き換わった化合物が，**芳香族カルボン酸**である。脂肪族カルボン酸と共通して，カルボキシ基に特有の性質を示す。

安息香酸 C_6H_5COOH は最も簡単な芳香族カルボン酸であり，自然界にも広く存在する。冷水には溶けにくいが，加熱すると溶けるようになる。安息香酸は，トルエン $C_6H_5CH_3$ を，硫酸で酸性にした過マンガン酸カリウム $KMnO_4$ や二クロム酸カリウム $K_2Cr_2O_7$ で酸化すると得られる。様々な有機化合物の合成原料として工業的に重要な化合物であり，食料品の防腐剤や香料などにも用いられている。

ベンゼンの2個の水素原子をカルボキシ基で置換したジカルボン酸 $C_6H_4(COOH)_2$ には，3種類の構造異性体（位置異性体）がある。*o*-体を**フタル酸**という。フタル酸の2個のカルボキシ基は接近して存在するので，マレイン酸と同様に，加熱すると容易に脱水して**無水フタル酸**を与える。無水フタル酸は，工業的には酸化バナジウム(V) V_2O_5 を触媒とする *o*-キシレンやナフタレンの空気酸化によって製造されており，合成樹脂や可塑剤（p.197 参照）などの原料に用いられている。*m*-体は**イソフタル酸**，*p*-体は**テレフタル酸**とよばれる。テレフタル酸はポリエチレンテレフタラート（PET）（p.198 参照）など合成樹脂や合成繊維の原料として重要な化合物であり，*p*-キシレンの空気酸化によって多量に製造されている。

COOH, COOH　—加熱, $-H_2O$→　O, O, O

フタル酸　　　　無水フタル酸

サリチル酸 *o*-$C_6H_4(OH)COOH$ は，ヒドロキシ基 -OH をもつ芳香族カルボン酸の一種であり，食料品の防腐剤のほか，医薬品や染料の原料として重要な化合物である。工業的には，ナトリウムフェノキシド $C_6H_5O^-Na^+$ を，加圧下 120～140℃で二酸化炭素 CO_2 と反応させた後，酸で中和することにより製造されている。サリチル酸はヒドロキシ基とカルボキシ基を併せもつので，フェノールとカルボン酸の両方の性質を示す。たとえば，サリチル酸に塩化鉄(Ⅲ) $FeCl_3$ 水溶液を加えると，フェノール類と同様に赤紫色に呈色する。また，無水酢酸 $(CH_3CO)_2O$ を反応させると，ヒドロキシ基が反応して酢酸エステルとなる。生成した化合物は**アセチルサリチル酸**とよばれ，アスピリンの名で解熱鎮痛剤として用いられている。一方，サリチル酸を濃硫酸の存在下にメタノール CH_3OH と反応させると，カルボキシ基が反応してエステル化が進行し，**サリチル酸メチル**が得られる。サリチル酸メチルは，強い芳香をもつ液体で，鎮痛消炎用塗布剤として用いられている。

$OCOCH_3$　$COOH$

アセチルサリチル酸

OH　$COOCH_3$

サリチル酸メチル

◆ 例題 5.14 ◆◆◆◆◆◆◆◆◆◆◆◆◆◆◆◆◆◆◆◆◆◆◆◆◆

次の(a)～(c)の記述は，アセチルサリチル酸(A)とサリチル酸メチル(B)のどちらにあてはまるか。

(a) 塩化鉄(Ⅲ)水溶液を加えると赤紫色に呈色する。

(b) 水酸化ナトリウム水溶液を加えて加熱した後，硫酸を加えるとサリチル酸が得られる。

(c) 炭酸水素ナトリウム水溶液を加えると，気体が発生して溶解する。

◆◆◆◆◆◆◆◆◆◆◆◆◆◆◆◆◆◆◆◆◆◆◆◆◆◆◆◆◆◆◆◆

解

(a) B（フェノール類を検出する方法である。）

(b) A と B（エステル結合が加水分解される。）

(c) A（酸性の強さは，カルボン酸＞炭酸＞フェノール類の順である。）◆

■4.3　窒素を含む芳香族化合物

ベンゼンをニトロ化すると，ニトロベンゼン $C_6H_5NO_2$ が得られる。このように，ニトロ化によって，芳香環の水素原子を容易に窒素原子に置き換えることができる。さらに，ニトロ基 $-NO_2$ は様々な官能基に変換することができるので，芳香族ニトロ化合物を出発物質として，窒素を含む様々な芳香族化合物を合成することができる。窒素を含む芳香族化合物には，染料や医薬品として工業的にも重要な化合物が多い。

(1) 芳香族アミン

アンモニア NH_3 の水素原子を炭化水素基で置き換えた化合物を，**アミン**といい，官能基 $-NH_2$ を**アミノ基**という。アミンは，アンモニアと同様に，弱いながらも塩基性を示す点で，有機化合物の中でも特異な化合物である。

炭化水素基として芳香環をもつものが芳香族アミンであり，代表的なものとして**アニリン** $C_6H_5NH_2$ がある。アニリンは，ニトロベンゼンを塩酸の存在下に鉄 Fe またはスズ Sn で還元することにより得られる。アニリンは水にほとんど溶けないが，塩基性をもつので塩酸などの酸と反応して塩をつくり，水に溶けるようになる。アニリンは弱塩基なので，アニリン塩酸塩に強塩基である水酸化ナトリウムの水溶液を加えると，アニリンが遊離する。

$$C_6H_5NH_2 + HCl \rightarrow C_6H_5NH_3^+Cl^-$$

$$C_6H_5NH_3^+Cl^- + NaOH \rightarrow C_6H_5NH_2 + NaCl + H_2O$$

アニリンを酢酸 CH_3COOH とともに加熱するか，あるいは無水酢酸 $(CH_3CO)_2O$ を作用させると，アミノ基の水素原子が**アセチル基** CH_3CO- に置き換わって，**アセトアニリド**が得られる。アセトアニリド分子に含まれる $-NHCO-$ 結合は**アミド結合**とよばれ，アミド結合をもつ化合物を，**アミド**という。アミド結合は，生体を構成するタンパク質や，ナイロンなどの合成繊維にもみられる結合である。これらの高分子化合物は，カルボキシ基とアミノ基から水が脱離する縮合反応が繰り返されて生成したものである。このような高分子化合物の生成反応を，**縮合重合**という。

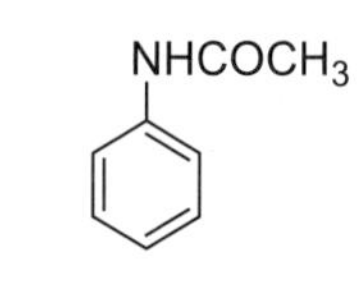

アセトアニリド

(2) アゾ化合物

アニリンの希塩酸溶液に0～5℃で亜硝酸ナトリウム $NaNO_2$ 水溶液を加えると，塩化ベンゼンジアゾニウム $[C_6H_5N\equiv N]^+Cl^-$ の水溶液が得られる。このように $[R\text{-}N\equiv N]^+$ の構造をもつ塩を**ジアゾニウム塩**といい，ジアゾニウム塩を生成する反応を**ジアゾ化**という。

$$C_6H_5NH_2 + NaNO_2 + 2HCl \rightarrow [C_6H_5N\equiv N]^+Cl^- + NaCl + 2H_2O$$

塩化ベンゼンジアゾニウム水溶液にナトリウムフェノキシド $C_6H_5O^-Na^+$ 水溶液を加えると，赤橙色の *p*-ヒドロキシアゾベンゼンが沈殿として得られる。

$[C_6H_5N\equiv N]^+Cl^-$ ＋ $C_6H_5O^-Na^+$ → C_6H_5-N=N-C_6H_4OH ＋ NaCl

p-ヒドロキシアゾベンゼンに含まれる -N=N- を**アゾ基**といい，アゾ基をもつ化合物は**アゾ化合物**と総称される。このように，芳香族アゾ化合物を生成する反応を，**アゾカップリング**という。芳香族アゾ化合物は美しい色彩をもつものが多く，染料や色素として広く用いられている。

例題 5.15

次の図はベンゼンから染料の一種である *p*-ヒドロキシアゾベンゼン（**G**）を合成する経路を示したものである。**A** から **G** にあてはまる化合物の構造式を書け。

ベンゼン →(HNO_3, H_2SO_4) **A** →(Sn, HCl) **B** →($NaNO_2$, HCl) **C** → **G**

ベンゼン →(CH_3-CH=CH_2, $AlCl_3$) **D** →(O_2) →(H_2SO_4) **E** ＋ **F**；**E** →(NaOH) → **G**

解

A NO_2（ベンゼン環）　**B** NH_2（ベンゼン環）　**C** $[C_6H_5-N\equiv N]^+Cl^-$　**D** $(CH_3)_2CH$（ベンゼン環）

E OH（ベンゼン環）　**F** CH_3-C(=O)-CH_3　**G** HO-C_6H_4-N=N-C_6H_5

第6章

高分子化合物

▶第1節　高分子化合物の特徴と分類◀

第5章で取り上げた有機化合物は，数個あるいは数十個の原子からできており，分子量も大きなものでも数百程度であった。しかし，我々の生活に関わりの深い有機化合物であるデンプンやタンパク質，あるいは合成繊維や合成樹脂は，数百個以上の原子が共有結合で結合しており，分子量も数万から数千万に達する巨大な分子であることが知られている。一般に，分子量が1万以上の物質を**高分子化合物**，あるいは**高分子**という。高分子化合物は，これまで取り上げてきた低分子量の化合物とは，いくつかの異なる性質をもっている。

1.1　高分子化合物の特徴

高分子化合物は，比較的簡単な構造で小さな分子量をもつ分子が，繰り返し結合してできているものが多い。たとえば，高分子化合物の一種であるポリエチレンは，エチレン $CH_2{=}CH_2$ 分子が構成成分となり，多数のエチレン分子が繰り返し結合してできている。この繰り返しの数を，**重合度**という。一般に，高分子化合物は，重合度が異なる様々な分子量をもつ分子の集まりとなっている。高分子化合物の分子量は，高分子化合物を構成する分子の分子量の平均値を用いて表わされる。ただし，生体内で酵素として働くタンパク質のように，一定の分子量をもつ高分子化合物もある。

低分子量の化合物は一定の融点をもち，その温度で固体から液体へと変化する。これに対して高分子化合物は，温度の上昇にともなって軟化し，一定の融点を示さずに粘性の高い液体へと変化する。これは，高分子化合物を構成する分子が非常に巨大であるため，きわめて多様な構造をとることができ，分子間の相互作用が一定ではないことに由来する。加熱しても液体とならずに，分解する高分子化合物も多い。

■1.2　高分子化合物の分類

高分子化合物には，主に炭素原子が形成する骨格をもつ**有機高分子化合物**が圧倒的に多いが，ケイ素原子と酸素原子が骨格を形成している石英などのような**無機高分子化合物**もある。本章では主として有機高分子化合物を取り上げる。

また，高分子化合物は，自然界に存在する**天然高分子化合物**と，人工的に合成された**合成高分子化合物**に分類される。高分子化合物の分類と化合物の例を図6.1に示した。

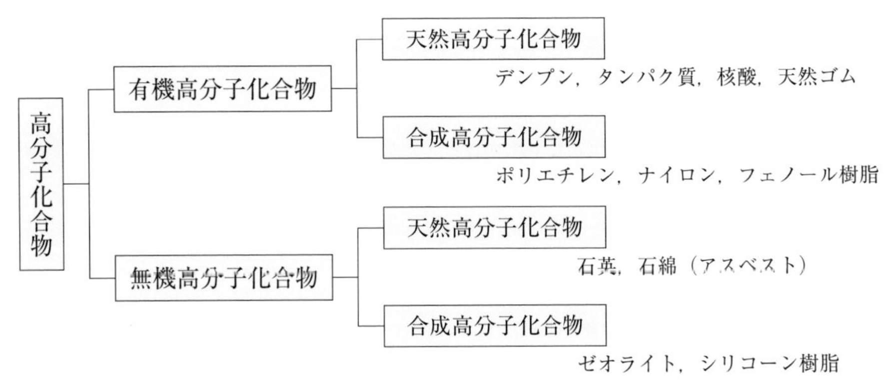

図6.1　高分子化合物の分類

■1.3　高分子化合物の構造

一般に，高分子化合物の繰り返し単位となる低分子量の化合物を，**単量体**あるいは**モノマー**という。これに対して，生成した高分子化合物は，**重合体**あるいは**ポリマー**とよばれる。単量体から重合体ができる反応を，**重合**という。重合には，付加重合（p.160参照）と縮合重合（p.181参照）がある。たとえば，ポリエチレンは，エチレンを単量体として付加重合で合成される重合体である。また，デンプンは，単量体となるグルコースから，分子間で水が脱離して縮合重合した構造をもつ重合体である。

高分子化合物を構成する分子は，きわめて多数の共有結合から形成されており，様々な構造をとることができる。一般に，単量体が直鎖状に連結していても，溶液中では球状に近い構造をとる場合が多い。高分子化合物は1個の分子が巨大なので，溶液中の分子の大きさはコロイド粒子程度（1 nm～100 nm）となる。このように，1個の分子がコロイド粒子となるものを，**分子コロイド**という。

◆ 例題 6.1 ◆◆◆◆◆◆◆◆◆◆◆◆◆◆◆◆◆◆◆◆◆◆◆◆◆◆◆◆

1種類のモノマーから付加重合によって合成されたポリマーの平均分子量は63000，重合度は1500であった。モノマーの分子量を求めよ。

◆◆◆◆◆◆◆◆◆◆◆◆◆◆◆◆◆◆◆◆◆◆◆◆◆◆◆◆◆◆◆◆◆◆◆◆

解　付加重合で合成されるポリマーの分子量は，モノマーの分子量 M に重合度をかけたものに等しい。したがって，

$$M = \frac{63000}{1500} = 42$$　となる。◆

▶第2節　天然高分子化合物◀

生体を構成している主要な物質は，ほとんどが高分子化合物である。代表的な天然高分子化合物として，食料品や衣類として我々の生活に関わりの深い糖類，生体内の代謝反応など様々な生命活動を支えるタンパク質，遺伝子として生命の維持に必須な核酸がある。

2.1　糖類

我々の食料として重要なデンプンや，植物の繊維の主な成分であるセルロースは，グルコース $C_6H_{12}O_6$ を単量体とする天然高分子化合物である。これらのように，自然界に存在する炭素，水素，酸素からなる高分子化合物を，その構成単位となる単量体も含めて**糖類**という。糖類には，分子式が $C_m(H_2O)_n$ の一般式で表わされるものが多く，このため**炭水化物**ともよばれる。

デンプンを希塩酸と加熱すると，加水分解されグルコースになる。グルコースのように，これ以上加水分解されない糖類を**単糖類**という。単糖類は分子間で水が脱離して縮合するが，2個の単糖類が縮合して生成したものを**二糖類**，多数の単糖類が縮合重合したものを**多糖類**という。デンプンやセルロースは代表的な多糖類である。

(1) 単糖類

単糖類は，カルボニル基をもつ多価アルコールである。単糖類には炭素原子数が4個，5個のものもあるが，6個のものが最もよく知られている。水にはよく溶けるが，アルコールなどの有機溶媒には溶けにくいものが多い。

グルコース $C_6H_{12}O_6$ は，デンプンやセルロースの構成成分となっている単糖類であり，**ブドウ糖**ともよばれる。生体内でエネルギー源として重要な役割を果たしているほか，天然の甘味料として菓子や酒類に添加されている。グルコースを水から結晶化させると，α-グルコースとよばれる環状の構造をもつ化合物となる（図6.2(a)）。α-グルコースを水に溶かすと環が開き，鎖式構造（図6.2(b)）を経て，β-グルコースとよばれる環式構造に異性化する（図6.2(c)）。水溶液中ではこれら3種類の構造が一定の割合で混ざって，平衡状態になっている。ホルミル基をもつ鎖式構造の(b)が存在するので水溶液は還元性を示し，銀鏡反応やフェーリング液の還元などアルデヒドとしての性質を示す。一般に，ホルミル基 -CHO をもつ糖類を，**アルドース**という。

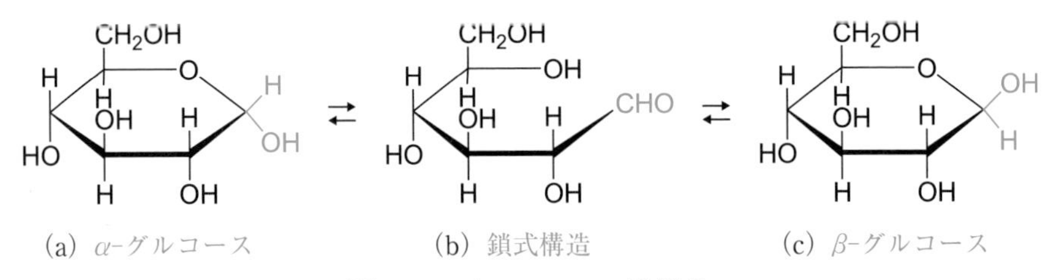

(a) α-グルコース　(b) 鎖式構造　(c) β-グルコース

図6.2　グルコースの異性体

フルクトースは，グルコースの異性体であり，**果糖**ともよばれる。糖類のうちで最も甘いといわれており，果物の中など自然界に広く分布している。水溶液中では，ピラノース形とよばれる六員環構造（図6.3(a)），鎖式構造（図6.3(b)），およびフラノース形とよばれる五員環構造（図6.3(c)）の3種類の構造が，平衡状態になっている。フルクトースにはホルミル基はないが，末端の $-CO-CH_2OH$ 部分が還元性をもつので，銀鏡反応を示し，フェーリング液を還元する。一般に，ケトンの構造 -CO- をもつ糖類を，**ケトース**という。

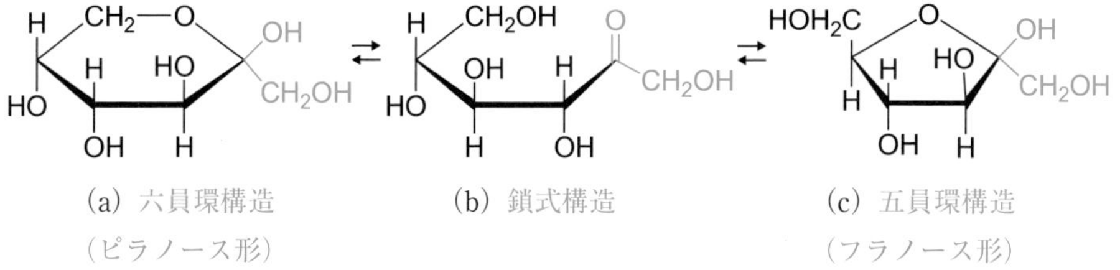

(a) 六員環構造
(ピラノース形)

(b) 鎖式構造

(c) 五員環構造
(フラノース形)

図 6.3　フルクトースの異性体
環状構造(a), (c)は β 形を示してある。溶液中では,
右端の -OH 基と -CH_2OH 基が上下逆になった α 形も存在する。

(2) 二糖類

二糖類は, 2個のヒドロキシ基 -OH から1分子の水が脱離することによって, 2分子の単糖類が縮合した化合物である。縮合により新しく形成される結合はエーテル結合 -O- となるが, 糖類の場合には特に**グリコシド結合**とよばれる。多くの二糖類は6個の炭素原子からなる単糖類2分子からつくられており, 分子式は $C_{12}H_{22}O_{11}$ となる。単糖類と同様に, 水に溶けやすく, 甘味を示すものが多い。二糖類に酸を加えて加熱すると, その二糖類を構成する2分子の単糖類に加水分解される。

スクロースは**ショ糖**ともよばれ, サトウキビの茎やテンサイの根などに多く含まれている。日常的に砂糖とよばれており, 我々の生活に関わりの深い有機化合物である。スクロースは, α-グルコースと, 五員環構造のフルクトースが脱水縮合した構造をもつ (図 6.4(a))。一方, 2分子のグルコースが脱水縮

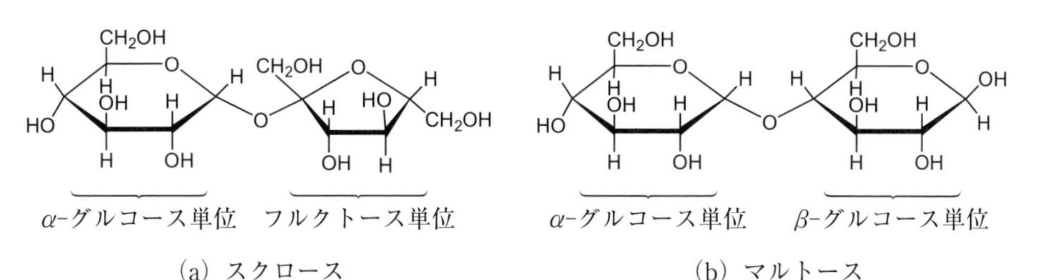

(a) スクロース　　　(b) マルトース

図 6.4　二糖類の構造
マルトースは結晶では図示したような β 形をとるが, 溶液中では,
右端の -OH と -H が上下逆になった α 形と平衡状態になる。

合した構造をもつ二糖類を，**マルトース**という（図 6.4(b)）。マルトースは**麦芽糖**ともよばれ，デンプンを酵素（アミラーゼ）の作用により部分的に加水分解して得られる水あめの主成分である。

◆ 例題 6.2 ◆◆◆◆◆◆◆◆◆◆◆◆◆◆◆◆◆◆◆◆◆◆◆◆◆◆◆

スクロースの水溶液は銀鏡反応を示さず，またフェーリング液を還元しないのに対し，マルトースの水溶液は還元性を示す。この性質の違いを，それぞれの分子の構造に基づいて説明せよ。

◆◆◆◆◆◆◆◆◆◆◆◆◆◆◆◆◆◆◆◆◆◆◆◆◆◆◆◆◆◆◆◆◆◆

解　グルコース（図 6.2）やフルクトース（図 6.3）の構造からわかるように，環式構造をもつ糖類が還元性を示すためには，環が開いてホルミル基 $-CHO$，あるいは $-CO-CH_2OH$ 部分をもつ鎖式構造をとることができる必要がある。それには，環式構造に $-O-CH(OH)-$，あるいは $-O-C(CH_2OH)(OH)-$ 部分がなければならないが，スクロース（図 6.4(a)）ではこれらの部分がグリコシド結合に使われているため，鎖式構造をとることができない。一方，マルトースでは，図 6.4(b)の右端に $-O-CH(OH)-$ 部分があり，下図のようにひとつのグルコース単位が鎖式構造となる構造をとることができるので還元性を示す。◆

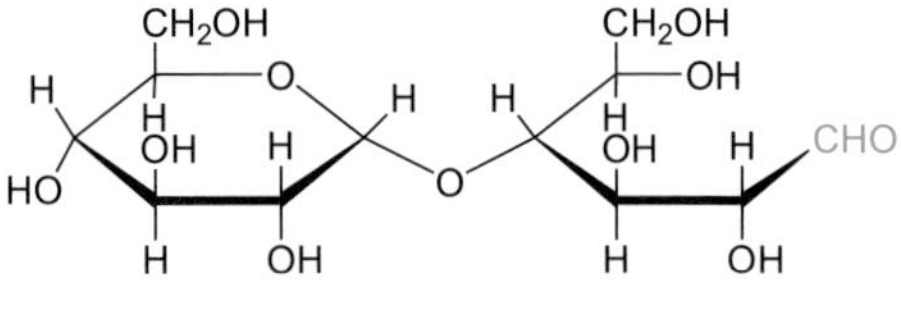

(3) 多糖類

デンプン，グリコーゲン，セルロースはいずれも代表的な多糖類である。これらはいずれもグルコースを構成単位としており，分子式は $(C_6H_{10}O_5)_n$ の一般式で表わされる。希塩酸あるいは酵素の働きで加水分解され，しだいに重合度の低い多糖類となり，二糖類を経て最終的にグルコースとなる。分子量が大きい多糖類は，ほとんど水に溶けず，有機溶媒にも溶けない。

デンプンは植物の種子，根や地下茎などに含まれ，食料として我々の生活に深く関わっている。デンプンは多数の α-グルコースが縮合した構造をもつ（図 6.5(a)）。α-グルコースが直鎖状に連結した構造をもつ多糖類を**アミロー**

スといい，枝分かれ状につながった網状構造の多糖類を**アミロペクチン**という。デンプンは，アミロースとアミロペクチンの混合物である。アミロペクチンの比率が多いとデンプンに粘り気がでる。普通の米のデンプンはアミロペクチンを80%程度含むが，もち米のデンプンはほぼ100%がアミロペクチンである。デンプンは冷水にほとんど溶けないが，熱水に溶けてコロイド溶液となる。デンプン溶液にヨウ素溶液を加えると，青や青紫色に呈色する。この反応は**ヨウ素デンプン反応**とよばれ，デンプンの検出反応として用いられる。

グリコーゲンも多数のα-グルコースが縮合した多糖類であり，アミロペクチンよりもさらに多数の枝分かれ構造をもち，分子全体として球状をしている。水に比較的溶けやすい。動物の体内に多く存在し，血液中のグルコース濃度がある値を超えるとグリコーゲンに変換されて，肝臓などに貯蔵される。

セルロースは植物の細胞壁の主成分であり，木綿，麻などの繊維や木材，あるいは紙の主成分として，我々の生活にきわめて関わりが深い化合物である。セルロースは，多数のβ-グルコースが直鎖状に縮合した構造をもつ（図6.5(b)）。セルロースは水や有機溶媒には溶けないが，**シュバイツアー試薬**とよ

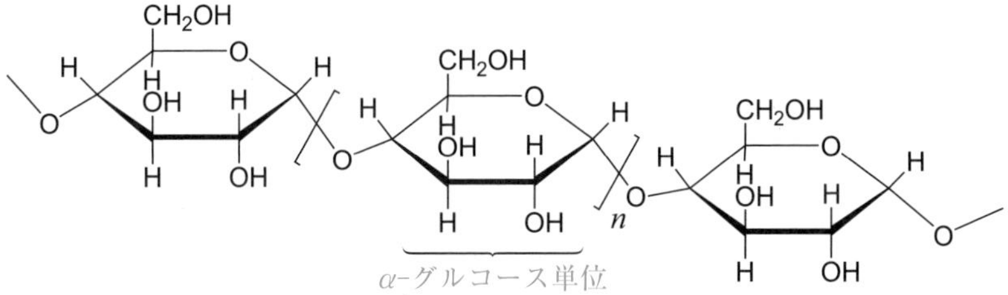

α-グルコース単位

(a) デンプン（アミロース）

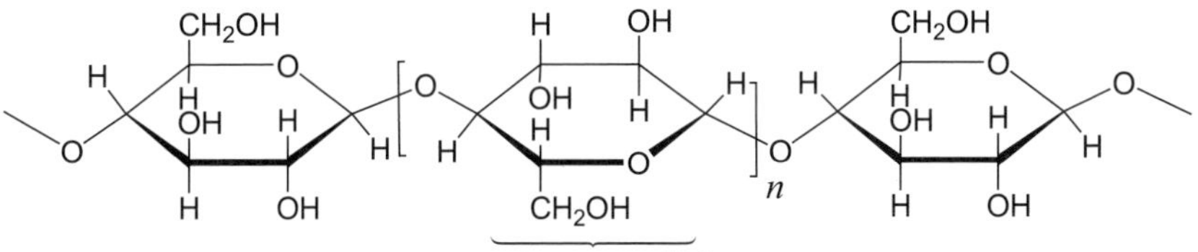

β-グルコース単位

(b) セルロース

図6.5　多糖類の構造

ばれる水酸化銅（Ⅱ）$Cu(OH)_2$ の濃アンモニア水溶液には溶けてコロイド溶液になる。セルロースに濃硝酸と濃硫酸の混合物を作用させると，セルロース分子中のヒドロキシ基 -OH が硝酸エステル $-ONO_2$ に変換される。セルロースはグルコース単位あたり3個の -OH 基をもつが，そのすべてがエステル化された**トリニトロセルロース** $[C_6H_7O_2(ONO_2)_3]_n$ は，火薬として用いられる。

◆ 例題 6.3 ◆◆◆◆◆◆◆◆◆◆◆◆◆◆◆◆◆◆◆◆◆◆◆◆◆◆◆◆◆◆◆◆◆

分子量195万のセルロースは，何個の β-グルコース単位から構成されているか。有効数字3桁で答えよ。原子量は H＝1，C＝12，O＝16 とする。

◆◆

解　セルロースの分子式は $(C_6H_{10}O_5)_n$ と表わされ，構成単位 $C_6H_{10}O_5$ の式量は162である。求めるのは n であるから，

$$n = \frac{1.95\times10^6}{162} = 1.20\times10^4\ (\text{個})$$

となる。◆

(4) 半合成繊維と再生繊維

セルロースに無水酢酸 $(CH_3CO)_2O$ と濃硫酸を作用させると，セルロース分子中のヒドロキシ基 OH が酢酸エステル $-OCOCH_3$ に変換され，トリアセチルセルロースとなる。それを部分的に加水分解してジアセチルセルロース $[C_6H_7O_2(OH)(OCOCH_3)_2]_n$ とすると，アセトンに溶かすことができる。その溶液を細孔から押し出してアセトンを蒸発させ，繊維状にしたものが**アセテート繊維**である。アセテート繊維のように，天然の繊維を原料として化学反応によって得られた誘導体からつくられる繊維を，**半合成繊維**という。

一方，天然の繊維を化学的な処理によって溶液とし，これを再び繊維状にしたものが**再生繊維**である。セルロースから得られる再生繊維を，**レーヨン**という。レーヨンには様々な種類があり，セルロースを水酸化ナトリウム水溶液で処理した後，二硫化炭素 CS_2 と反応させ，得られた粘性の高い溶液を細孔から希硫酸中に押し出して繊維状にしたものを，**ビスコースレーヨン**という。また，セルロースをシュバイツアー試薬，ついで水酸化ナトリウムで処理して溶液とし，同様に繊維状にしたものを，**銅アンモニアレーヨン**という。

2.2　タンパク質

アミノ基 $-NH_2$ をもつカルボン酸を，**アミノ酸**という。特に，アミノ基とカルボキシ基が同じ炭素に結合しているアミノ酸を，**α-アミノ酸**という。**タンパク質**は，多数の α-アミノ酸が縮合重合した高分子化合物であり，生体を構成する最も重要な化合物である。タンパク質は生体において，化学反応の触媒，物質の輸送，皮膚や毛髪の構造形成など，様々な機能をもっている。

(1) アミノ酸

タンパク質を構成する α-アミノ酸は，$RCH(NH_2)COOH$ の一般式で表わされる（R- は水素原子や炭化水素基，あるいは様々な官能基をもつ炭化水素基を示す）。自然界には約 20 種類のアミノ酸が存在する。それらの構造を表 6.1 に示した。最も簡単なアミノ酸は，**グリシン**（R=H）である。グルタミン酸（$R=CH_2CH_2COOH$）のように R の中にカルボキシ基をもつ**酸性アミノ酸**や，リシン（$R=CH_2(CH_2)_3NH_2$）のようにアミノ基をもつ**塩基性アミノ酸**もある。タンパク質は主としてこれら 20 種類のアミノ酸からつくられるが，これらのアミノ酸の中には，生物がそれ自身の体内では合成できず，外部から食物として取り入れなければならないものもある。これを**必須アミノ酸**とよび，ヒトでは，バリン，ロイシン，イソロイシン，トレオニン，メチオニン，フェニルアラニン，トリプトファン，ヒスチジン，リシンの 9 種類である。

グリシン以外のアミノ酸は不斉炭素原子（p.169 参照）をもつので，一対の鏡像異性体が存在する。図 6.6 に示すように，それぞれは L-型，D-型とよばれているが，自然界に存在するアミノ酸のほとんどは L-型である。

アミノ酸は水に溶けやすいものが多い。アミノ酸は，酸性のカルボキシ基と塩基性のアミノ基をもっているので，結晶中や pH＝7 付近の水溶液中では，**双性イオン** $RCH(NH_3^+)COO^-$ の構造をとっている。水溶液を酸性にすると陽イオンの構造となり，塩基性にすると陰イオンの構造となる。

酸性水溶液		中性水溶液		塩基性水溶液
$\mathbf{RCH(NH_3^+)COOH}$	⇄	$\mathbf{RCH(NH_3^+)COO^-}$	⇄	$\mathbf{RCH(NH_2)COO^-}$

このようにアミノ酸は溶液の pH によって電荷の状態が変化するが，ある pH では分子中の正と負の電荷が等しくなり，分子全体の電荷が 0 となる。こ

表 6.1　自然界に存在する α-アミノ酸 $RCH(NH_2)COOH$

名称	R	名称	R
グリシン	$-H$	アスパラギン	$-CH_2CONH_2$
アラニン	$-CH_3$	アスパラギン酸	$-CH_2COOH$
バリン	$-CH(CH_3)_2$	グルタミン	$-CH_2CH_2CONH_2$
ロイシン	$-CH_2CH(CH_3)_2$	グルタミン酸	$-CH_2CH_2COOH$
イソロイシン	$-CH(CH_3)CH_2CH_3$	アルギニン	$-CH_2CH_2CH_2NHC(=NH)NH_2$
セリン	$-CH_2OH$	トリプトファン	$-CH_2-$ (NH)
トレオニン	$-CH(OH)CH_3$		
システイン	$-CH_2SH$	ヒスチジン	$-CH_2-$ (N, NH)
メチオニン	$-CH_2CH_2SCH_3$		
フェニルアラニン	$-CH_2-$	リシン	$-CH_2(CH_2)_3NH_2$
チロシン	$-CH_2-$ $-OH$	プロリン[1]	(NH) COOH

[1] プロリンは環状構造をもち，一般式 $RCH(NH_2)COOH$ では表わすことができない。

のような pH を，そのアミノ酸の**等電点**という。アミノ酸はそれぞれ固有の等電点をもっており，アミノ酸の分析や分離に利用される。

アミノ酸にニンヒドリンの水溶液を加えて加熱すると，赤紫色に呈色する。この反応は**ニンヒドリン反応**とよばれ，アミノ酸の検出に用いられている。

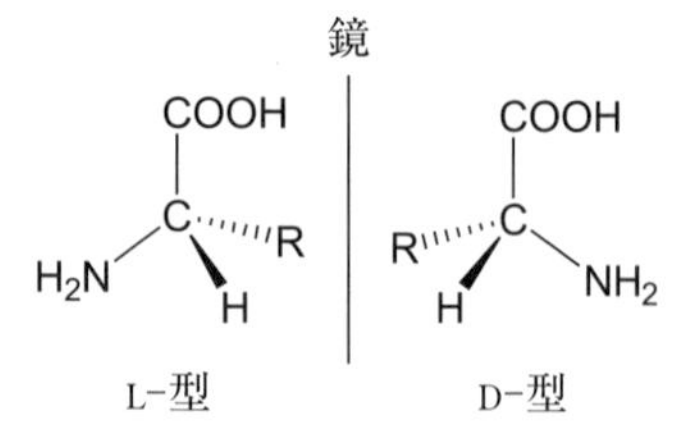

図 6.6　α-アミノ酸の立体構造

(2) タンパク質

2個のアミノ酸が縮合するとき，一方のアミノ酸のカルボキシ基と，別のアミノ酸のアミノ基から水が脱離する。この反応によりアミド結合 -NHCO- が形成されるが，アミノ酸の縮合でできるアミド結合は特に**ペプチド結合**とよばれる。2分子のアミノ酸が縮合して生成した化合物を，**ジペプチド**という。多数のアミノ酸が次々と縮合することによって，**ポリペプチド**とよばれる高分子化合物ができる。このうち，一般に，分子量が5000以上のものをタンパク質といい，それ以下のものをペプチドとよんでいる。

◆ 例題 6.4 ◆◆◆◆◆◆◆◆◆◆◆◆◆◆◆◆◆◆◆◆◆◆◆◆◆◆◆◆

3分子のアミノ酸が縮合して生成した化合物は，トリペプチドとよばれる。2分子のグリシンと1分子のアラニンから生成するトリペプチドについて，考えられる構造式をすべて書け。ただし，アラニンの鏡像異性体は考えなくてよい。

◆◆◆◆◆◆◆◆◆◆◆◆◆◆◆◆◆◆◆◆◆◆◆◆◆◆◆◆◆◆◆◆◆◆

解　2種類の異なるアミノ酸が縮合してジペプチドができる場合，それぞれのアミノ酸のアミノ基，カルボキシ基のどちらがペプチド結合を形成するかによって，2種類のジペプチドが考えられることに注意しなければならない。したがって，2分子のグリシンと1分子のアラニンからなるトリペプチドの構造式として，以下の3種類が考えられる。

$$H_2N-CH_2-CONH-CH_2-CONH-\underset{}{\overset{CH_3}{\overset{|}{C}}}H-COOH \qquad H_2N-CH_2-CONH-\overset{CH_3}{\overset{|}{C}}H-CONH-CH_2-COOH$$

$$H_2N-\overset{CH_3}{\overset{|}{C}}H-CONH-CH_2-CONH-CH_2-COOH$$

◆

タンパク質中のアミノ酸の配列順序は，タンパク質によって決まっている。さらに，その配列順序によって，分子鎖間の水素結合やシステイン（$R=CH_2SH$）間の酸化反応によって形成される**ジスルフィド結合** -S-S- などの位置が決まり，その結果，タンパク質分子は，そのタンパク質に特定の立体構造をとる。タンパク質分子のもつ固有の立体構造は，そのタンパク質がもつ機能の発現に大きく関わっている。

タンパク質を水に溶かすと，親水性の分子コロイドを形成する。タンパク質の水溶液を加熱したり，酸や塩基，あるいはCu^{2+}やHg^{2+}などの重金属イオンを加えると，凝固することがある。これはタンパク質のもつ固有の立体構造が破壊されたためであり，これによってそのタンパク質の機能も失われる。このような現象を，タンパク質の**変性**という。

タンパク質は希塩酸，水酸化ナトリウムなどの塩基水溶液，あるいは各種のタンパク質分解酵素の働きで加水分解され，アミノ酸になる。また，タンパク質は，水酸化ナトリウム水溶液と少量の硫酸銅(Ⅱ)$CuSO_4$水溶液を加えると，赤紫色に呈色する。この反応は**ビウレット反応**とよばれ，ペプチド結合の検出に用いられる。さらに，タンパク質がフェニルアラニン（$R=CH_2C_6H_5$）などの芳香環をもつアミノ酸を含むときには，濃硝酸を加えて加熱すると芳香環のニトロ化反応が進行して，黄色に呈色する。この反応を**キサントプロテイン反応**という。

(3)　酵素

化学反応に対して触媒として働くタンパク質を，**酵素**とよぶ。酵素により，生体内における合成や分解，あるいは酸化還元など様々な化学反応が円滑に進行し，生命活動が維持されている。たとえば，アミラーゼは唾液や膵液に含まれ，デンプンの加水分解に触媒として働く。胃液に含まれるペプシンは，タンパク質の加水分解の触媒となる酵素の一種である。一般に，ひとつの酵素は，ある特定の化学反応だけに触媒となる。これを酵素の**基質特異性**という。また，酵素も酸や塩基，あるいは温度によって変性を受けて触媒としての活性が失われるため，それぞれの酵素には強い活性を示す最適のpHや温度がある。多くの酵素では，pH＝5～8，温度35～40℃で最も触媒の活性が強い。

2.3　核酸

すべての生物において，その生物の遺伝情報は**核酸**によって次の世代に伝達される。核酸は，**ヌクレオチド**とよばれる基本構造を単量体とする天然高分子化合物である。核酸には，**DNA**（デオキシリボ核酸）と**RNA**（リボ核酸）

がある。DNAにはその生物の遺伝情報がすべて含まれており，遺伝子そのものである。RNAはDNAのもつ遺伝情報にもとづいて，タンパク質の合成を制御するなどの役割を果たす。

ヌクレオチドは糖とリン酸と塩基から構成され，糖のヒドロキシ基 -OH とリン酸部分 -OP(=O)(OH)₂ から1分子の水が脱離することによって縮合し，核酸が形成される（図6.7）。ヌクレオチドを構成する糖は5個の炭素原子からなり，フラノース環構造をもっている。塩基は共有結合によってフラノース環に結合している。DNAに含まれる塩基には4種類あり，アデニン（A），チミン（T），グアニン（G），シトシン（C）とよばれている。RNAではチミン（T）の代わりに，ウラシル（U）が用いられている。

多数のヌクレオチドが縮合して形成された鎖状のDNA分子は，生体内では2本のDNA分子が縄のように互いに巻きあった構造をとっている。2本のDNA鎖は塩基の間で形成される水素結合によって結びつけられている。このとき，一方のDNA鎖の塩基と水素結合を形成する他方のDNA鎖の塩基は決まっており，必ずAとT，GとCが塩基対を形成する。これによって，あるDNA鎖の塩基配列に対して，必ず決まった塩基配列のDNA鎖が組み合わされて2本のDNA鎖が巻きあうことになる。このようにして，たとえば細胞が

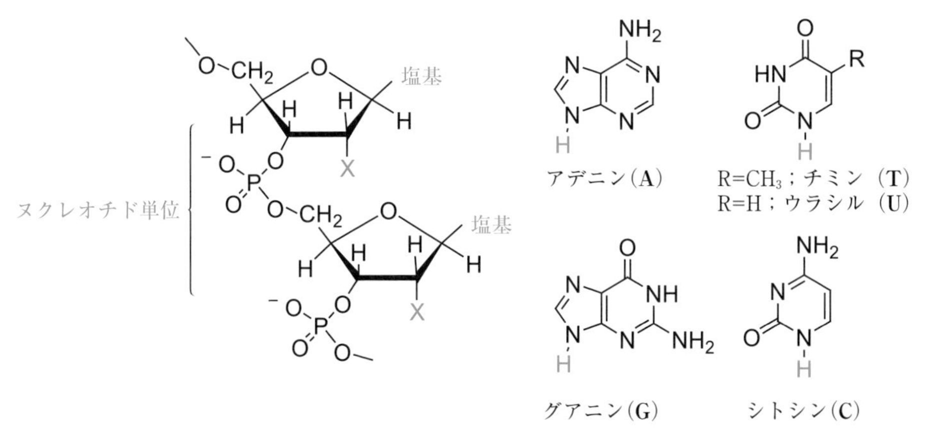

図6.7　核酸の構造（DNA；X＝H，RNA；X＝OH）
各塩基はそれぞれの構造式の下方の -NH の水素原子が置換されて糖に結合している。

分裂や増殖する際にも，同一の塩基配列をもったDNAが複製される。生物の遺伝情報とは，DNAの塩基配列に他ならない。

DNAの塩基配列の一部からRNAが合成されるが，この際にも必ずAとU，GとCの間で塩基対が形成され，DNAの塩基配列に対応したRNAが合成される。生体内ではRNAの塩基配列に基づいて，アミノ酸の縮合反応が進行し，決まったアミノ酸配列をもつタンパク質が合成される。このように，DNAのもつ情報がRNAを介してタンパク質に伝達され，様々な機能が発現されて生命活動が維持されている。このような生命が維持されるしくみは，すべての生物に共通している。

◆ 例題6.5 ◆◆◆◆◆◆◆◆◆◆◆◆◆◆◆◆◆◆◆◆◆◆◆◆◆◆◆

アデニンとチミン，グアニンとシトシンは，それぞれ2本，および3本の水素結合をつくることによって安定な塩基対を形成する。それぞれの塩基対の構造式を書け。水素結合は点線で明示せよ。

◆◆◆◆◆◆◆◆◆◆◆◆◆◆◆◆◆◆◆◆◆◆◆◆◆◆◆◆◆◆◆◆◆

解

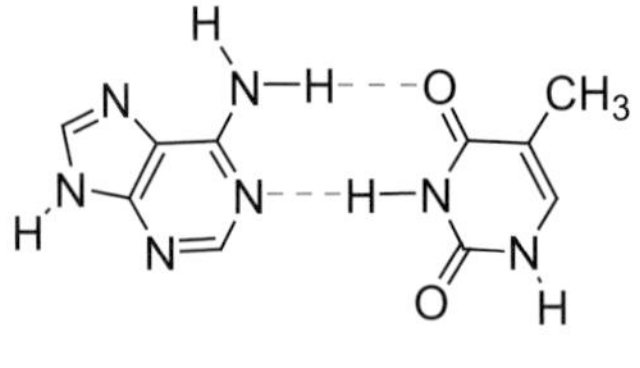

アデニン-チミン塩基対 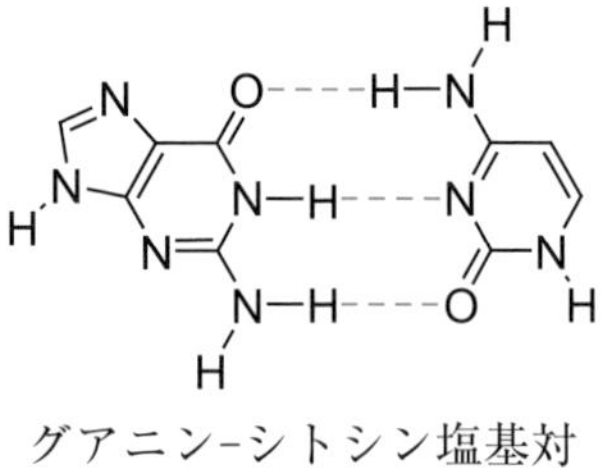　　グアニン-シトシン塩基対 ◆

▶第3節　合成高分子化合物◀

化学の発達によって，様々な種類の合成高分子化合物が得られるようになり，我々の日常生活に広く用いられている。合成高分子化合物は，付加重合，あるいは縮合重合によって合成され，その性質と用途から，合成樹脂，合成繊維，合成ゴムに分類される。

3.1　合成樹脂

合成樹脂は，**プラスチック**ともよばれ，我々の身のまわりのいたるところで使われている。

合成樹脂は熱を加えたときの性質によって，熱可塑性樹脂と熱硬化性樹脂に分類される。**熱可塑性樹脂**は，加熱すると，軟らかくなり流動性をもつようになる樹脂である。冷やすと再び硬くなるので，任意の形状に成形することができ，この方法により，様々な容器，電気器具，玩具など，多くの日用品がつくられている。熱可塑性樹脂は，鎖状構造をもち，付加重合によってつくられるものが多い。一方，加熱によって硬くなり，いったん硬化すると軟らかくならない樹脂を，**熱硬化性樹脂**という。熱や薬品に対して強く，建築材料，電気回路基盤，食器などに用いられている。熱硬化性樹脂は，三次元の網目状構造をもつ。

(1) 付加重合による合成樹脂

ビニル基 $CH_2=CH-$ をもつ単量体を付加重合することにより，様々な合成樹脂がつくられる。これらは鎖状構造をもつ熱可塑性樹脂である。

最も簡単な合成樹脂が**ポリエチレン** $(CH_2CH_2)_n$ であり，触媒を用いたエチレンの重合によって合成される。酸素 O_2 の存在下，高温・高圧（200℃，2000 atm）で合成されるポリエチレンは低密度ポリエチレンとよばれ，枝分かれが多く，機械的強度に劣る。これに対して，**チーグラー触媒**とよばれるアルミニウム化合物 $Al(C_2H_5)_3$ と塩化チタン(Ⅳ) $TiCl_4$ の混合物を触媒として用いると，常圧でも重合が進行し，枝分かれが少なく，強度や耐熱性に優れた高密度ポリエチレンが得られる。ポリエチレンは衝撃に強く，耐薬品性があり，成形加工しやすいなどの特徴をもち，各種の容器や袋などに広く用いられている。

塩化ビニル $CH_2=CHCl$ を付加重合させることにより，**ポリ塩化ビニル** $(CH_2CHCl)_n$ が合成される。ポリ塩化ビニルは，難燃性で，耐薬品性に優れており，建築材料，水道管，電気器具などに使用されている。非常に硬いのでそのままでは成形しにくく，フタル酸ジブチル $o\text{-}C_6H_4(COOC_4H_9)_2$ などの**可塑剤**を添加して成形する。可塑剤を加えたものは，ビニールシート，フィルムなどに用いられる。

付加重合で合成されるその他の合成樹脂として，魚網やロープに用いられる**ポリプロピレン** $(CH_2CH(CH_3))_n$，包装材などに用いられる**ポリスチレン** $(CH_2CH(C_6H_5))_n$，塗料や接着剤として使用される**ポリ酢酸ビニル** $(CH_2CH(OCOCH_3))_n$，さらに，透明性が高いため有機ガラスとして用いられる**ポリメタクリル酸メチル** $(CH_2C(CH_3)(COOCH_3))_n$ がある。フッ素原子を含む**テフロン** $(CF_2CF_2)_n$ は耐熱性に優れ，調理器具や絶縁材として多用されている。

(2)　縮合重合による合成樹脂

フェノール C_6H_5OH とホルムアルデヒド HCHO を酸あるいは塩基を触媒として反応させると，縮合重合が進行し，**フェノール樹脂**とよばれる硬い樹脂が得られる。フェノール樹脂は，はじめてつくられた合成樹脂であり，**ベークライト**ともよばれる。フェノール樹脂では，フェノールの *o*-位と *p*-位にホルムアルデヒドが反応することにより，フェノール分子がメチレン基 $-CH_2-$ で架橋された網目構造をとっている（図 6.8）。このためフェノール樹脂は熱硬化性樹脂となり，電気通信用器具や建築材料に用いられている。

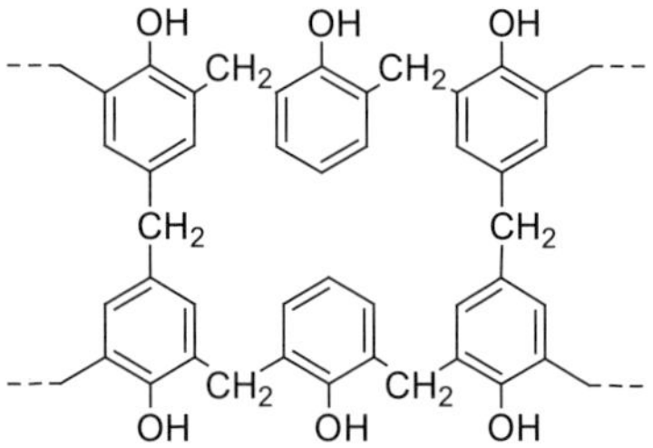

図 6.8　フェノール樹脂の構造の一部

アミノ基をもつ尿素 $CO(NH_2)_2$ やメラミン $C_3N_3(NH_2)_3$ とホルムアルデヒドを縮合重合させると，$>NCH_2N<$ 結合により多数の分子が架橋され，それぞれ**尿素樹脂**および**メラミン樹脂**とよばれる硬い樹脂が得られる。これらは，アミノ樹脂と総称され，接着剤や塗料に用いられる。アミノ樹脂も熱硬化性樹脂である。

合成繊維の項で述べる**ポリエチレンテレフタラート**（PET）も縮合重合で合成され，写真フィルムや磁気テープ，あるいは飲料用容器（ペットボトル）など，合成樹脂としても広く用いられている。PET は熱可塑性樹脂に分類される。

例題 6.6

構造式(a)～(c)は合成樹脂の構造の一部を示したものである。重合によってそれぞれの合成樹脂を与える単量体の構造式を示し，それぞれの合成樹脂が，付加重合によって合成されるか，あるいは縮合重合によって合成されるかを述べよ。

(a)

H_2 C N N N N N H_2 C N N N N N H H_2 C N N H_2 C N CH_2

(b)

$-CH_2-CH(OCOCH_3)-CH_2-CH(OCOCH_3)-CH_2-CH(OCOCH_3)-$

H_2 C CH O C=O CH_3

(c)

$-C_6H_4-C(CH_3)_2-C_6H_4-O-C(=O)-O-C_6H_4-C(CH_3)_2-C_6H_4-O-C(=O)-O-$

解

(a) NH_2 N N H_2N N NH_2（メラミン）と HCHO（ホルムアルデヒド）の縮合重合

(b) $CH_2=CH-O-C(=O)-CH_3$（酢酸ビニル）の付加重合

(c) $HO-C_6H_4-C(CH_3)_2-C_6H_4-OH$（ビスフェノール A）と $HO-C(=O)-OH$（炭酸）の縮合重合

［参考］(a)はメラミン樹脂，(b)はポリ酢酸ビニルである。(c)はポリカーボナートとよばれる熱可塑性樹脂で，ビスフェノール A と炭酸 $(OH)_2CO$ から水が脱離して縮合重合した構造をもつ。工業的には炭酸のかわりにホスゲン Cl_2CO を用いて，塩基の存在下で HCl を脱離させる縮合重合によって合成される。耐熱性や耐衝撃性に優れ，機械部品，電気絶縁材料，自動車部品などに

広く用いられている。

3.2　合成繊維

衣料の材料となる繊維は，綿，麻，羊毛，絹などの**天然繊維**と，人工的に合成された**化学繊維**に分類される。すでに述べた再生繊維や半合成繊維も，化学繊維の一種である。化学繊維のうちで，石油などから得た低分子量の化合物を重合して高分子化合物を合成し，繊維としたものを**合成繊維**という。

(1) 付加重合による合成繊維

ビニル基 $CH_2{=}CH{-}$ をもつ化合物から付加重合によって合成される合成繊維として，**ビニロン**やアクリル繊維がある。ビニロンは，ポリ酢酸ビニル $(CH_2CH(OCOCH_3))_n$ をけん化してポリビニルアルコール $(CH_2CH(OH))_n$ を合成し，これを繊維状にした後，ホルムアルデヒド HCHO と反応させて部分的にヒドロキシ基 $-OH$ を $-OCH_2O-$ 結合に変換することにより，水溶性を低下させたものである。ビニロンは，日本で開発された合成繊維のひとつである。適度な吸湿性をもち耐薬品性や耐熱性に優れ，各種衣料や魚網などに用いられる。

アクリロニトリル $CH_2{=}CHCN$ を付加重合させると，**ポリアクリロニトリル** $(CH_2CH(CN))_n$ が得られる。ポリアクリロニトリルを主成分とする合成繊維を**アクリル繊維**という。アクリル繊維は軽くて軟らかく，綿や羊毛と混紡されて，セーターなどの衣料，毛布，敷物などに用いられる。

(2) 縮合重合による合成繊維

縮合重合によって合成される合成繊維には，ポリアミドとポリエステルがある。

二価カルボン酸と二価アミンを縮合させると，次々とアミド結合が形成されて高分子化合物が得られる。このような高分子化合物を**ポリアミド**といい，ポリアミド構造をもつ合成繊維を，一般に**ナイロン**という。代表的なものとして，アジピン酸 $HOOC(CH_2)_4COOH$ とヘキサメチレンジアミン $H_2N(CH_2)_6NH_2$ から合成される**ナイロン 66**（ナイロン・ロク・ロク）$(CO(CH_2)_4CONH(CH_2)_6NH)_n$

がある。ナイロン66 ははじめてつくられた合成繊維であり，絹に似た光沢や肌ざわりをもっている。また，環状アミドの ε-カプロラクタムを少量の水と加熱すると，アミド結合の加水分解が進行して環が開裂し，同時に重合が起こって**ナイロン6**が得られる。ナイロンは強く，耐薬品性にも優れ，靴下などの衣料や，魚網などの産業用繊維として広く用いられる。

$$n\ \text{(ε-caprolactam)} \longrightarrow \left[\underset{\substack{\| \\ O}}{C}(CH_2)_5NH \right]_n$$

ε-カプロラクタム　　　ナイロン6

二価カルボン酸と二価アルコールの縮合重合によって合成される高分子化合物を，**ポリエステル**という。代表的なものがポリエチレンテレフタラート（PET）であり，テレフタル酸とエチレングリコールの縮合重合によって合成される。熱に強く，丈夫でしわになりにくいので，シャツや上着類など衣料として広く使われている。

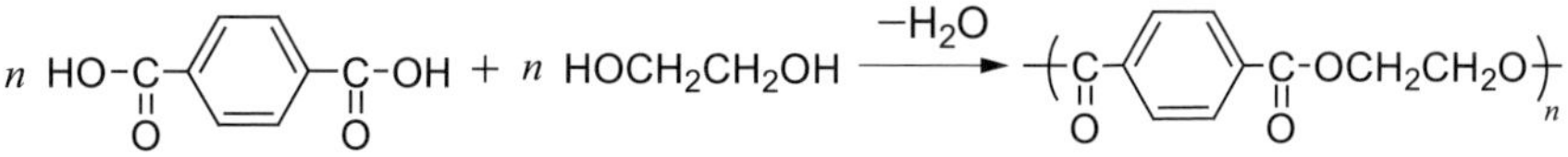

$$n\ HO\text{-}\underset{\substack{\| \\ O}}{C}\text{-}C_6H_4\text{-}\underset{\substack{\| \\ O}}{C}\text{-}OH + n\ HOCH_2CH_2OH \xrightarrow{-H_2O} \left[\underset{\substack{\| \\ O}}{C}\text{-}C_6H_4\text{-}\underset{\substack{\| \\ O}}{C}\text{-}OCH_2CH_2O \right]_n$$

テレフタル酸　　　エチレングリコール　　　ポリエチレンテレフタラート（PET）

◆ 例題 6.7 ◆◆◆◆◆◆◆◆◆◆◆◆◆◆◆◆◆◆◆◆◆◆◆

ポリエチレンテレフタラート（PET）を加水分解すると，テレフタル酸とエチレングリコールにもどる。平均分子量 48000 の PET を完全に加水分解すると1分子の PET から平均何分子のテレフタル酸が生成するか。ただし，高分子鎖の末端の存在は無視してよい。原子量は H＝1，C＝12，O＝16 とする。

◆◆◆◆◆◆◆◆◆◆◆◆◆◆◆◆◆◆◆◆◆◆◆◆◆◆◆◆◆◆◆◆◆

解　PET の加水分解の反応式は，以下のように表わされる。

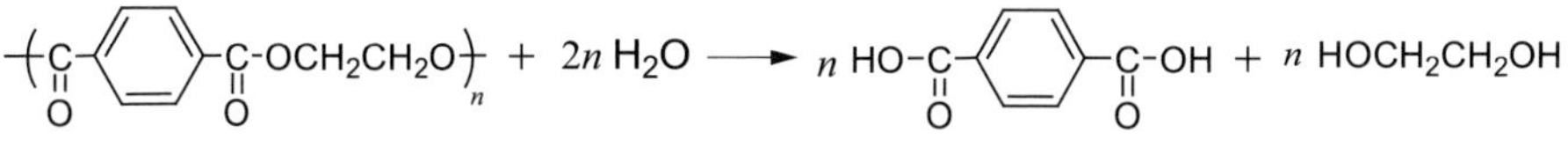

$$\left[\underset{\substack{\| \\ O}}{C}\text{-}C_6H_4\text{-}\underset{\substack{\| \\ O}}{C}\text{-}OCH_2CH_2O \right]_n + 2n\ H_2O \longrightarrow n\ HO\text{-}\underset{\substack{\| \\ O}}{C}\text{-}C_6H_4\text{-}\underset{\substack{\| \\ O}}{C}\text{-}OH + n\ HOCH_2CH_2OH$$

したがって，平均重合度 n の PET を加水分解すると，平均 n 個のテレフタル酸が生成する。PET の繰り返し単位（$COC_6H_4COOCH_2CH_2O$）の式量

は 192 であるから，平均分子量 48000 の PET から生成するテレフタル酸の分子数は，

$$n = \frac{48000}{192} = 250\ (\text{個})$$

となる。◆

3.3　ゴム

ゴムは弾性に富む物質であり，鎖状の炭素骨格のところどころが架橋された構造をもつ高分子化合物である。比較的小さい力で大きく変形するが，力を除くともとの形状にもどる性質をもつ。この性質を**ゴム弾性**という。ゴムはこの性質を利用して，タイヤ，チューブ，手袋など，我々の身の回りに広く用いられている。

(1) 天然ゴム

ゴムの木の樹皮を傷つけると，**ラテックス**とよばれる乳液が得られる。これに酸を加えて凝固させたものが，**生ゴム**である。生ゴムの主成分は，**ポリイソプレン** $(CH_2CH{=}C(CH_3)CH_2)_n$ とよばれる高分子化合物であり，数万から 200 万の分子量をもつ。ポリイソプレンは，**イソプレン** $CH_2{=}CH{-}C(CH_3){=}CH_2$ とよばれる不飽和炭化水素が単量体となり，付加重合によって生成したものである。イソプレンのように，1 個の単結合をはさんで 2 個の二重結合が連結している構造を，**共役二重結合**（きょうやく）という。一般に，共役二重結合をもつ化合物の付加重合は両端の炭素原子で起こり，単量体あたり 1 個の二重結合が残ったポリイソプレンのような構造の重合体が生成する。

生ゴムは弾性も弱く，熱によって変形しやすいので，様々な処理により実用に耐えるゴムがつくられている。生ゴムに数%の硫黄 S を加えて加熱すると，ポリイソプレンの二重結合が硫黄原子と反応し，$-S-S-$ 結合によってポリイソプレン鎖が架橋される。このような処理を**加硫**とよぶ。加硫により，弾性や機械的強度，耐薬品性が向上する。

(2) 合成ゴム

イソプレンに類似した構造をもつ化合物を付加重合させると，ゴム弾性をも

つ高分子化合物が得られる。様々な研究により，天然ゴムに比べて耐熱性，耐薬品性，耐油性などに優れるゴムが開発され，実用化されている。これらのゴムを**合成ゴム**という。

1, 3-ブタジエン $CH_2{=}CH{-}CH{=}CH_2$ やクロロプレン $CH_2{=}CH{-}CCl{=}CH_2$ の付加重合によって，**ブタジエンゴム** $(CH_2CH{=}CHCH_2)_n$ および**クロロプレンゴム** $(CH_2CH{=}CClCH_2)_n$ ができる。クロロプレンゴムは，特に耐熱性や耐油性に優れ，ベルトやケーブルなど工業用品として用いられる。

2 種類以上の単量体を混合して行う重合を，**共重合**という。共重合により，1 種類の単量体からなる重合体の欠点を補った新しい性質をもつ重合体が得られることがあるため，この方法は工業的にしばしば用いられている。1, 3-ブタジエンに 25% 程度のスチレン $CH_2{=}CHC_6H_5$ を加えて共重合させると，優れた耐摩耗性，耐老化性をもつ**スチレン-ブタジエンゴム**が得られる。スチレン-ブタジエンゴムは最も多量に生産，消費されている合成ゴムであり，自動車のタイヤ，履物，ベルトなど広く利用されている。

◆ 例題 6.8 ◆◆◆◆◆◆◆◆◆◆◆◆◆◆◆◆◆◆◆◆◆◆◆◆◆◆◆◆◆◆

構造式(a)，(b)は，それぞれ 2 種類の単量体の共重合によって得られる合成ゴムの構造の一部を示したものである。原料となる単量体の構造式を示せ。

(a) $\text{---}CH_2{-}CH{=}CH{-}CH_2{-}CH_2{-}\underset{\displaystyle CN}{\underset{|}{C}H}{-}CH_2{-}CH{=}CH{-}CH_2\text{---}$

(b) $\text{---}CF_2{-}CH_2{-}CH_2{-}\underset{\displaystyle CH_3}{\underset{|}{C}H}{-}CF_2{-}CF_2\text{---}$

◆◆◆◆◆◆◆◆◆◆◆◆◆◆◆◆◆◆◆◆◆◆◆◆◆◆◆◆◆◆◆◆◆◆◆◆

解

(a) $CH_2{=}CH{-}CH{=}CH_2$ と $CH_2{=}CH{-}CN$　　(b) $CF_2{=}CF_2$ と $CH_2{=}CH{-}CH_3$

　　ブタジエン　　アクリロニトリル　　テトラフルオロエチレン　　プロペン ◆

[参考] (a)はアクリロニトリル-ブタジエンゴム。耐油性，耐熱性に優れ，パッキング材や印刷ロールに用いられている。(b)はフッ素ゴムの一例。フッ素を含む合成ゴムは，優れた耐熱性，耐薬品性をもつ。

単体の密度・融点・沸点

	1	2	3	4	5	6	7	8	9
1	$_{1}$H								
	0.08987*								
	−259.14								
	−252.87								
2	$_{3}$Li	$_{4}$Be							
	0.534	1.848							
	180.49	1278							
	1340	2970							
3	$_{11}$Na	$_{12}$Mg							
	0.971	1.738							
	97.75	648.8							
	881.4	1090							
4	$_{19}$K	$_{20}$Ca	$_{21}$Sc	$_{22}$Ti	$_{23}$V	$_{24}$Cr	$_{25}$Mn	$_{26}$Fe	$_{27}$Co
	0.862	1.55	2.985	4.50	6.11	7.19	7.44(α)	7.874	8.9
	63.40	839	1541	1660	1890	1857	1244	1535	1495
	758	1484	2830	3290	3380	2670	1962	2750	2870
5	$_{37}$Rb	$_{38}$Sr	$_{39}$Y	$_{40}$Zr	$_{41}$Nb	$_{42}$Mo	$_{43}$Tc	$_{44}$Ru	$_{45}$Rh
	1.532	2.63	4.469(α)	6.506	8.57	10.22	11.50	12.41	12.41
	39.50	769	1522	1852	2468	2620	2172	2310	1963
	687	1384	3340	4380	4930	4610	4880	3900	3700
6	$_{55}$Cs	$_{56}$Ba	☆	$_{72}$Hf	$_{73}$Ta	$_{74}$W	$_{75}$Re	$_{76}$Os	$_{77}$Ir
	1.873	3.62		13.31	16.65	19.3	21.02	22.57	22.61
	28.45	725		2227	2996	3410	3180	3050	2443
	668.4	1640		4600	5400	5700	5600	5000	4550
7	$_{87}$Fr	$_{88}$Ra	★						
		5							
	27	700							
	677	1140							

上段　固体の密度　g/cm^3　*気体の密度 g/dm^3　**液体の密度 g/cm^3
中段　融点　℃
下段　沸点　℃
データはすべて常圧下のもの

☆	$_{57}$La	$_{58}$Ce	$_{59}$Pr	$_{60}$Nd	$_{61}$Pm	$_{62}$Sm	$_{63}$Eu	$_{64}$Gd	$_{65}$Tb
	6.145	6.657	6.773(α)	6.80	7.22	7.536	5.243	7.900	8.253
	921	799	931	1021	1170	1077	822	1313	1356
	3460	3430	3510	3070	2460	1791	1597	3270	3120

★	$_{89}$Ac	$_{90}$Th	$_{91}$Pa	$_{92}$U	$_{93}$Np	$_{94}$Pu	$_{95}$Am	$_{96}$Cm	$_{97}$Bk
	10.07	11.72	15.37	19.05(α)	20.25(α)	19.84	13.67	13.51	14.78
	1050	1750	1552	1132	639	639.5	1170	1350	986
	3200	4790	4230	3820	3900	3230	2600		

データは「改訂４版化学便覧基礎編Ｉ」（日本化学会編，丸善）より引用した。
元素によっては複数の状態や結晶形をとるものがあるが，ここにはそのうちのひとつのみを載せている。
(α)とあるものは，複数の構造型があり，そのうちの α 型構造のデータであることを示す。

10	11	12	13	14	15	16	17	18
								$_{2}$He
								0.1785*
								−268.934
			$_{5}$B	$_{6}$C(ダイヤモンド)	$_{7}$N	$_{8}$O	$_{9}$F	$_{10}$Ne
			2.37	3.51	1.2506*	1.429*	1.696*	0.8999*
			2079	3550	−209.86	−218.4	−219.62	−248.67
				4800	−195.8	−182.96	−188.14	−246.05
			$_{13}$Al	$_{14}$Si	$_{15}$P(黄リン)	$_{16}$S	$_{17}$Cl	$_{18}$Ar
			2.699	2.33	1.82	2.07(α)	3.214*	1.784*
			660.4	1410	44.1	112.8(α)	−100.98	−189.2
			2470	2335	280.5	444.7	−34.6	−185.7
$_{28}$Ni	$_{29}$Cu	$_{30}$Zn	$_{31}$Ga	$_{32}$Ge	$_{33}$As	$_{34}$Se(金属セレン)	$_{35}$Br	$_{36}$Kr
8.908	8.96	7.133	5.904	5.325	5.73	4.79	3.10**	3.733*
1453	1083.4	419.6	29.78	937.4		217	−7.2	−156.6
2910	2570	907	2403	2830		648.9	58.8	−152.3
$_{46}$Pd	$_{47}$Ag	$_{48}$Cd	$_{49}$In	$_{50}$Sn	$_{51}$Sb	$_{52}$Te	$_{53}$I	$_{54}$Xe
12.02	10.50	8.65	7.31	5.77(α)	6.691	6.236	4.93	5.887*
1554	961.9	320.9	156.6	231.97	630.7	449.5	113.6	−111.9
2970	2210	765	2080	2270	1750	989.8	184.4	−108.1
$_{78}$Pt	$_{79}$Au	$_{80}$Hg	$_{81}$Tl	$_{82}$Pb	$_{83}$Bi	$_{84}$Po	$_{85}$At	$_{86}$Rn
21.45	19.32	13.546**	11.85	11.35	9.747	9.32(α)		9.73*
1769	1064	−38.842	303.5	327.5	271.3	254	302	−71
3800	2810	356.58	1457	1744	1564	962	337	−61.8

$_{66}$Dy	$_{67}$Ho	$_{68}$Er	$_{69}$Tm	$_{70}$Yb	$_{71}$Lu
8.550	8.795	9.045	9.321	6.965(α)	9.840
1412	1474	1497	1545	819	1663
2560	2700	2900	1947	1194	3400

$_{98}$Cf	$_{99}$Es				
900	860				

元素の発見史

［元素記号の後の（数字）は発見年，人名は発見者（国）］

時代	元素（発見年）	発見者（国）
古代	古代の単体と7金属	C, S Au, Ag, Cu Fe, Sn, Pb Hg
中世	中世の発見	Zn, As, Bi
17世紀	Sb（04）	Valentinus（独）
	P（69）	H. Brand（独）
18世紀	Co（35）	G. Brandt（スェ）
	Pt（48）	Ulloa（スペイン）
	Ni（51）	Cronstedt（スェ）
	H（66）	Cavendish（英）
	N（72）	D. Rutherford（英）
	O（74）	Priestley（英）
	Cl（74）	Scheele（スェ）
	Mn（74）	Scheele, Gahn（スェ）
	Mo（78）	Scheele（スェ）
	W（81）	Scheele（スェ）
	Te（83）	M. von Reichenstein（ハンガリー）
	U, Zr（89）	Klaproth（独）
	Ti（91）	Gregor（英）
	Y（94）	Gadolin（フィンランド）
	Be（97）	Vauquelin（仏）
	Cr（97）	Vauquelin（仏），Klaproth（独）
19世紀	Nb（01）	Hatchett（英）
	Ta（02）	Ekeberg（スェ）
	Ce（03）	Klaproth（独），Berzelius. Hisinger（スェ）
	Os, Ir（04）	Tennant（英）
	Pd, Rh（04）	Wollaston（英）
	K, Na（07）	H. Davy（英）
	Mg, Ca, Sr, Ba（08）	H. Davy（英）
	B（08）	Gay-Lussac, Thénard（仏）
	I（11）	Courtois（仏）
	Li（17）	Arfwedson（スェ）
	Cd（17）	Stromeyer（独）
	Se（18）	Berzelius（スェ）
	Si（23）	Berzelius（スェ）
	Br（26）	Balard（仏）
	Al（27）	Wöhler（独）
	Th（28）	Berzelius（スェ）
	V（30）	Sefström（スェ）
	La（39），Er, Tb（43）	Mosander（スェ）
19世紀（続き）	Ru（44）	Klaus（露）
	Ce（60）	Bunsen（独），Kirchhoff（独）
	Rb（61）	Bunzen（独），Kirchhoff（独）
	Tl（61）	Crookes, C. A. Lamy（英）
	In（63）	Reich, T. Richter（独）
	He（68）	Jannsen（仏），Lockyer（英）
	Ga（75）	de Boisbaudran（仏）
	Yb（78）	Marignac（スェ）
	Ho（79）	Clève（スェ）
	Sm（79）	de Boisbaudran（仏）
	Tm（79）	Clève（スェ）
	Sc（79）	Nilson（スェ）
	Gd（80）	Marignac（スェ）
	Pr, Nd（85）	von Welsbach（オーストリア）
	Ge（86）	Winkler（独）
	Dy（86）	de Boisbaudran（仏）
	F（86）	Moissan（仏）
	Ar（94）	Ramsay, Rayleigh（英）
	［He（95）	Ramsay（英）］
	Kr, Ne, Xe（98）	Ramsay, Travers（英）
	Po, Ra（98）	P. & M. Curie（仏）
	Ac（99）	Debierne（仏）
	Rn（00）	E. Dorn（独）
20世紀	Eu（01）	Demarcay（仏）
	Lu（07）	Urbain（仏），von Welsbach（オーストリア）
	Pa（17）	Hahn, Meitner（独）
	Hf（23）	de Hevesy（ハンガリー），Coster（オランダ）
	Re（25）	W. & I. Noddack（独）
	Tc（39）	Perrier, Segrè（イタリア）
	Fr（39）	M. Perey（仏）
	At（40）	Corson, McKenzie, Segrè（米）
	Np, Pu（40）；Am, Cm（44）；Pm（45）	
	Bk, Cf（50）；Es（52）；Fm（53）	
	Md（55）；No（57）	
	Lr（61）；Rf（69）；Db（70）；Sg（74）	
	Bh（81）；Mt（82）；Hs（84）	
	Ds, Rg（94）；Cn（96）；Fl（99）；Lv（00）	
21世紀	Og（03）；Nh（04）；Ts（09）	

索　　　引

〔カ〕

〔サ〕

〔タ〕

〔ナ〕

〔ハ〕

〔マ〕

〔ヤ〕

〔ラ〕

〔ワ〕

【著者紹介】

大野公一（おおの　こういち）

1968 年　東京大学理学部化学科卒業
現　在　東北大学名誉教授，理学博士（東京大学）
専　攻　物理化学
著訳書　『量子物理化学』（東京大学出版会，1989），『化学入門コース 6 量子化学』（岩波書店，1996），『化学入門』（共著，共立出版，1997），『基礎から学ぶ熱力学』（岩波書店，2001），『マクマリー 一般化学 上・下』（共訳，東京化学同人，2010/2011），『物理化学入門シリーズ 量子化学』（裳華房，2012）ほか多数

村田　滋（むらた　しげる）

1981 年　東京大学大学院理学系研究科化学専攻修士課程修了
現　在　東京大学大学院総合文化研究科広域科学専攻 教授，理学博士（東京大学）
専　攻　有機化学
著訳書　『大学生のための基礎シリーズ 3 化学入門』（共著，東京化学同人，2005），『ブラディ ジェスパーセン 一般化学 上・下』（共訳，東京化学同人，2017）ほか多数

錦織紳一（にしきおり　しんいち）

1979 年　東京大学大学院理学系研究科化学専攻修士課程修了
現　在　理学博士（東京大学）
専　攻　無機化学，包接体化学
著訳書　『ブラディ ジェスパーセン 一般化学 上・下』（共訳，東京化学同人，2017），『ブラックマン 基礎化学』（共訳，東京化学同人，2019）

大学生のための
例題で学ぶ化学入門 第 2 版
Basic Chemistry Studying with Exercises for University Students

2005 年 12 月 25 日　初　版 1 刷発行
2019 年 2 月 25 日　初　版 19 刷発行
2021 年 10 月 15 日　第 2 版 1 刷発行

著　者　大野公一
　　　　村田　滋　ⓒ 2021
　　　　錦織紳一

発行者　南條光章

発行所　**共立出版株式会社**
〒112-0006
東京都文京区小日向 4-6-19
電話番号 03-3947-2511（代表）
振替口座 00110-2-57035
www.kyoritsu-pub.co.jp

印　刷　加藤文明社
製　本　協栄製本

一般社団法人
自然科学書協会
会員

検印廃止
NDC 430

ISBN 978-4-320-04496-8

Printed in Japan

単位換算

1 atm＝101.325 kPa＝1013.25 hPa＝760 Torr＝760 mmHg
1 J＝1 Nm＝1 $m^2 kg\ s^{-2}$
1 cal（熱化学カロリー）＝4.184 J
1 Å＝10^{-10} m＝10^{-8} cm＝0.1 nm＝100 pm

エネルギー単位の換算

	eV	J	kJ/mol	kcal/mol	cm^{-1}
1 eV	1	1.6022×10^{-19}	96.4853	23.0605	8.0655×10^{3}
1 J	6.2415×10^{18}	1	6.0221×10^{20}	1.4393×10^{20}	5.0341×10^{22}
1 kJ/mol	1.0364×10^{-2}	1.6605×10^{-21}	1	2.3901×10^{-1}	83.5935
1 kcal/mol	4.3364×10^{-2}	6.9477×10^{-21}	4.184	1	3.4976×10^{2}
1 cm^{-1}	1.2398×10^{-4}	1.9864×10^{-23}	1.1963×10^{-2}	2.8591×10^{-3}	1

表の見方：例えば，1 eV のエネルギーが kJ/mol 単位でどれほどに相当するかを調べるには，1 eV の行と kJ/mol の列の交わったところの欄を見る。この場合は 96.4853 kJ/mol に相当すると知ることができる。

定数表

物理量	数値	単位
電気素量（e）	$1.602176634\times10^{-19}$	C
アボガドロ定数（N_A，L）	6.02214076×10^{23}	mol^{-1}
電子の質量（m_e）	$9.1093837015(28)\times10^{-31}$	kg
陽子の質量（m_p）	$1.67262192369(51)\times10^{-27}$	kg
中性子の質量（m_n）	$1.67492749804(95)\times10^{-27}$	kg
ファラデー定数（F）	96485.33212	C mol^{-1}
気体定数（R）	8.314462618	$JK^{-1}\ mol^{-1}$
理想気体（101325 Pa，273.15 K）のモル体積	22.41396954	$dm^3\ mol^{-1}$
標準大気圧（気圧，atm）	101325	Pa